塑料制品行业
排污许可证管理

申请·核发·执行·监管

卢志强　张志扬　王亘　主编

化学工业出版社
·北京·

内容简介

本书在我国全面构建以排污许可制为核心的固定污染源监管制度体系背景下，以介绍塑料制品工业排污许可证申请与核发技术要点以及如何做好持证排污、依证监管等内容为主线，主要阐述了塑料制品企业排污许可证申请流程、填报方法以及持证排污的注意事项，指明了各级环境管理职能部门事中事后监管的相关要求；此外，还介绍了国内外排污许可制度体系现状，分析了行业生产与产排污特征，梳理了行业环境政策标准及其与排污许可制度的衔接，提出了行业污染防治可行技术，旨在厘清排污主体责任、提高环境污染防治与监管效能，为行业全面顺利落实排污许可制度提供技术支撑。

本书理论与实践并重、内容翔实、重点突出、穿插典型案例，力图全面、清晰地为读者提供一个从理论到实践的完整排污许可知识体系，可供塑料制品工业企业、各级环境管理机构等的工程技术人员、科研人员及管理人员参考，也可供高等学校环境科学与工程、材料工程、生态工程及相关专业师生参阅。

图书在版编目（CIP）数据

塑料制品行业排污许可证管理：申请·核发·执行·监管/卢志强，张志扬，王亘主编 .—北京：化学工业出版社，2023.2

ISBN 978-7-122-42436-5

Ⅰ.①塑⋯ Ⅱ.①卢⋯②张⋯③王⋯ Ⅲ.①塑料制品-塑料工业-排污许可证-许可证制度-研究-中国 Ⅳ.①X783.2

中国版本图书馆 CIP 数据核字（2022）第 201104 号

责任编辑：刘兴春　刘　婧　　　　　　　　　文字编辑：王丽娜
责任校对：赵懿桐　　　　　　　　　　　　　装帧设计：韩　飞

出版发行：化学工业出版社（北京市东城区青年湖南街 13 号　邮政编码 100011）
印　　装：北京天字星印刷厂
787mm×1092mm　1/16　印张 20　字数 444 千字　2023 年 5 月北京第 1 版第 1 次印刷

购书咨询：010-64518888　　　　　　　　　售后服务：010-64518899
网　　址：http://www.cip.com.cn
凡购买本书，如有缺损质量问题，本社销售中心负责调换。

定　　价：138.00 元

《塑料制品行业排污许可证管理：
申请·核发·执行·监管》

编 委 会

前　言

生态环境是人类生存最为基础的条件，也是我国持续发展最为重要的基础。党的十八大以来，以习近平同志为核心的党中央以前所未有的力度，大力推进生态文明理论创新、实践创新、制度创新。排污许可制作为提高环境管理效能、改善环境质量的重要制度保障，是深入贯彻习近平生态文明思想的重要体现。党的十九届四中全会审议通过的《中共中央关于坚持和完善中国特色社会主义制度 推进国家治理体系和治理能力现代化若干重大问题的决定》要求，构建以排污许可制为核心的固定污染源监管制度体系。党的十九届五中全会审议通过的《中共中央关于制定国民经济和社会发展第十四个五年规划和二〇三五年远景目标的建议》提出，全面实行排污许可制。党中央把排污许可制定位为固定污染源环境管理核心制度，凸显了这项制度的极端重要性。

全面实施排污许可制度是党中央、国务院从推进生态文明建设的全局出发，全面深化环境治理基础制度改革的一项重要部署。2016年11月，国务院办公厅印发了《控制污染物排放许可制实施方案》（国办发〔2016〕81号），标志着我国排污许可制度改革进入实施阶段，全国上下紧紧围绕"以环境质量改善为核心，将排污许可制度建设成为固定污染源环境管理的核心制度"的目标，逐步落实各项举措；2021年1月，国务院正式发布《排污许可管理条例》（中华人民共和国国务院令 第736号），从此确立了排污许可制的法律地位。自全面启动排污许可制改革以来，截至2020年年底已基本实现了固定污染源排污许可全覆盖，管控大气污染物排放口172.9万个、水污染物排放口128.3万个，制度的先进性和生命力在实践中日益显现，而持证排污、依法监管等证后工作亦犹如箭已在弦。

我国塑料工业起步于新中国成立之初，发展于改革开放，特别是经过近十几年来的快速发展，目前已建成门类齐全、独立完整的制造业体系，成为全球塑料制品生产、消费和出口大国，在国民经济中占有重要地位。该行业以塑料加工成型为核心，集合成树脂、助剂、改性塑料、再生塑料、塑料机械与模具、智能系统等产业为一体，既是我国现代工业体系中的先进制造产业也是民生产业。在"十四五"新发展阶段，塑料加工业将深入贯彻落实新发展理念，坚持创新驱动不动摇，继续深化供给侧结构性改革，促进产业结构趋向合理，以更高水平参与服务国内、国际双循环，努力赶超国际先进水平，加快由大变强步伐，引领推动中国塑料加工业在高质量发展道路上行稳致远，而全面落实国家排污许可制度对促进行业绿色发展、实现塑料工业强国目标尤为重要。

排污许可制度包括排污许可证的申请、核发、实施、监管多个环节，各阶段都需要相应的技术规范作为支撑。本书基于《排污许可证申请与核发技术规范 橡胶和塑料制品工业》（HJ 1122—2020）研究制定工作，立足于行业落实排污许可制度的实际需求，为全国塑料企业、各级环境管理部门以及从事环境检测、治理、咨询、科研、教学等企事业单位送"政策"、送"技术"、送"方案"，保障企业顺利申领排污许可证及依证合规排污，强化企业环境治理的主体责任意识，加强建立从过程到结果的完整守法链条，推动企业从"要我守法"向"我要守法"转变，全流程、多环节促进企业改进治理和管理水平，主动减少污染物排放，助力形成绿色生产方式，同时为核发权力机关审核确定排污许可要求及证后监管提供参考。

本书以介绍塑料制品工业排污许可证申请与核发要点以及指引如何做好持证排污、依证监管等内容为主线，总体可分为两部分：第一部分包括第1章～第4章，为排污许可基础知识内容；第二部分包括第5章～第8章，为排污许可专业技术内容。全书主要介绍了塑料制品企业排污许可证申请流程、填报方法以及持证排污的注意事项，指明了各级环境管理职能部门事中事后监管的相关要求，阐述了国内外排污许可制度体系现状，分析了行业生产与产排污特征，梳理了行业环境政策标准及其与排污许可制度的衔接，提出了行业污染防治可行技术，旨在厘清排污主体责任、提高执法监管效能，为行业全面顺利落实排污许可制度提供技术支撑。本书理论与实践并重、内容翔实、重点突出、穿插典型案例，力图全面、清晰地为读者提供一个从理论到实践完整的排污许可知识体系，既可作为塑料制品工业企业、各级环境管理机构等相关人员技术参考书和培训教材，也可作为科研、咨询等机构的实用参考资料以及高等学校环境科学与工程、材料工程、生态工程及相关专业教学参考书。

本书由卢志强、张志扬、王亘担任主编，邹克华、田岩、陈璐、肖咸德担任副主编，具体编写分工如下：第1章由邹克华、鲁富蕾、张吉编写；第2章由王亘、杨伟华、田野编写；第3章由田岩、田辉、黄丽丽编写；第4章由卢志强、翟友存、马波编写；第5章由孟洁、卢志强、翟增秀编写；第6章由肖咸德、崔焕文、曹阳编写；第7章由陈璐、肖咸德、魏子章编写；第8章由张志扬、温道宏、闫凤越编写。全书最后由卢志强、肖咸德、陈璐等统稿并定稿。

在本书选题策划、组织编写和出版过程中，中国塑料加工工业协会以及塑料制品生产和设备制造企业为本书提供了大量数据、图片和资料；本书的出版也得到了化学工业出版社的高度重视和鼎力支持，责任编辑和相关工作人员为此辛勤付出，在此一并表示诚挚的感谢！此外，本书内容的选材来自笔者看到的各类国内外专著、文献和会议资料以及笔者的学习与科研心得，为此特向这些专著、文献资料的作者表示衷心的感谢！

尽管每位编者在各自领域有着相关研究经历，但由于新政策、新技术、新材料、新工艺的不断涌现，仍不能覆盖所有前沿领域，书中难免存在疏漏和不足之处，尚祈读者不吝赐教。

编者

2022 年 5 月

目　录

第 1 章

概　　述

　　排污许可制度是以改善环境质量为目标，以污染物排放总量控制为基础，依法规范企事业单位排污行为的基础性环境管理制度，不仅包括排污单位申报登记、排污指标规划分配和许可证申请核发，还包括对执行情况的监督检查等内容，与环境影响评价衔接形成了一种对企事业单位环境行为事前、事中、事后的管理模式。排污许可制度作为固定污染源环境管理的核心制度，在管理时段方面，贯穿项目建设和运营的"全生命周期"，以排污许可制度为平台和抓手，整合其他相关环境管理制度，建立起"一证式"的污染源审批监管制度；在管理对象方面，排污许可证中包含大气、水、固体废物、环境风险等多种环境要素的排污行为规范；在管理内容方面，以排污许可证为载体，将各项环境管理制度进行关联整合，消除重复规定，统一环境管理数据，建立有机统一、精简高效的环境管理制度体系。

1.1　国外排污许可制度

　　排污许可制度是国际通行的一项环境管理基本制度，许多国家，特别是发达国家，经过不断发展和完善，使这一环境管理制度能够有效控制环境污染，改善环境质量。美国、欧盟等发达国家和地区排污许可制度的法律地位普遍较高，制度规定较为全面，法律责任较为严格。我国排污许可制度起步较晚，因此学习和借鉴国外相关立法和实施经验是十分必要的。

1.1.1　美国

　　排污许可制度在美国水、大气管理等多个领域得到广泛应用，并取得了显著成果，被认为是美国环境管理最为有效的措施之一。美国的排污许可制度最早确立于水污染防治领域。1972 年 11 月，美国国会正式通过《联邦水污染控制法修正案》，美国排污许可制度由此正式确立。其后，美国国会于 1977 年对该法案进行修订，最终形成美国防治水污染和实施水污染排污许可制度的法律基础，即《清洁水法》。1990 年，借鉴《清洁水法》，美国国会又修订《清洁空气法》，确立了针对大气污染物排放的许可制度。该制度实施后，颗粒物、臭氧、一氧化碳、二氧化氮和二氧化硫等大气污染物排放量明显降低，有效保护了公众健康并改善了空气质量。

排污许可制度是美国污染控制和污染源管理的核心制度，其具有以下特点。

① 利用排污许可证实现对污染源的"一证式"管理。美国政府对污染对象实施强制性的行政管理职能，这主要体现在执法和处罚及排污许可证的发放管理方面。与我国政府生态环境管理部门相同，审核、发放、监督排污许可证也是美国环保部门的一项重要行政工作，如果说在我国控制新增污染手段是"不予审批环境影响评价文件"，在美国相应的就是"不予核发排污许可证"。在美国排污许可证是前置审批程序，但它持续延续，贯穿污染源管理的始终。排污单位项目建设前要申请排污许可证，建成后依然以排污许可证为主要依据对排污单位进行监管，实现项目前期审批和中后期运营监管的有效衔接。

② 排污许可证是环保部门与排污单位之间的桥梁和纽带。美国排污许可证的实施能够促使污染物达标排放，最终使整体环境质量改善。排污许可证同时在美国环境保护行政部门和监管企业之间起到了纽带作用，排污许可证是环保部门对排污单位实施具体的环保监管及检查站执法行为的最重要依据。

③ 排污许可制度提供了实施其他相关环境管理制度的平台。在美国的大气、水污染防治体系中，诸如排污申报、总量控制、行政处罚、排污权交易等多种管理制度，最终都通过排污许可证的操作付诸实施。排污许可制度是其他环境管理制度的承载形式和操作平台，它整合了所有环境管理制度，为美国环境管理提供规范化、系统化的制度支撑。

1.1.2 欧盟

1996 年，欧盟颁布《综合污染预防与控制指令》（Integrated Pollution Prevention and Control Directive，IPPC），表明了欧盟开始采用综合许可证制度，以期对各种环境要素中的污染物进行统一控制。IPPC 作为综合性的污染控制指令，其目标是对环境实施综合管理，预防或减少对大气、水体、土壤等的污染，控制工业和农业设施的废物产生量，确保提高环境保护的水平。

IPPC 的核心要求是要根据经济可达的最佳可行技术（best available technology economically achievable，BAT）对指定行业的污染设施发放综合许可证。IPPC 的核心内容包括环境标准、最佳可行技术应用、许可证制度、环境检查等，其中许可证制度作为一项关键制度，要求欧盟成员国对具有高污染可能性的工农业活动所颁发的许可证及其条款能够确保"有效的综合方法"的运用。

此后，欧盟先后颁布了针对不同行业污染排放的指令。2010 年，欧盟将 IPPC 与工业污染排放控制相关的指令整合为 2010/75/EU 指令，即《欧盟工业排放指令》（Industrial Emission Directive，IED)，要求各国将该指令纳入国内法律体系。

欧盟的排污许可制度特点可概括为以下几点：

① 综合性。欧盟将环境作为一个整体，其排污许可制度涵盖水、大气、土壤等所有领域，并以排污设施为单位，综合考虑排污设施所排放的全部污染物对环境的影响，以及废物产生和处理、能源使用效率、噪声污染、事故预防以及排污场地关闭后的修复等。

② 灵活性。IPPC 规定欧盟各成员国的主管机构可在评估环境因素与技术水平的基础上，在一定范围内允许排污者采取灵活的排放设施，并将排污成本及结果记录在案，这种制度设计的目的在于鼓励新兴技术在实践中的应用。

③ 强制性。IPPC 要求欧盟各成员国建立环境监察制度，主管机构根据发放许可证前对排污设施所做评价，定期进行监察。排污者有自行监测并向主管机构报告监测结果的义务。此外，欧盟委员会可在必要时检查排污设施的监测情况，并对许可证发放情况进行监督和管理。

④ 公众参与性。1970 年欧洲共同体理事会通过了《关于自由获取环境信息的指令》（Freedom of Access to Information on the Environment)，该指令要求欧盟各成员国制定自由取得环境信息的法律义务，其目的在于使环境法令的适用过程透明化，并间接影响国家环境政策与相关的环境措施。

1.1.3 瑞典

排污许可制度于 20 世纪 70 年代最早在瑞典得以应用。瑞典《环境保护法》在 1969 年颁布、1995 年修订，该法用 30 个法律条文对排污许可制度做了详尽的规定；1999 年，更名后的《瑞典环境法典》对排污许可制度做了更全面、更严格的规定，建立了系统、完善的排污许可制度，确立了该制度的基本法律地位。此外，通过配套法律的完善，瑞典的排污许可制度在环境质量标准制度、环境影响评价（简称环评）制度、环境监管制度、环境补偿和赔偿制度及环境保险制度等的配合下，做到了对污染物产生、处理及排放的管理，以保证排污许可制度成为瑞典最重要的环境管理制度。

瑞典的排污许可制度取得良好的实施效果主要得益于完善的法律制度、环境法庭的作用、综合许可全过程的管理、信息公开与公众参与、先进技术的应用等方面。瑞典综合排污许可制度具有以下特点：

① 完善的审批流程与配套制度。瑞典数年来排污许可制度的实践形成了完善的排污许可申请审批流程及严格的审批标准。瑞典的排污许可制度在环境质量标准制度、环境影响评价制度、环境监管制度、环境补偿和赔偿制度及环境保险制度等的配合下，做到了对污染物排放的事前、事中及事后的管理，以保证排污许可制度成为瑞典最重要的环境管理制度。

② 环境法庭审批制度。在机构设置方面，瑞典为环境管理设立了专门的机构，如

国家环境最高法庭等，作为审理环境保护案件的专门机构，以确保法典得到有效执行。另外，在执法手段方面，瑞典环境法庭通过在审批过程中加入公开听证活动来确保许可证的发放公正合法。

③ 综合许可全过程管理。因企业在环境排污方面的特殊性，瑞典对企业的排污管理采取特殊的管理制度——综合排污许可的管理制度，以达到控制和减少企业污染的目的。它按排污活动对环境影响的大小做出详细的分类，并归给不同行政级别的部门管理。该制度要求企业根据其需求从改扩建开始，就主动通过环境影响评价等活动向相关部门证明其企业活动不会对环境造成不利影响，以确保其通过排污许可证的申请审核，获得许可证。这一要求将环境部门对企业环境行为的监管延伸至建设阶段。

④ 成熟的信息公开和公众参与机制。管理部门、公众和企业可全面参与监督，瑞典公众参与贯穿于许可证审核、颁发的整个过程。另外，环境监测也贯穿这一制度始末。环境监测的实现除了监管部门的监测以外，主要依靠企业的自我监测，企业被要求在进行自我监测的同时定期修正、更新监测方法，并及时向监管部门提交监测报告。

⑤ 最佳可行技术。最佳可行技术是不同行业环境管理的重要依据之一。该文件统计、分析了行业概况、生产技术水平、能源利用与消耗、污染防治能力和水平以及排污状况，从宏观层面提出了行业污染排放水平，为排污许可证审批提供了技术参考文件。

1.1.4　日本

日本环境法律虽未直接使用"排放污染物许可证"的概念，但《大气污染防治法》《水质污染防治法》《噪声控制法》等法律规定了"申报—审查—认可—遵守"的程序以及违规处罚的内容。法律文本主要规范了"排污申报"和许可程序环节，明确环保部门需对符合法律规定的企业出具一份排污申报的"认可证明"材料，即一般意义上的排污许可证。

与其他国家排污许可制度在环境保护制度中的地位相比，日本将总量控制制度作为环境保护的核心制度，同时以排污申报制度作为辅助。日本总量控制目标值的确定过程是由技术水平决定总量控制目标的自下而上过程。区域总量控制目标是基于技术水平，由国家、地方和企业充分考虑地方和企业的执行能力后，提出的目标控制量。总量控制要求排污企业达到所属行业和工业设施类型的 C 值（污染物排放浓度），并不涉及具体减排任务。日本同时实行排污申报制度，申报企业需要向环境管理部门提交污染物产生与排放情况、治理设施设置与运行情况、污染源监测情况等。

1.1.5　澳大利亚

澳大利亚自 20 世纪 90 年代末期开始实施排污许可证管理，各州自治，其中以新南威尔士州最为典型，其排污许可制度较为完善，亦颇具代表性。1999 年，澳大利亚新南威尔士州的排污许可体系基于州《环境保护操作法案》建立，该法案包括多个法规以及行动计划。《环境保护操作法案》取代了《清洁空气法》《清洁水法》《污染控制行动》

《废物减量化和管理法》《噪声控制行动》《环境犯罪和处罚法》等多个单项法案，整合了受单项法案约束的企业排污行为，不仅奠定了综合排污许可制度的法律基础，而且详细规定了排污许可证的核发对象、程序、权限和收费标准等具体要求。排污许可证涵盖大气、水、废物和噪声控制，属于典型的综合许可证。

新南威尔士州的排污许可证实施分级管理，《环境保护操作法案》根据项目的性质、规模以及对环境影响的大小，确定了一份行业清单，不同项目由不同级别的部门核发排污许可证。许可证载明了污染物排放标准、排放量，通常还要求有相应的监测与记录、年度申报、环境审计、资金保障、环境管理、日常合规管理等。澳大利亚的排污许可证收费情况与企业实际排污量挂钩。新南威尔士州的排污许可制度主要采用基于污染物排放负荷的许可方法。其在设定企业污染物排放限值时，将企业许可费用和实际排放量结合，并规定许可费用与实际排放量成正比。若实际排放量超过排放限值，超出排放限值部分将按照双倍许可费用收取。公众参与、监督是新南威尔士州发放排污许可证的重要环节，公众意见是排污许可证申请材料的必要附件之一，公众可通过特定渠道查阅排污许可证申请、发放、变更、收费等信息。依法获得豁免权、诉讼情况、环境审计报告、环境保护整改通知、部分环境监测结果均需要对公众公开。

澳大利亚排污许可制度的特点主要包括各州排污许可证管理自治、许可证发放对象包括固定源和移动源、"一证式"管理、排污许可证收费与实际排污量挂钩、公众参与贯穿始终。

1.2 中国排污许可制度

1.2.1 排污许可制度的诞生

20 世纪 80 年代至 20 世纪末，环境管理以实施水污染物排放总量控制为目的，我国排污许可制度的实践主要围绕水污染物排放展开，其主要作为实现污染物总量控制的政策工具，而非法律制度。1985 年，《上海市黄浦江上游水源保护条例》的颁布标志着我国排污许可制度正式开始了法律化的进程。1988 年，国家环保局发布了《水污染物排放许可证管理暂行办法》，首次从国家层面规定了排污许可制度，要求全国各地在允许排污许可之前必须进行申报登记，再由地方环境保护行政主管部门根据每个区域经济、环境保护发展状况的差异，分批分期对重点污染源和重点污染物实行排放许可制度。

1989 年，国家环保局颁布了《中华人民共和国水污染防治法实施细则》，该实施细则提出了排污许可证颁布的两种情况：a. 对于不超过水污染物排放标准的企业予以发放排污许可证；b. 对于超过水污染物排放标准的企业责令其限期整改，并且在整改期间所必须排放的污染物，必须符合临时排污许可证的要求。随着我国对水污染物排放制度的深入研究和全国各地试点经验的增多，1996 年，全国人大常委会修正的《中华人民共和国水污染防治法》出台，扩大了污染源的管理范围，加大了违法排污的处罚力度，系统规定了水污染防治领域的排污许可制度。

在这一时期，我国环保法和行政法都未规定排污许可，导致其法律依据较为薄弱，因此排污许可制度的发展也有很多困境。具体体现在：排污许可制度的定位不明确，排污主体的违法排污行为所应承担的责任没有被落实，以及环境保护部门的监管不到位。这些问题都使得排污许可制度在这一时期的成效未能完全发挥。

1.2.2　排污许可制度的发展

2000～2013 年是以排污许可证为手段的污染防治管理时期。在这一时期，我国《大气污染防治法》确立了排污许可制度，排污许可制度不仅应用于水污染防治领域，在大气污染防治领域也开始运用。排污许可证的发放和监督管理变得有法可依，并且初现"一证式"的管理模式。

2000 年 3 月，国务院在《中华人民共和国水污染防治法实施细则》中再次规定了排污许可制度。2000 年 4 月，全国人大常委会修订《中华人民共和国大气污染防治法》，其中，第十五条规定了大气污染物排放许可制度。同时，为了推进水污染排放许可证制度的发展，国家环保总局于 2001 年 7 月发布《淮河和太湖流域排放重点水污染物许可证管理办法（试行）》，对水污染物排放许可制度做出了较为具体的规定，明确了重点水污染物排放不得超过水污染物排放标准和总量控制指标的"双达标"要求，并详细列出了申请排污许可所需的条件和材料，规定了环保部门的审查和监督职责，以及对违反规定的处罚。

为探索以环境容量为基础、以排污许可证为管理手段的"一证式"污染防治管理体系，国家环保总局于 2004 年 1 月发布了《关于开展排污许可证试点工作的通知》，决定在唐山等六地市开展排污许可证试点工作，以便为完善排污许可制度提供实践经验。但在实践中各地发证工作进展缓慢，除局部地区外，许可证的实施对于区域环境质量的改善并未产生直接的作用。

2003 年，全国人大常委会通过《中华人民共和国行政许可法》，正式确立了行政许可制度。国家环保总局于 2004 年 6 月发布了《环境保护行政许可听证暂行办法》，对环境行政许可制度做出程序上的规定。2004 年 8 月，国家环保总局发布《关于发布环境行政许可保留项目的公告》，公布了由环保部门实施的行政许可项目，其中涉及排污许可的行政许可事项有排污许可证（大气、水）核发、向大气排放转炉气等可燃气体的批准等。2008 年 1 月，为满足排污许可管理实践的需求，国家环保总局发布了《关于征求对〈排污许可证管理条例〉（征求意见稿）意见的函》，但该条例未通过。2008 年 2 月，全国人大常委会修订《中华人民共和国水污染防治法》，其中第二十条明确规定了国家实行排污许可制度。至此，大气污染物排污许可制度和水污染物排污许可制度在法律上得到正式确立。

在发展阶段，排污许可制度具有如下特点：a. 在法律依据方面，国家法律逐步写入排污申报制和排污许可制，水污染物、陆源污染物向海排放许可和大气污染物排放许可先后得到了国家法律和行政法规的确认和规定，试点地方也开展了排污许可立法工作；b. 在推行范围方面，在地方开展了一系列试点，尚未在全国范围推行；c. 在许可种类方面，从针对水或大气污染的单一许可开始转变为探索综合许可；d. 在许可对象方面，仍然只针对重点污染源，许可事项只包含重点污染物排放。

1.2.3　排污许可制度的形成

2013 年至今，"一证式"排污许可制度到达形成时期。不同于前一阶段排污许可制度的分开管理，本阶段系统提出了排污许可制度改革的顶层设计，明确了排污许可制度建设在固定污染源环境管理中的核心地位，基本形成对固定污染源的"一证式"管理。

我国排污许可制度发展历程如图 1-1 所示。

图 1-1　我国排污许可制度发展历程

自十八大以来，生态文明建设被提高到了前所未有的高度，排污许可制度作为生态文明建设的一项关键制度也受到前所未有的重视。《中共中央关于全面深化改革若干重大问题的决定》《关于加快推进生态文明建设的意见》《生态文明体制改革总体方案》《国民经济与社会发展第十三个五年规划纲要》先后强调要完善排污许可制度。2016 年 11 月 10 日，国务院办公厅正式发布《控制污染物排放许可制实施方案》（国办发〔2016〕81 号），提出了全面推行排污许可制度的时间表和路线图。上述政策明确了我国排污许可立法的基本方向和主要内容。

《中华人民共和国环境保护法》《中华人民共和国大气污染防治法》《中华人民共和国水污染防治法》先后对排污许可制度做出规定，为我国排污许可制度的完善奠定了法律基础，同时也搭建了排污许可法律体系的基本框架，而环保部制定的《排污许可证管理暂行规定》《排污许可管理办法（试行）》则为排污许可制度的实施提供了具体的指引。与此同时，排污许可制度改革实践也在大力推进。2017 年 7 月，火电、造纸两个行业率先完成排污许可证的核发工作，进入监督检查阶段，其他行业的排污许可证核发工作也在快速推进。尤为重要的是，自党中央提出生态文明建设以来，环保工作受到高度重视，排污许可制度在这一阶段也得到了各级政府的大力支持。

至此，我国排污许可制度体系已经基本成型，其法律依据也已经初步具备，且国家政策大力支持，全国各省市的实践成效大幅度提升，为形成"一证式"的排污许可制度积累了大量的经验，奠定了良好的基础。从制度本身的发展情况来说，这一阶段的排污许可制度将企业的生产经营信息、排污许可证记载的内容与环境管理部门的管理要求这三者有机结合，不仅加强了对固定污染源实施全程管理，也在一定程度上改进了对多种污染物的协同控制。但是改革的大幕才刚刚拉开，任务仍然十分艰巨，除了要对排污许可制度的核心地位进行进一步的确认，还要不断探索其与其他环境管理制度的融合渠道，健全排污许可的监管体制，不断强化企业的主体责任。

1.2.4 排污许可制度的未来展望

随着生态文明体制改革的持续深化，作为其中一部分的固定污染源环境管理制度改革也必将在整体的机构、职能、制度改革中理顺关系，调整到位。随着固定污染源的清理与排污许可证核发的全行业推进，下一步的工作也已如箭在弦。

（1）创新理念思维，实现许可管理全覆盖

排污许可制度改革的基础是实现固定污染源排污许可全覆盖，既包括所有行业企业全覆盖，也包括所有环境要素全覆盖，更包括陆域、流域、海域全覆盖。例如，依法将噪声纳入排污许可管理，开展将温室气体纳入许可体系协同管理的可行性及实施路径研究，将入河入海排污口、海洋污染源等纳入排污许可管理等，这些工作需要强化改革理念创新、思路创新和机制创新。

（2）深度衔接融合，发挥核心制度效能

通过研究，解决固定污染源制度衔接在法律法规体系、管理体系、技术体系等方面存在的问题，打通固定污染源全过程管理体系和技术体系，形成"环评管准入、许可管排污、执法管落实"的全新固定污染源管理体系。进一步深化排污许可制度与环境影响评价制度、总量控制制度、环境统计、环境税、环境执法等其他环境管理制度的有效衔接融合，夯实排污许可制作为固定污染源环境管理核心制度的基础。

（3）严格依证监管，完善污染源监管制度体系

在固定污染源全覆盖基础上，生态环境管理部门要实现依证监管，将排污许可证执行情况纳入强化监督检查内容，督促地方严格排污许可执法监管；继续严厉打击无证排污、不按证排污的违法行为，处罚、曝光违法企业，形成严管重罚的强大震慑，营造良好的社会氛围，推动实现"规范一个行业，达标一个行业"的管理目标。

历史的车轮滚滚向前，改革开弓没有回头箭。排污许可制度本身，不仅是被经历了工业化过程的各国验证了的科学有效的管理工具，也是我国环保事业发展到一定阶段之后的必然选择，是环保管理由粗放转向精细化，由"保姆式"转向法治化的结果。排污许可制改革不仅是环保管理现代化建设的一部分，也是现代企业制度建设的一部分，是实现行业经济高质量发展的制度保障，是整个经济社会成熟化的必经之路。

第 2 章

法规政策与制度体系

2.1 法规政策

党中央、国务院高度重视排污许可管理工作。党的十八大和十八届三中、四中、五中全会均提出要求完善污染物排放许可制,《中共中央关于全面深化改革若干重大问题的决定》提出,完善污染物排放许可制,实行企事业单位污染物排放总量控制制度;《中共中央国务院关于加快推进生态文明建设的意见》提出,完善污染物排放许可证制度,禁止无证排污和超标准、超总量排污;《生态文明体制改革总体方案》提出,完善污染物排放许可制,尽快在全国范围建立统一公平、覆盖所有固定污染源的企事业排放许可制,依法核发排污许可证,排污者必须持证排污,禁止无证排污或不按许可证规定排污;《中共中央关于制定国民经济和社会发展第十三个五年规划的建议》提出,改革环境治理基础制度,建立覆盖所有固定污染源的企事业单位排放许可制。特别是近年来,党的十九届四中全会审议通过的《中共中央关于坚持和完善中国特色社会主义制度推进国家治理体系和治理能力现代化若干重大问题的决定》要求,构建以排污许可制为核心的固定污染源监管制度体系。党的十九届五中全会审议通过的《中共中央关于制定国民经济和社会发展第十四个五年规划和二〇三五年远景目标的建议》提出,全面实行排污许可制。

为加强排污许可法制化,我国 2014 年修订的《中华人民共和国环境保护法》、2018年修正的《中华人民共和国大气污染防治法》、2018 年颁布的《中华人民共和国土壤污染防治法》、2020 年修订的《中华人民共和国固体废物污染环境防治法》等均进一步明确提出实行排污许可管理制度,较原法律有了更为具体的规定和更为严厉的处罚;为了能够更好地规制企业的排污行为,对固定污染源排放进行约束和控制,我国制定了《排污许可管理条例》(国令 第 736 号),于 2021 年 3 月 1 日起施行,明确了控排企业

"违证排污"的法律责任。此外，2016 年 11 月，国务院办公厅印发《国务院办公厅关于印发控制污染物排放许可制实施方案的通知》（国办发〔2016〕81 号），标志着我国的排污许可制度改革正式启动。为落实该方案，环境保护部（现为生态环境部）于 2016 年 12 月发布《排污许可证管理暂行规定》（环水体〔2016〕186 号），并在该文件基础上，认真总结火电、造纸行业先行先试的成功经验，于 2018 年 1 月 10 日环境保护部发布《排污许可管理办法（试行）》（部令　第 48 号），该管理办法是对《排污许可证管理暂行规定》的延续、深化和完善，使得排污许可证申请、核发、执行、监管全过程的可操作性进一步提高。这些法规政策的陆续出台，为我国排污许可制的发展完善奠定了坚实的法治基础。

2.1.1　法律法规

（1）《中华人民共和国环境保护法》

1989 年 12 月 26 日第七届全国人民代表大会常务委员会第十一次会议通过，2014 年 4 月 24 日第十二届全国人民代表大会常务委员会第八次会议修订。

第四十五条规定，国家依照法律规定实行排污许可管理制度。实行排污许可管理的企业事业单位和其他生产经营者应当按照排污许可证的要求排放污染物；未取得排污许可证的，不得排放污染物。

第六十三条规定，违反法律规定，未取得排污许可证排放污染物，被责令停止排污，拒不执行的企业事业单位和其他生产经营者，尚不构成犯罪的，除依照有关法律法规规定予以处罚外，由县级以上人民政府环境保护主管部门或者其他有关部门将案件移送公安机关，对其直接负责的主管人员和其他直接责任人员，处十日以上十五日以下拘留；情节较轻的，处五日以上十日以下拘留。

（2）《中华人民共和国大气污染防治法》

1987 年 9 月 5 日第六届全国人民代表大会常务委员会第二十二次会议通过，根据 1995 年 8 月 29 日第八届全国人民代表大会常务委员会第十五次会议《关于修改〈中华人民共和国大气污染防治法〉的决定》第一次修正，2000 年 4 月 29 日第九届全国人民代表大会常务委员会第十五次会议第一次修订，2015 年 8 月 29 日第十二届全国人民代表大会常务委员会第十六次会议第二次修订，根据 2018 年 10 月 26 日第十三届全国人民代表大会常务委员会第六次会议《关于修改〈中华人民共和国野生动物保护法〉等十五部法律的决定》第二次修正。

第十九条规定，排放工业废气或者本法第七十八条规定名录中所列有毒有害大气污染物的企业事业单位、集中供热设施的燃煤热源生产运营单位以及其他依法实行排污许可管理的单位，应当取得排污许可证。排污许可的具体办法和实施步骤由国务院规定。

第九十九条规定，违反本法规定，未依法取得排污许可证排放大气污染物的，由县级以上人民政府生态环境主管部门责令改正或者限制生产、停产整治，并处十万元以上一百万元以下的罚款；情节严重的，报经有批准权的人民政府批准，责令停业、关闭。

第一百二十三条规定，违反本法规定，未依法取得排污许可证排放大气污染物的企业事业单位和其他生产经营者，受到罚款处罚，被责令改正，拒不改正的，依法做出处罚决定的行政机关可以自责令改正之日的次日起，按照原处罚数额按日连续处罚。

（3）《中华人民共和国水污染防治法》

1984年5月11日第六届全国人民代表大会常务委员会第五次会议通过，根据1996年5月15日第八届全国人民代表大会常务委员会第十九次会议《关于修改〈中华人民共和国水污染防治法〉的决定》第一次修正，2008年2月28日第十届全国人民代表大会常务委员会第三十二次会议修订，根据2017年6月27日第十二届全国人民代表大会常务委员会第二十八次会议《关于修改〈中华人民共和国水污染防治法〉的决定》第二次修正。

第二十一条规定，直接或者间接向水体排放工业废水和医疗污水以及其他按照规定应当取得排污许可证方可排放的废水、污水的企业事业单位和其他生产经营者，应当取得排污许可证；城镇污水集中处理设施的运营单位，也应当取得排污许可证。排污许可证应当明确排放水污染物的种类、浓度、总量和排放去向等要求。排污许可的具体办法由国务院规定。禁止企业事业单位和其他生产经营者无排污许可证或者违反排污许可证的规定向水体排放前款规定的废水、污水。

第二十三条规定，实行排污许可管理的企业事业单位和其他生产经营者应当按照国家有关规定和监测规范，对所排放的水污染物自行监测，并保存原始监测记录。重点排污单位还应当安装水污染物排放自动监测设备，与环境保护主管部门的监控设备联网，并保证监测设备正常运行。具体办法由国务院环境保护主管部门规定。

第二十四条规定，实行排污许可管理的企业事业单位和其他生产经营者应当对监测数据的真实性和准确性负责。环境保护主管部门发现重点排污单位的水污染物排放自动监测设备传输数据异常，应当及时进行调查。

第八十三条规定，违反本法规定，未依法取得排污许可证排放水污染物的行为，由县级以上人民政府环境保护主管部门责令改正或者责令限制生产、停产整治，并处十万元以上一百万元以下的罚款；情节严重的，报经有批准权的人民政府批准，责令停业、关闭。

（4）《中华人民共和国固体废物污染环境防治法》

1995年10月30日第八届全国人民代表大会常务委员会第十六次会议通过，2004年12月29日第十届全国人民代表大会常务委员会第十三次会议第一次修订，根据2013年6月29日第十二届全国人民代表大会常务委员会第三次会议《关于修改〈中华人民共和国文物保护法〉等十二部法律的决定》第一次修正，根据2015年4月24日第十二届全国人民代表大会常务委员会第十四次会议《关于修改〈中华人民共和国港口法〉等七部法律的决定》第二次修正，根据2016年11月7日第十二届全国人民代表大会常务委员会第二十四次会议《关于修改〈中华人民共和国对外贸易法〉等十二部法律的决定》第三次修正，2020年4月29日第十三届全国人民代表大会常务委员会第十七次会议第二次修订。

第三十九条规定，产生工业固体废物的单位应当取得排污许可证。排污许可的具体办法和实施步骤由国务院规定。产生工业固体废物的单位应当向所在地生态环境主管部门提供工业固体废物的种类、数量、流向、贮存、利用、处置等有关资料，以及减少工业固体废物产生、促进综合利用的具体措施，并执行排污许可管理制度的相关规定。

第七十八条规定，产生危险废物的单位已经取得排污许可证的，执行排污许可管理制度的规定。

第一百零四条规定，违反本法规定，未依法取得排污许可证产生工业固体废物的，由生态环境主管部门责令改正或者限制生产、停产整治，处十万元以上一百万元以下的罚款；情节严重的，报经有批准权的人民政府批准，责令停业或者关闭。

（5）《中华人民共和国土壤污染防治法》

2018 年 8 月 31 日第十三届全国人民代表大会常务委员会第五次会议通过。

第二十一条规定，设区的市级以上地方人民政府生态环境主管部门应当按照国务院生态环境主管部门的规定，根据有毒有害物质排放等情况，制定本行政区域土壤污染重点监管单位名录，向社会公开并适时更新。

土壤污染重点监管单位应当履行以下义务，并在排污许可证中载明：

① 严格控制有毒有害物质排放，并按年度向生态环境主管部门报告排放情况；

② 建立土壤污染隐患排查制度，保证持续有效防止有毒有害物质渗漏、流失、扬散；

③ 制定、实施自行监测方案，并将监测数据报生态环境主管部门。

（6）《排污许可管理条例》

2020 年 12 月 9 日国务院第 117 次常务会议通过，自 2021 年 3 月 1 日起施行。

内容包括总则、申请与审批、排污管理、监督检查、法律责任和附则，共六章五十一条。从明确实行排污许可管理的范围和管理类别、规范申请与审批排污许可证的程序、加强排污管理、严格监督检查、强化法律责任等方面，对排污许可管理工作予以规范。

条例在规范排污许可证申请与审批方面主要做了如下规定：

① 要求依照法律规定实行排污许可管理的企业事业单位和其他生产经营者申请取得排污许可证后，方可排放污染物，并根据污染物产生量、排放量、对环境的影响程度等因素，对排污单位实行分类管理，具体名录由国务院生态环境主管部门拟订并报国务院批准后公布实施。

② 明确审批部门、申请方式和材料要求，规定排污单位可以通过网络平台等方式，向其生产经营场所所在地设区的市级以上生态环境主管部门提出申请。

③ 明确审批期限，实行排污许可简化管理和重点管理的审批期限分别为 20 日和 30 日。

④ 明确颁发排污许可证的条件和排污许可证应当记载的具体内容。

在强化排污单位的主体责任方面主要做了如下规定：

① 规定排污单位污染物排放口位置和数量、排放方式和排放去向应当与排污许可证相符。

② 要求排污单位按照排污许可证规定和有关标准规范开展自行监测，保存原始监测记录，对自行监测数据的真实性、准确性负责，实行排污许可重点管理的排污单位还

应当安装、使用、维护污染物排放自动监测设备，并与生态环境主管部门的监控设备联网。

③ 要求排污单位建立环境管理台账记录制度，如实记录主要生产设施及污染防治设施运行情况。

④ 要求排污单位向核发排污许可证的生态环境主管部门报告污染物排放行为、排放浓度、排放量，并按照排污许可证规定，如实在全国排污许可证管理信息平台上公开相关污染物排放信息。

在加强排污许可的事中事后监管方面主要做了如下规定：

① 要求生态环境主管部门将排污许可执法检查纳入生态环境执法年度计划，根据排污许可管理类别、排污单位信用记录等因素，合理确定检查频次和检查方式。

② 规定生态环境主管部门可以通过全国排污许可证管理信息平台监控、现场监测等方式，对排污单位的污染物排放量、排放浓度等进行核查。

③ 要求生态环境主管部门对排污单位污染防治设施运行和维护是否符合排污许可证规定进行监督检查，同时鼓励排污单位采用污染防治可行技术。

2.1.2 政策文件

2013 年 11 月，党的十八届三中全会通过《中共中央关于全面深化改革若干重大问题的决定》，将"完善污染物排放许可制"作为改革环境保护管理体制的重要任务，从而确定了实施排污许可制的重大改革意义。

2015 年 9 月，中共中央、国务院印发《生态文明体制改革总体方案》，要求"完善污染物排放许可制，尽快在全国范围建立统一公平、覆盖所有固定污染源的企事业排放许可制，依法核发排污许可证，排污者必须持证排污，禁止无证排污或不按许可证规定排污"，不仅强调了禁止行为，还明确排污许可制要覆盖所有固定污染源。

2015 年 10 月，党的十八届五中全会关于《中共中央关于制定国民经济和社会发展第十三个五年规划的建议》，提出"改革环境治理基础制度，建立覆盖所有固定污染源的企业排放许可制"。

2016 年 11 月，国务院发布《控制污染物排放许可制实施方案》（国办发〔2016〕81号），对完善控制污染物排放许可制度、实施企事业单位排污许可证管理做出总体部署和系统安排。要求对固定污染源实施全过程管理和多污染物协同控制，实现系统化、科学化、法治化、精细化、信息化的"一证式"管理。提出规范有序发放排污许可证，逐步推进排污许可证全覆盖；构建统一信息平台，加大信息公开力度等重点工作。

2016 年 12 月，环境保护部印发《排污许可证管理暂行规定》规定："规范排污许可证申请、审核、发放、管理等程序，明确要求各地可根据本规定进一步细化管理程序和要求，制定本地实施细则。"

2016 年 12 月，环境保护部印发《开展火电、造纸行业和京津冀试点城市高架源排污许可证管理工作》，要求各地应立即启动火电、造纸行业排污许可证管理工作。同时，为推动京津冀地区大气污染防治工作，决定在京津冀部分城市试点开展高架源排污许可证管理工作。

2017 年 11 月，环境保护部印发《关于做好环境影响评价制度与排污许可制衔接相关工作的通知》，对各种情况下环评制度与排污许可制度的衔接做了具体安排。

2018 年 1 月，环境保护部发布《排污许可管理办法（试行）》，作为现阶段排污许可证核发工作的主要规范性指导文件，明确了排污许可证的定位，规定了排污许可证申请、受理、审核、发放的程序和监督管理原则要求，规定了排污许可证的主要内容，以及明确了环境管理部门依证监管的各项规定。

2019 年 9 月，国务院印发《国务院关于加强和规范事中事后监管的指导意见》（国发〔2019〕18 号），提出五个方面政策措施：一是夯实监管责任；二是健全监管规则和标准；三是创新和完善监管方式；四是构建协同监管格局；五是提升监管规范性和透明度。

2019 年 12 月，生态环境部发布《固定污染源排污许可分类管理名录（2019 年版）》（部令　第 11 号），该名录作为排污许可制度体系的重要组成部分，是推进排污许可分步实施、精细化管理的基础性文件。

2020 年 1 月，生态环境部印发《固定污染源排污登记工作指南（试行）》（环办环评函〔2020〕9 号），该指南规定污染物产生量、排放量和对环境的影响程度很小，依法不需要申请取得排污许可证的企业事业单位和其他生产经营者，应当填报排污登记表。

2020 年 9 月，生态环境部印发《环评与排污许可监管行动计划（2021—2023 年）》和《生态环境部 2021 年度环评与排污许可监管工作方案》，进一步加大环评与排污许可监管力度，推动监管制度化、常态化，并推进审查审批与行政执法衔接，形成监管合力。

2021 年 1 月，国务院印发《排污许可管理条例》（国令　第 736 号），提出了一系列新的举措：a. 实现固定污染源全覆盖；b. 构建以排污许可制为核心的固定污染源监管制度体系；c. 进一步落实生态环境保护的责任；d. 严格按证排污和依证监管。

2022 年 3 月，生态环境部印发《关于加强排污许可执法监管的指导意见》（环执法〔2022〕23 号），从总体要求、全面落实责任、严格执法监管、优化执法方式、强化支撑保障五方面提出了 22 项具体要求，推动形成企业持证排污、政府依法监管、社会共同监督的生态环境执法监管新格局。

2022 年 4 月，生态环境部印发《"十四五"环境影响评价与排污许可工作实施方案》（环环评〔2022〕26 号），该方案进一步健全了以环境影响评价制度为主体的源头预防体系，构建了以排污许可制为核心的固定污染源监管制度体系。

2.2　制度体系

构建以排污许可制为核心的固定污染源监管制度体系，有效整合面向企业的生态环境保护管理要求，优化生态环境监管内容和方式，推动企业按证排污、政府依证监管，实现固定污染源的"一证式"管理，是生态文明体制改革的重要内容和关键目标之一。排污许可制除了发挥核心作用以外，还要与有关环境管理制度互相衔接。

排污许可制度建设尚在完善之中。在法律层面，《排污许可管理条例》已经发布，进一步明确排污许可制度的基础核心地位、制度融合的途径和渠道以及各方责任。在管理层面，《排污许可管理办法（试行）》规定了排污许可证的内容、核发程序，明确了生态环境部门、排污单位和第三方机构的责任；《固定污染源排污许可分类管理名录》是实施排污许可制度的重要基础性文件，规定纳入排污许可管理的固定污染源行业范围和管理类别，实现了排污许可证的分类管理。管理规范性文件用于规定排污许可管理的程序、内容、范围、对象等管理性规定，适用于排污许可证申请单位、核发机关等。在技术层面，近两年建立了较为完备的排污许可技术体系，技术规范性文件包括环评与排污许可在污染源源强核算方面衔接的技术方法、排污许可证申请与核发、污染防治最佳可行技术、排污单位自行监测、环境管理台账与执行报告、固定污染源编码和许可证编码等技术规定，以及监管执法、污染物达标判定方法等。

2.2.1 排污许可制度与其他环境管理制度的衔接

国务院提出改革环境治理基础制度，建立覆盖所有固定污染源的排污许可制，关键在于整合衔接现有各项污染源环境管理制度。通过实施控制污染物排放许可制，实行企事业单位污染物排放总量控制制度；有机衔接环境影响评价制度，实现从污染预防到污染治理和排放控制的全过程监管，为相关工作提出统一的污染物排放数据，提高管理效能。通过排污许可制度改革做好各项制度衔接融合，更好地发挥各项制度的作用，建立高效管理体系。

（1）排污许可与环境影响评价制度

环境影响评价制度是建设项目的环境准入门槛，是申请排污许可证的前提和重要依据。排污许可制是企事业单位生产运营期排污的法律依据，是确保环境影响评价提出的污染防治设施和措施落实落地的重要保障，两者都是我国污染源管理的重要制度。

环评管准入与许可管排污的有效衔接，将实现从污染预防到排放控制、污染治理的全过程监管，具体包括管理类别衔接、固定污染源建设项目环境影响登记表备案与排污登记两项制度深度融合、环境影响评价审批、排污许可"两证合一"行政审批制度改革、工业类建设项目环境影响评价报告表与简化管理排污许可证衔接、建设项目环境影响评价审批基础清单完善、环境影响评价文件及其批复中与污染物排放相关的主要内容全部纳入排污许可证以及环境影响评价技术导则与排污许可证申请与核发技术规范有机衔接。

① 对建设项目实行统一分类管理。按照环境影响程度、污染物产生量和排放量，对建设项目实行统一分类管理。在分类管理方面，《建设项目环境影响评价分类管理名录》和《固定污染源排污许可分类管理名录》实现了相互衔接。纳入排污许可管理的建设项目，对环境造成影响较大的、应当编制环境影响报告书的，原则上实行排污许可重

点管理；对环境造成影响较小的、应当编制环境影响报告表的，原则上实行排污许可简化管理。

② 环境影响评价审批文件是新版排污许可证申请的重要文件。在内容方面，环境影响评价审批文件中与污染物排放相关内容要纳入排污许可证，包括产排污环节、污染物种类、污染物执行标准与排放限值、各污染物年排放量以及污染物防治设施和措施等基本信息。排污许可与环评在污染物排放上进行衔接。

在时间方面，新建污染源必须在产生实际排污行为之前申领排污许可证。2015 年 1 月 1 日以前取得建设项目环境影响评价审批意见，且实际排污的排污单位，排污许可证年许可排放量按照排放标准和总量指标从严取值，地方也可考虑环评批复要求；2015 年 1 月 1 日及以后取得建设项目环境影响评价审批意见的排污单位，环境影响评价文件及审批意见中与污染物排放相关的主要内容应当纳入排污许可证，在年许可排放量上，根据排放标准、总量控制要求和环评批复从严取值，在时间上需在实际排污前申领排污许可证。

在技术规范方面，环评审批部门在审查环评文件时，应结合排污许可证申请与核发技术规范，核定建设项目污染物种类等信息。环境影响评价审批部门应结合环境影响评价审批文件和排污许可证申请与核发技术规范，核定建设项目的产排污环节、污染物种类及污染防治设施和措施等基本信息；依据国家或地方污染物排放标准、环境质量标准和总量控制要求等管理规定，按照污染源源强核算技术指南、环境影响评价要素导则等技术文件，严格核定排放口数量、位置以及每个排放口的污染物种类、允许排放浓度和允许排放量、排放方式、排放去向、自行监测计划等与污染物排放相关的主要内容，确保在污染源强、许可排放量、实际排放量方面做到两者统一。

在环境监管方面，排污许可证的执行情况作为环境影响后评价的重要内容，有着举足轻重的作用。排污许可证执行报告、环境管理台账记录以及自行监测执行情况等都是开展建设项目环境影响后评价的重要依据。

（2）排污许可与竣工环保验收制度

建设项目竣工环境保护验收，是指建设项目竣工后，生态环境主管部门依据环境保护验收监测或调查结果，并通过现场检查等手段，考核该建设项目是否达到环境保护要求的活动。

① 排污许可证是竣工环保验收工作的前提。《建设项目竣工环境保护验收暂行办法》（国环规环评〔2017〕4 号）中规定，《排污许可分类管理名录》中规定应当取得排污许可证的排污单位，若未取得，不得对其项目配套的环保设施进行调试，进而不能对其项目进行环保设施竣工环保验收工作。

② 竣工环保验收为排污许可后续监管提供基础信息。《排污许可管理办法（试行）》中提到，竣工验收报告中与污染物相关的主要内容，应当记录在当年排污许可证年度执行报告中。

（3）排污许可与总量控制制度

全面落实企事业单位污染物排放总量控制法定义务，改革完善固定污染源主要污染物排放总量指标管理方式，将符合要求的排污许可证执行报告中主要污染物实际排放量数据作为总量减排核算依据，将污染物排放量削减要求纳入排污许可证。

已有的总量控制指标，要作为确定许可排放量的一个依据；排污许可证载明的许可排放量，即为企业污染物排放的总量指标。排污许可将作为落实排污单位总量控制的重要手段，协同改革总量控制制度。

总量控制制度实施多年来，在减少污染排放、落实政府环保主体责任方面成效显著。然而，以行政区域为单元分解排放总量指标、核算考核总量减排，涉及排污单位的范围比较小，排污总量基数不清，也缺乏相应监控，对推进排污单位主动减少污染排放的作用有限。在以下方面需要通过排污许可落实排污单位总量指标：

① 在总量分配方面，有望改变从上向下分解总量指标的行政区域总量控制制度，建立由下向上的企事业单位总量控制制度，由排污许可证确定企业污染物排放总量控制指标，使总量控制的责任回归到企事业单位，由企业对其排放行为负责。

② 在总量考核方面，改变现有的考核方式，将总量控制由过去的行政命令上升为法定义务。

③ 在控制因子方面，逐步扩大到影响环境质量的重点污染物。

④ 在控制范围方面，通过排污许可来实行总量控制，将逐步扩大承担总量控制任务的企业和行业范围。总量控制逐步统一到固定污染源，可以推动建立固定污染源与环境目标的响应关系。

2.2.2 管理规范性文件

管理规范性文件明确排污许可制配套技术体系构成、实施范围、实施计划等，解决许可证核发与监管过程中的程序性、内容性要求等，包括《排污许可管理办法（试行）》《排污许可分类管理名录》等。

（1）《排污许可管理办法（试行）》

《排污许可管理办法（试行）》（以下简称《管理办法》）是排污许可管理条例出台前的重要部门规章，是现阶段排污许可管理的重要遵循原则。《管理办法》明确了排污许可证的管理范围、许可对象、总体要求等，明确了许可证的内容，规定了排污许可证申请与核发、变更、延续、撤销的程序，明确了排污许可证实施与监管的原则和要求、法律责任等。

《管理办法》分7章共68条，第一章总则共11条，第二章排污许可证内容共11条，第三章申请与核发共10条，第四章实施与监管共10条，第五章变更、撤销、延续共9条，第六章法律责任共9条，第七章附则共8条。《管理办法》规定的主要内容包括以下几点：

① 规定了排污许可证核发程序。《管理办法》依据国务院办公厅印发的《控制污染物排放许可制实施方案》，依法规定排污许可证申请、审核、发放的一个完整周期内，企业需要提供的材料、应当公开的信息，生态环境部门受理的程序、审核的要求、发证的规定以及污染防治可行技术在申请与核发中的应用。明确了排污许可证的变更、延续、撤销、注销、遗失补办等各情形的相关程序、所需资料等内容。同时规定了分类管

理的要求和分级许可的思路，明确了排污许可证的有效期。

② 明确了排污许可证的内容。《管理办法》规定排污许可证由正本和副本两部分组成，主要内容包括承诺书、基本信息、登记信息和许可事项。其中前三项由企业自行填写，最后一项由生态环境部门依据企业申请材料按照统一的技术规范依法确定。《管理办法》规定核发部门应当以排放口为单元，根据污染物排放标准确定许可排放浓度；按照行业重点污染物排放量核算方法和环境质量改善的要求计算许可排放量，并明确许可排放量与总量控制指标和环评批复的排放总量要求之间的衔接关系。

通过排污许可证，对企业的环境监管逐步从管企业细化深入到管每个具体排放口，从主要管四项污染物转向多污染物协同管控，从以污染物浓度管控为主转向污染物浓度与排污总量双管控。特别针对当前雾霾防治，在排污许可证中增设重污染天气期间等特殊时段对排污单位排污行为的管控要求，推动对固定污染源的精细化监管，同时将排污许可更好地与环境质量改善要求密切衔接，推动固定污染源的精细化管理。

③ 强调落实排污单位按证排污责任。《管理办法》规定，排污许可是生态环境部门依据排污单位的申请和承诺，通过发放排污许可证来规范和限制排污行为，并依证监管的环境管理制度。排污单位承诺并对申请材料真实性、完整性、合法性负责是排污单位取得排污许可证的重要前提。排污单位必须持证排污，无证不得排污。持证排污单位必须在排污许可证规定的许可排放浓度和许可排放量的范围内排放污染物，并开展自行监测、建立台账记录、编写执行报告，确保严格落实排污许可证相关要求。《管理办法》同时对无证排污、违法排污、材料弄虚作假、监测违法、未依法公开环境信息 5 种情形设定了处罚条款。

④ 要求依证严格开展监管执法。《管理办法》提出监管执法部门应制定排污许可执法计划，明确执法重点和频次；执法中应对照排污许可证许可事项，按照污染物实际排放量的计算原则，通过核查台账记录、在线监测数据及其他监控手段或执法监测等，检查企业落实排污许可证相关要求的情况。排污许可证对排污口的具体化规定、依法监管的内容逐一进行了明确和细化，实现了排污单位排污口的"卡片式管理"。

⑤ 强调加大信息公开力度。《管理办法》规定企业应在申请排污许可证前就基本信息、拟申请的许可事项进行公开，在执行排污许可证要求过程中应公开自行监测数据和执行报告内容；核发部门在核发排污许可证后应公开排污许可证正本以及副本中的基本事项、承诺书和许可事项；监管执法部门应在全国排污许可证管理信息平台上公开监管执法信息、无证和违法排污的排污单位名单。

⑥ 提出排污许可技术支撑体系。《管理办法》明确生态环境部负责制定排污许可证申请与核发技术规范、环境管理台账及排污许可证执行报告技术规范、排污单位自行监测技术指南、污染防治可行技术指南等相关技术规范。同时明确生态环境主管部门可通过政府购买服务的方式，组织或者委托技术机构提供排污许可管理的技术支持。

（2）《排污许可分类管理名录》

为实施排污许可分类管理，根据《中华人民共和国环境保护法》等有关法律法规和《国务院办公厅关于印发控制污染物排放许可制实施方案的通知》的相关规定，生态环境部印发《固定污染源排污许可分类管理名录（2019 年版）》（以下简称《排污许可名录》），这是贯彻落实党中央、国务院决策部署，推动排污许可制度实施的重要基础性文件，对进一步完善排污许可制度改革具有重要意义。

国家根据排放污染物的企业事业单位和其他生产经营者（以下简称排污单位）污染物产生量、排放量、对环境的影响程度等因素，实行排污许可重点管理、简化管理和登记管理。具体规定如下：

① 对污染物产生量、排放量或者对环境的影响程度较大的排污单位，实行排污许可重点管理；

② 对污染物产生量、排放量和对环境的影响程度较小的排污单位，实行排污许可简化管理；

③ 对污染物产生量、排放量和对环境的影响程度很小的排污单位，实行排污登记管理。实行登记管理的排污单位，不需要申请取得排污许可证，应当在全国排污许可证管理信息平台填报排污登记表，登记基本信息、污染物排放去向、执行的污染物排放标准以及采取的污染防治措施等信息。

2019 年版的《排污许可名录》依据《国民经济行业分类》（GB/T 4754—2017）划分行业类别。

① 现有排污单位应当在生态环境部规定的实施时限内申请取得排污许可证或者填报排污登记表。新建排污单位应当在启动生产设施或者发生实际排污行为之前申请取得排污许可证或者填报排污登记表。

② 同一排污单位在同一场所从事本名录中两个以上行业生产经营的，申请一张排污许可证。

③ 属于排污许可名录第 1～107 类行业的排污单位，按照本名录第 109～112 类规定的锅炉、工业炉窑、表面处理、水处理等通用工序实施重点管理或者简化管理的，只需对其涉及的通用工序申请取得排污许可证，不需要对其他生产设施和相应的排放口等申请取得排污许可证。

④ 属于排污许可名录第 108 类行业的排污单位，涉及本名录规定的通用工序重点管理、简化管理或者登记管理的，应当对其涉及的本名录第 109～112 类规定的锅炉、工业炉窑、表面处理、水处理等通用工序申请领取排污许可证或者填报排污登记表。有下列情形之一的，还应当对其生产设施和相应的排放口等申请取得重点管理排污许可证：a. 被列入重点排污单位名录的；b. 二氧化硫或者氮氧化物年排放量大于 250t 的；c. 烟粉尘年排放量大于 500t 的；d. 化学需氧量年排放量大于 30t，或者总氮年排放量大于 10t，或者总磷年排放量大于 0.5t 的；e. 氨氮、石油类和挥发酚合计年排放量大于 30t 的；f. 其他单项有毒有害大气、水污染物污染当量数大于 3000 的。污染当量数按照《中华人民共和国环境保护税法》的规定计算。

《排污许可名录》未做规定的排污单位，确需纳入排污许可管理的，其排污许可管理类别由省级生态环境主管部门提出建议，报生态环境部确定。

塑料制品业分类管理如表 2-1 所列。

表 2-1　塑料制品业分类管理

序号	行业类别	重点管理	简化管理	登记管理
62	塑料制品业 292	塑料人造革、合成革制造 2925	年产 1 万吨及以上的泡沫塑料制造 2924，年产 1 万吨及以上涉及改性的塑料薄膜制造 2921，塑料板、管、型材制造 2922，塑料丝、绳和编织品制造 2923，塑料包装箱及容器制造 2926，日用塑料品制造 2927，人造草坪制造 2928，塑料零件及其他塑料制品制造 2929	其他

2.2.3　技术规范性文件

技术规范性文件主要是统一并规范排污许可证申报、核发、执行、监管过程中的技术方法，包括排污许可证申请与核发技术规范、各行业污染源源强核算技术指南、污染防治可行技术指南、自行监测技术指南、环境管理台账及排污许可证执行报告技术规范、固定污染源编码和许可证编码标准等。

（1）排污许可证申请与核发技术规范

排污许可证申请与核发技术规范是指导排污单位、生态环境部门、第三方机构排污许可证申请与核发的重要指导性技术标准，由"总则＋重点行业＋通用工序技术规范"组成。总则规定了排污单位排污许可证申请与核发的程序、基本情况填报要求、许可排放限值确定方法、实际排放量核算方法和合规判定的方法，以及自行监测、环境管理台账与排污许可证执行报告等环境管理要求，提出了排污单位污染防治可行技术要求。各行业和通用工序技术规范结合行业工艺及产排污特点，明确了需要填报的主要生产单元、主要生产工艺、生产设施及参数、污染治理设施等基本情况的填报要求，规定了排放口类型划分、各排放口管控的污染因子、许可排放限值类型和确定原则及方法、实际排放量核算方法、合规判定的方法，提出具有针对性的环境管理台账建立、排污许可证执行报告编制要求，明确了细化完善的污染防治可行技术。目前已发布的排污许可证申请与核发技术规范如表 2-2 所列。

表 2-2　已发布的排污许可证申请与核发技术规范

序号	标准名称	标准号	发布日期	实施日期
1	排污许可证申请与核发技术规范 工业固体废物（试行）	HJ 1200—2021	2021-11-06	2022-01-01
2	排污许可证申请与核发技术规范 稀有稀土金属冶炼	HJ 1125—2020	2020-03-27	2020-03-27
3	排污许可证申请与核发技术规范 工业炉窑	HJ 1121—2020	2020-03-27	2020-03-27
4	排污许可证申请与核发技术规范 制鞋工业	HJ 1123—2020	2020-03-27	2020-03-27
5	排污许可证申请与核发技术规范 铁路、船舶、航空航天和其他运输设备制造业	HJ 1124—2020	2020-03-27	2020-03-27
6	排污许可证申请与核发技术规范 橡胶和塑料制品工业	HJ 1122—2020	2020-03-27	2020-03-27
7	排污许可证申请与核发技术规范 水处理通用工序	HJ 1120—2020	2020-03-11	2020-03-11
8	排污许可证申请与核发技术规范 石墨及其他非金属矿物制品制造	HJ 1119—2020	2020-03-04	2020-03-04

续表

序号	标准名称	标准号	发布日期	实施日期
9	排污许可证申请与核发技术规范 金属铸造工业	HJ 1115—2020	2020-03-04	2020-03-04
10	排污许可证申请与核发技术规范 涂料、油墨、颜料及类似产品制造业	HJ 1116—2020	2020-03-04	2020-03-04
11	排污许可证申请与核发技术规范 铁合金、电解锰工业	HJ 1117—2020	2020-03-04	2020-03-04
12	排污许可证申请与核发技术规范 储油库、加油站	HJ 1118—2020	2020-03-04	2020-03-04
13	排污许可证申请与核发技术规范 医疗机构	HJ 1105—2020	2020-02-28	2020-02-28
14	排污许可证申请与核发技术规范 码头	HJ 1107—2020	2020-02-28	2020-02-28
15	排污许可证申请与核发技术规范 农副食品加工工业—水产品加工工业	HJ 1109—2020	2020-02-28	2020-02-28
16	排污许可证申请与核发技术规范 化学纤维制造业	HJ 1102—2020	2020-02-28	2020-02-28
17	排污许可证申请与核发技术规范 煤炭加工—合成气和液体燃料生产	HJ 1101—2020	2020-02-28	2020-02-28
18	排污许可证申请与核发技术规范 专用化学产品制造工业	HJ 1103—2020	2020-02-28	2020-02-28
19	排污许可证申请与核发技术规范 日用化学产品制造工业	HJ 1104—2020	2020-02-28	2020-02-28
20	排污许可证申请与核发技术规范 环境卫生管理业	HJ 1106—2020	2020-02-28	2020-02-28
21	排污许可证申请与核发技术规范 羽毛（绒）加工工业	HJ 1108—2020	2020-02-28	2020-02-28
22	排污许可证申请与核发技术规范 农副食品加工工业—饲料加工、植物油加工工业	HJ 1110—2020	2020-02-28	2020-02-28
23	排污许可证申请与核发技术规范 制药工业—化学药品制剂制造	HJ 1063—2019	2019-12-10	2019-12-10
24	排污许可证申请与核发技术规范 印刷工业	HJ 1066—2019	2019-12-10	2019-12-10
25	排污许可证申请与核发技术规范 制药工业—中成药生产	HJ 1064—2019	2019-12-10	2019-12-10
26	排污许可证申请与核发技术规范 制革及毛皮加工工业—毛皮加工工业	HJ 1065—2019	2019-12-10	2019-12-10
27	排污许可证申请与核发技术规范 制药工业—生物药品制品制造	HJ 1062—2019	2019-12-10	2019-12-10
28	排污许可证申请与核发技术规范 生活垃圾焚烧	HJ 1039—2019	2019-10-24	2019-10-24
29	排污许可证申请与核发技术规范 危险废物焚烧	HJ 1038—2019	2019-08-27	2019-08-27
30	排污许可证申请与核发技术规范 无机化学工业	HJ 1035—2019	2019-08-13	2019-08-13
31	排污许可证申请与核发技术规范 聚氯乙烯工业	HJ 1036—2019	2019-08-13	2019-08-13
32	排污许可证申请与核发技术规范 工业固体废物和危险废物治理	HJ 1033—2019	2019-08-13	2019-08-13
33	排污许可证申请与核发技术规范 废弃资源加工工业	HJ 1034—2019	2019-08-13	2019-08-13
34	排污许可证申请与核发技术规范 食品制造工业—方便食品、食品及饲料添加剂制造工业	HJ 1030.3—2019	2019-08-13	2019-08-13
35	排污许可证申请与核发技术规范 人造板工业	HJ 1032—2019	2019-07-24	2019-07-24
36	排污许可证申请与核发技术规范 电子工业	HJ 1031—2019	2019-07-23	2019-07-23
37	排污许可证申请与核发技术规范 食品制造工业—乳制品制造工业	HJ 1030.1—2019	2019-06-19	2019-06-19

续表

序号	标准名称	标准号	发布日期	实施日期
38	排污许可证申请与核发技术规范 食品制造工业—调味品、发酵制品制造工业	HJ 1030.2—2019	2019-06-19	2019-06-19
39	排污许可证申请与核发技术规范 酒、饮料制造工业	HJ 1028—2019	2019-06-14	2019-06-14
40	排污许可证申请与核发技术规范 畜禽养殖行业	HJ 1029—2019	2019-06-14	2019-06-14
41	排污许可证申请与核发技术规范 家具制造工业	HJ 1027—2019	2019-05-31	2019-05-31
42	排污许可证申请与核发技术规范 水处理(试行)	HJ 978—2018	2018-11-12	2018-11-12
43	排污许可证申请与核发技术规范 汽车制造业	HJ 971—2018	2018-09-28	2018-09-28
44	排污许可证申请与核发技术规范 电池工业	HJ 967—2018	2018-09-23	2018-09-23
45	排污许可证申请与核发技术规范 磷肥、钾肥、复混肥料、有机肥料及微生物肥料工业	HJ 864.2—2018	2018-09-23	2018-09-23
46	排污许可证申请与核发技术规范 陶瓷砖瓦工业	HJ 954—2018	2018-07-31	2018-07-31
47	排污许可证申请与核发技术规范 锅炉	HJ 953—2018	2018-07-31	2018-07-31
48	排污许可证申请与核发技术规范 农副食品加工工业—淀粉工业	HJ 860.2—2018	2018-06-30	2018-06-30
49	排污许可证申请与核发技术规范 农副食品加工工业—屠宰及肉类加工工业	HJ 860.3—2018	2018-06-30	2018-06-30
50	排污许可证申请与核发技术规范 总则	HJ 942—2018	2018-02-08	2018-02-08
51	排污许可证申请与核发技术规范 有色金属工业—汞冶炼	HJ 931—2017	2017-12-27	2017-12-27
52	排污许可证申请与核发技术规范 有色金属工业—镁冶炼	HJ 933—2017	2017-12-27	2017-12-27
53	排污许可证申请与核发技术规范 有色金属工业—镍冶炼	HJ 934—2017	2017-12-27	2017-12-27
54	排污许可证申请与核发技术规范 有色金属工业—钛冶炼	HJ 935—2017	2017-12-27	2017-12-27
55	排污许可证申请与核发技术规范 有色金属工业—锡冶炼	HJ 936—2017	2017-12-27	2017-12-27
56	排污许可证申请与核发技术规范 有色金属工业—钴冶炼	HJ 937—2017	2017-12-27	2017-12-27
57	排污许可证申请与核发技术规范 有色金属工业—锑冶炼	HJ 938—2017	2017-12-27	2017-12-27
58	排污许可证申请与核发技术规范 纺织印染工业	HJ 861—2017	2017-09-29	2017-09-29
59	排污许可证申请与核发技术规范 化肥工业—氮肥	HJ 864.1—2017	2017-09-29	2017-09-29
60	排污许可证申请与核发技术规范 农副食品加工工业—制糖工业	HJ 860.1—2017	2017-09-29	2017-09-29
61	排污许可证申请与核发技术规范 农药制造工业	HJ 862—2017	2017-09-29	2017-09-29
62	排污许可证申请与核发技术规范 制革及毛皮加工工业—制革工业	HJ 859.1—2017	2017-09-29	2017-09-29
63	排污许可证申请与核发技术规范 制药工业—原料药制造	HJ 858.1—2017	2017-09-29	2017-09-29
64	排污许可证申请与核发技术规范 有色金属工业—铝冶炼	HJ 863.2—2017	2017-09-29	2017-09-29
65	排污许可证申请与核发技术规范 有色金属工业—铅锌冶炼	HJ 863.1—2017	2017-09-29	2017-09-29
66	排污许可证申请与核发技术规范 有色金属工业—铜冶炼	HJ 863.3—2017	2017-09-29	2017-09-29
67	排污许可证申请与核发技术规范 电镀工业	HJ 855—2017	2017-09-18	2017-09-18
68	排污许可证申请与核发技术规范 炼焦化学工业	HJ 854—2017	2017-09-13	2017-09-13
69	排污许可证申请与核发技术规范 玻璃工业—平板玻璃	HJ 856—2017	2017-09-12	2017-09-12

续表

序号	标准名称	标准号	发布日期	实施日期
70	排污许可证申请与核发技术规范 石化工业	HJ 853—2017	2017-08-22	2017-08-22
71	排污许可证申请与核发技术规范 水泥工业	HJ 847—2017	2017-07-27	2017-07-27
72	排污许可证申请与核发技术规范 钢铁工业	HJ 846—2017	2017-07-27	2017-07-27
73	火电行业排污许可证申请与核发技术规范	—	2016-12-28	2016-12-28
74	造纸行业排污许可证申请与核发技术规范	—	2016-12-28	2016-12-28

（2）污染源源强核算技术指南

污染源源强核算技术指南规定了污染源源强核算原则、内容、工作程序、方法及要求，适用于环境影响评价中新（改、扩）建工程污染源和现有工程污染源的源强核算。排污许可中实际排放量的核算参照现有工程固定污染源的相关内容执行，排污许可相关标准、文件等另有规定的，从其规定。

污染源源强核算技术指南由"准则＋行业指南＋通用工序指南"组成，准则对行业指南的编制起指导作用；行业指南遵循准则要求制定，根据行业特点，结合污染源和污染物特征，明确核算方法，细化核算的相关技术要求，如火电、造纸、钢铁、水泥等；通用工序指南包括锅炉、电镀等通用工序的污染源源强核算方法、要求等。

污染源源强核算技术指南主要内容包括 3 个方面：

① 污染源识别，涵盖所有可能产生废气、废水、噪声、固体废物污染物的场所、设备或装置；

② 污染物确定，污染物按照国家现行排放标准确定，对可能产生但尚未列入国家或地方污染物排放标准中的污染物，可参考相关的其他标准，根据原辅材料及燃料使用和生产工艺的具体情况进行分析确定；

③ 核算方法选取，污染源源强核算方法包括实测法、类比法、物料衡算法、产污系数法等，指南按照不同污染物给出了各种核算方法的优先选取次序，要求按次序核算。

目前已发布的污染源源强核算技术指南如表 2-3 所列。

表 2-3　已发布的污染源源强核算技术指南

序号	标准名称	标准号	发布日期	实施日期
1	污染源源强核算技术指南 汽车制造	HJ 1097—2020	2020-01-17	2020-03-01
2	污染源源强核算技术指南 陶瓷制品制造	HJ 1096—2020	2020-01-17	2020-03-01
3	污染源源强核算技术指南 农副食品加工工业—淀粉工业	HJ 996.2—2018	2018-12-25	2019-03-01
4	污染源源强核算技术指南 农副食品加工工业—制糖工业	HJ 996.1—2018	2018-12-25	2019-03-01
5	污染源源强核算技术指南 制革工业	HJ 995—2018	2018-12-25	2019-03-01
6	污染源源强核算技术指南 化肥工业	HJ 994—2018	2018-12-25	2019-03-01
7	污染源源强核算技术指南 农药制造工业	HJ 993—2018	2018-12-25	2019-03-01
8	污染源源强核算技术指南 制药工业	HJ 992—2018	2018-12-25	2019-03-01

续表

序号	标准名称	标准号	发布日期	实施日期
9	污染源源强核算技术指南 锅炉	HJ 991—2018	2018-12-25	2019-03-01
10	污染源源强核算技术指南 纺织印染工业	HJ 990—2018	2018-12-25	2019-03-01
11	污染源源强核算技术指南 电镀	HJ 984—2018	2018-11-27	2019-01-01
12	污染源源强核算技术指南 有色金属冶炼	HJ 983—2018	2018-11-27	2019-01-01
13	污染源源强核算技术指南 石油炼制工业	HJ 982—2018	2018-11-27	2019-01-01
14	污染源源强核算技术指南 炼焦化学工业	HJ 981—2018	2018-11-27	2019-01-01
15	污染源源强核算技术指南 平板玻璃制造	HJ 980—2018	2018-11-27	2019-01-01
16	污染源源强核算技术指南 火电	HJ 888—2018	2018-03-27	2018-03-27
17	污染源源强核算技术指南 制浆造纸	HJ 887—2018	2018-03-27	2018-03-27
18	污染源源强核算技术指南 水泥工业	HJ 886—2018	2018-03-27	2018-03-27
19	污染源源强核算技术指南 钢铁工业	HJ 885—2018	2018-03-27	2018-03-27
20	污染源源强核算技术指南 准则	HJ 884—2018	2018-03-27	2018-03-27

（3）污染防治可行技术指南

根据欧美国家和地区的经验，"最佳可行技术"是排污许可制度不可或缺的组成要件。欧盟的最佳可行技术（BAT）体系是鼓励采用的非强制性文件，各成员国都需要以最佳可行技术参考文件（BREFs）为基础，构建符合各自具体国情的 BAT 体系，各国政府也都需要根据实际情况及 BAT 针对的不同行业，分别制定基于技术的排放标准。美国的《清洁水法》规定，向公共资源排放废水必须要获得排污许可证，无论受纳水体水质状况如何，废水排放之前均必须采取经济可行的最佳处理技术；美国的《清洁空气法》区分了常规空气污染物和有毒有害污染物、新源和现有源、达标区和未达标区，它们分别采用不同的排放控制技术及排放限制要求。无论是针对空气污染物还是水污染物的这些控制技术，都来源于排污许可动态更新的数据库中。在许可证制度及"最佳可行技术"体系的支撑下，过去几十年中无论美国还是欧洲都实现了工业污染源污染防治水平的大幅度提升，各类污染物的排放大幅下降。

我国排污许可制度改革主要借鉴美国、欧盟等发达国家建立的可行技术体系，制定重点行业及通用工序污染防治可行技术指南，明确基于排放标准的各污染物防治可行技术及管理要求，构建适合我国的完善的可行技术体系，支持排污许可证的申请与核发、监督管理等。污染源源强核算技术指南核算污染物产生量，污染防治可行技术指南明确污染防治技术的处理效率，二者相结合可以从侧面验证排污单位核算的实际排放量是否准确。目前已发布的行业污染防治可行技术指南如表 2-4 所列。

（4）自行监测技术指南

自行监测技术指南是企业开展自行监测的指导性技术文件，用于规范各地对企业自行监测要求，指导企业自行监测活动。地方政府在核发排污许可证时，应参照相应的自行监测技术指南对企业自行监测提出明确要求，并在排污许可证中载明，依托排污许可制度实施。另外，对于暂未发放排污许可证的企业，应自觉落实《中华人民共和国环境保护法》要求，参照自行监测技术指南开展自行监测。

表 2-4　已发布的行业污染防治可行技术指南

序号	标准名称	标准号	发布日期	实施日期
1	汽车工业污染防治可行技术指南	HJ 1181—2021	2021-05-12	2021-05-12
2	家具制造工业污染防治可行技术指南	HJ 1180—2021	2021-05-12	2021-05-12
3	涂料油墨工业污染防治可行技术指南	HJ 1179—2021	2021-05-12	2021-05-12
4	工业锅炉污染防治可行技术指南	HJ 1178—2021	2021-05-12	2021-05-12
5	纺织工业污染防治可行技术指南	HJ 1177—2021	2021-05-12	2021-05-12
6	印刷工业污染防治可行技术指南	HJ 1089—2020	2020-01-08	2020-01-08
7	陶瓷工业污染防治可行技术指南	HJ 2304—2018	2018-12-29	2019-03-01
8	玻璃制造业污染防治可行技术指南	HJ 2305—2018	2018-12-29	2019-03-01
9	制糖工业污染防治可行技术指南	HJ 2303—2018	2018-12-29	2019-03-01
10	炼焦化学工业污染防治可行技术指南	HJ 2306—2018	2018-12-29	2019-03-01
11	污染防治可行技术指南编制导则	HJ 2300—2018	2018-01-11	2018-03-01
12	制浆造纸工业污染防治可行技术指南	HJ 2302—2018	2018-01-04	2018-03-01
13	火电厂污染防治可行技术指南	HJ 2301—2017	2017-05-21	2017-06-01
14	铜冶炼污染防治可行技术指南（试行）	—	2015-04-21	—
15	钴冶炼污染防治可行技术指南（试行）	—	2015-04-21	—
16	镍冶炼污染防治可行技术指南（试行）	—	2015-04-21	—
17	再生铅冶炼污染防治可行技术指南	—	2015-02-16	—
18	电解锰行业污染防治可行技术指南（试行）	—	2014-12-05	—
19	钢铁行业烧结、球团工艺污染防治可行技术指南（试行）	—	2014-12-05	—
20	水泥工业污染防治可行技术指南（试行）	—	2014-12-05	—
21	造纸行业木材制浆工艺污染防治可行技术指南（试行）	—	2013-12-27	—
22	造纸行业非木材制浆工艺污染防治可行技术指南（试行）	—	2013-12-27	—
23	造纸行业废纸制浆及造纸工艺污染防治可行技术指南（试行）	—	2013-12-27	—
24	铅冶炼污染防治最佳可行技术指南（试行）	HJ-BAT-7	2012-01-17	—
25	医疗废物处理处置污染防治最佳可行技术指南（试行）	HJ-BAT-8	2012-01-17	—
26	钢铁行业焦化工艺污染防治最佳可行技术指南（试行）	HJ-BAT-004	2010-12-17	—
27	钢铁行业炼钢工艺污染防治最佳可行技术指南（试行）	HJ-BAT-005	2010-12-17	—
28	钢铁行业轧钢工艺污染防治最佳可行技术指南（试行）	HJ-BAT-006	2010-12-17	—
29	钢铁行业采选矿工艺污染防治最佳可行技术指南（试行）	HJ-BAT-003	2010-03-23	—

序号	标准名称	标准号	发布日期	实施日期
30	城镇污水处理厂污泥处理处置污染防治最佳可行技术指南(试行)	HJ-BAT-002	2010-03-01	—
31	燃煤电厂污染防治最佳可行技术指南(试行)	HJ-BAT-001	2010-02—20	—

自行监测技术指南以"总则＋重点行业"的方式,规定了排污单位自行监测的一般要求、监测方案制定、监测质量保证和质量控制、信息记录以及报告的基本内容和要求。排污单位运营期应严格按照该指南制定监测方案、落实自行监测相关要求,按照自行监测结果进行达标情况分析。

编制企业自行监测方案时,应参照相应的自行监测技术指南,并遵循以下基本原则。

① 系统设计,全面考虑。开展自行监测方案设计,应从监测活动的全过程进行梳理,考虑全要素、全指标,进行系统性设计。覆盖全过程,即按照排污单位开展监测活动的整个过程,从制定方案、设置和维护监测设施、开展监测、做好监测质量保证与质量控制、记录和保存监测数据的全过程各环节进行考虑。覆盖全要素,即考虑到排污单位对环境的影响,可能通过气态污染物、水污染物或固体废物多种途径,单要素的考虑易出现片面的结论。设计自行监测方案时,应对排放的水污染物、大气污染物、噪声情况、固体废物产生和处理情况等要素进行全面考虑。覆盖全指标,即排污单位的监测不能仅限于个别污染物指标,而应能全面说清污染物的排放状况,至少应包括对应的污染源所执行的国家或地方污染物排放(控制)标准、环境影响评价文件及其批复、排污许可证等相关管理规定明确要求的污染物指标。除此之外,排污单位在确定外排口监测点位的监测指标时,还应根据生产过程的原辅用料、生产工艺、中间及最终产品类型确定潜在的污染物,对潜在污染物进行摸底监测,根据摸底监测结果确定各外排口监测点位是否存在其他纳入相关有毒有害或优先控制污染物名录中的污染物指标,或其他有毒污染物指标,这些也应纳入监测指标。尤其是对于新的化学品,存在尚未纳入标准或污染物控制名录的污染物指标,但确定排放,且对公众健康或环境质量有影响的污染物,排污单位从风险防范的角度,应当开展监测。

② 体现差异,突出重点。监测方案设计时,应针对不同的对象、要素、污染物指标,体现差异性、突出重点,突出环境要素、重点污染源和重点污染物,突出重点排放源和排污口。污染物排放监测应能抓住主要排放源的排放特点,尤其是对于大气污染物排放来说,同一家排污单位可能存在很多排放源,每个排放源的排放特征、污染物排放量贡献情况往往存在较大差异,"一刀切"的统一规定,既会造成巨大浪费也会因为过大增加工作量而增加推行的难度。因此,应抓住重点排放源,重点排放源对应的排污口监测要求应高于其他排放源。突出主要污染物,同一排污口,涉及的污染物指标往往很多,尤其是废水排污口,排放标准中一般有8~15项污染物指标,化工类企业污染物指标更多,众多污染物指标应体现差异性。以下4类污染物指标应作为主要污染物,在监测要求上高于其他污染物:a. 排放量较大的污染物指标;b. 对环境质量影响较大的

污染物指标；c. 对人体健康有明显影响的污染物指标；d. 感观上易引起公众关注的污染物指标。突出主要要素，根据监测的难易程度和必要性，重点对水污染物、大气污染物排放监测进行考虑。例如，对于火电行业更加突出大气污染物的监测，而造纸行业则更加突出水污染物的监测。

③ 立足当前，适度前瞻。为了提高可行性，设计监测方案时应立足于当前管理需求和监测现状。首先，对于国际上开展的，而我国尚未纳入实际管理过程中的监测内容，可暂时弱化要求。其次，对于管理有需求，但是技术经济尚未成熟的内容，在自行监测方案制定过程中，予以特殊考虑。同时，对于部分当前管理虽尚未明确，但已引起关注的内容，采取适度前瞻，对于能为未来的管理决策提供信息支撑的原则，应予以适当的考虑。

目前已发布的排污单位自行监测技术指南如表 2-5 所列。

表 2-5　已发布的排污单位自行监测技术指南

序号	标准名称	标准号	发布日期	实施日期
1	排污单位自行监测技术指南 电池工业	HJ 1204—2021	2021-11-13	2022-01-01
2	排污单位自行监测技术指南 固体废物焚烧	HJ 1205—2021	2021-11-13	2022-01-01
3	排污单位自行监测技术指南 人造板工业	HJ 1206—2021	2021-11-13	2022-01-01
4	排污单位自行监测技术指南 橡胶和塑料制品	HJ 1207—2021	2021-11-13	2022-01-01
5	排污单位自行监测技术指南 有色金属工业—再生金属	HJ 1208—2021	2021-11-13	2022-01-01
6	工业企业土壤和地下水自行监测 技术指南（试行）	HJ 1209—2021	2021-11-13	2022-01-01
7	排污单位自行监测技术指南 无机化学工业	HJ 1138—2020	2020-11-10	2021-01-01
8	排污单位自行监测技术指南 化学纤维制造业	HJ 1139—2020	2020-11-10	2021-01-01
9	排污单位自行监测技术指南 水处理	HJ 1083—2020	2020-01-06	2020-04-01
10	排污单位自行监测技术指南 食品制造	HJ 1084—2020	2020-01-06	2020-04-01
11	排污单位自行监测技术指南 酒、饮料制造	HJ 1085—2020	2020-01-06	2020-04-01
12	排污单位自行监测技术指南 涂装	HJ 1086—2020	2020-01-06	2020-04-01
13	排污单位自行监测技术指南 涂料油墨制造	HJ 1087—2020	2020-01-06	2020-04-01
14	排污单位自行监测技术指南 磷肥、钾肥、复混肥料、有机肥料和微生物肥料	HJ 1088—2020	2020-01-06	2020-04-01
15	排污单位自行监测技术指南 电镀工业	HJ 985—2018	2018-12-04	2019-03-01
16	排污单位自行监测技术指南 农副食品加工业	HJ 986—2018	2018-12-04	2019-03-01
17	排污单位自行监测技术指南 农药制造工业	HJ 987—2018	2018-12-04	2019-03-01
18	排污单位自行监测技术指南 平板玻璃工业	HJ 988—2018	2018-12-04	2019-03-01
19	排污单位自行监测技术指南 有色金属工业	HJ 989—2018	2018-12-04	2019-03-01
20	排污单位自行监测技术指南 制革及毛皮加工工业	HJ 946—2018	2018-07-31	2018-10-01
21	排污单位自行监测技术指南 石油化学工业	HJ 947—2018	2018-07-31	2018-10-01
22	排污单位自行监测技术指南 化肥工业—氮肥	HJ 948.1—2018	2018-07-31	2018-10-01

序号	标准名称	标准号	发布日期	实施日期
23	排污单位自行监测技术指南 钢铁工业及炼焦化学工业	HJ 878—2017	2017-12-21	2018-01-01
24	排污单位自行监测技术指南 纺织印染工业	HJ 879—2017	2017-12-21	2018-01-01
25	排污单位自行监测技术指南 石油炼制工业	HJ 880—2017	2017-12-21	2018-01-01
26	排污单位自行监测技术指南 提取类制药工业	HJ 881—2017	2017-12-21	2018-01-01
27	排污单位自行监测技术指南 发酵类制药工业	HJ 882—2017	2017-12-21	2018-01-01
28	排污单位自行监测技术指南 化学合成类制药工业	HJ 883—2017	2017-12-21	2018-01-01
29	排污单位自行监测技术指南 水泥工业	HJ 848—2017	2017-09-19	2017-11-01
30	排污单位自行监测技术指南 总则	HJ 819—2017	2017-04-25	2017-06-01
31	排污单位自行监测技术指南 火力发电及锅炉	HJ 820—2017	2017-04-25	2017-06-01
32	排污单位自行监测技术指南 造纸工业	HJ 821—2017	2017-04-25	2017-06-01

（5）环境管理台账及排污许可证执行报告技术规范

环境管理台账和排污许可证执行报告是排污单位落实环境主体责任、自我监督、自我完善的主要方式，也是生态环境部门监督检查的主要方式之一。排污许可证执行报告中的实际排放量是环境统计、环境保护税的重要依据，是实现环保数据多数合一的具体举措。

《排污单位环境管理台账及排污许可证执行报告技术规范 总则（试行）》（HJ 944—2018）规定：有行业排污许可证申请与核发技术规范的，按照行业技术规范执行；无行业技术规范的，按照总则执行；行业涉及通用工序的，执行通用工序排污许可证申请与核发技术规范。

环境管理台账技术规范，要求排污单位建立环境管理台账，明确台账形式、台账内容、记录保存等要求，明确在线监测数据应当纳入企业排污台账。

排污许可证执行报告技术规范，要求排污单位建立执行报告制度，按照不同排污单位许可证管理要求的不同，分别明确执行报告样式、报告事项、报告频次等。执行报告内容包括排污单位基本情况、遵守法律法规情况、污染防治设施运行情况、自行监测执行情况、环境管理台账执行情况、实际排放情况及达标判定分析、环境保护税缴纳情况、信息公开情况、排污单位内部环境管理体系建设与运行情况、其他排污许可证规定的内容执行情况等。

（6）固定污染源编码和许可证编码标准

固定污染源编码和许可证编码标准规定了固定污染源排污许可管理的排污许可证、生产设施、治理设施、排放口的编码规则，适用于与排污许可有关的固定污染源管理的信息处理与信息交换。该标准的建立实现了固定污染源、排污许可证编码的科学化、规范化、精准化、唯一化，是排污许可精准定位管理的基础。

目前生态环境部已经基本完成排污许可证编码规则的制定，按此规则排污许可证的编码体系由固定污染源编码、生产设施编码、污染物治理设施编码、排污口编码 4 部分共同组成。

固定污染源编码与企业一一对应，主要用于标识环境责任主体，它由主码和副码组成，其中主码包括 18 位统一社会信用代码、3 位顺序码和 1 位校验码；副码为 4 位数的行业类别代码标识，主要用于区分同一个排污许可证代码下污染源所属行业。

生产设施编码是指在固定污染源编码基础上，增加生产设施标识码和流水顺序码，实现企业内部设施编码的唯一性。生产设施标识码用 MF 表示，流水顺序码由 4 位阿拉伯数字构成。

污染物治理设施编码和排污口编码由标识码、环境要素标识符（排污口类别代码）和流水顺序码 3 个部分共 5 位字母和数字混合组成，并与固定污染源代码一起赋予该治理设施或排污口全国唯一的编码。

第 3 章

塑料制品行业概况

3.1 行业定义及分类

塑料加工业是以塑料加工成型为核心，集合成树脂、助剂、改性塑料、再生塑料、塑料机械与模具、智能系统等产业为一体的新兴制造业。塑料是以单体为原料，通过加聚或缩聚反应聚合而成的高分子化合物，其抗形变能力中等，介于纤维和橡胶之间，由合成树脂及填料、增塑剂、稳定剂、润滑剂、色料等添加剂组成。塑料的主要成分是树脂，树脂是指尚未和各种添加剂混合的高分子化合物。树脂这一名词最初是由动植物分泌出的脂质而得名，如松香、虫胶等。树脂占塑料总重量的 $40\%\sim100\%$。塑料的基本性能主要取决于树脂的本性，但添加剂也起着重要作用。

《国民经济行业分类》（GB/T 4754—2017）中对塑料制品业（292）的定义是指以合成树脂（高分子化合物）为主要原料，采用挤塑、注塑、吹塑、压延、层压等工艺加工成型的各种制品的生产，以及利用回收的废旧塑料加工再生产塑料制品的活动；不包括塑料鞋制造。《国民经济行业分类》（GB/T 4754—2017）将塑料制品业划分为 9 小类，详见表 3-1。

表 3-1　国民经济行业分类及代码

塑料制品业	小类代码	类别名称	说　明
292	2921	塑料薄膜制造	指用于农业覆盖,工业、商业及日用包装薄膜的制造。不包括各种塑料复制品（如用塑料薄膜制成的雨衣等）的生产，其列入 2927（日用塑料制品制造）；也不包括塑料废旧粒料的加工处理，其列入 4220（非金属废料和碎屑加工处理）
	2922	塑料板、管、型材制造	指各种塑料板、管及管件、棒材、薄片等生产活动，以及以聚氯乙烯为主要原料，经连续挤出成型的塑料异型材的生产活动
	2923	塑料丝、绳及编织品制造	指塑料制丝、绳、扁条、塑料袋及编织袋、编织布等生产活动

续表

塑料制品业	小类代码	类别名称	说　明
292	2924	泡沫塑料制造	指以合成树脂为主要原料，经发泡成型工艺加工制成内部具有微孔的塑料制品的生产活动
	2925	塑料人造革、合成革制造	指外观和手感似皮革，其透气、透湿性虽然略逊色于天然革，但具有优异的物理、机械性能，如强度和耐磨性等，并可代替天然革使用的塑料人造革的生产活动；模拟天然人造革的组成和结构，正反面都与皮革十分相似，比普通人造革更近似天然革，并可代替天然革的塑料合成革的生产活动
	2926	塑料包装箱及容器制造	指用吹塑或注塑工艺等制成的，可盛装各种物品或液体物质，以便于储存、运输等用途的塑料包装箱及塑料容器制品的生产活动
	2927	日用塑料制品制造	指用塑料制餐、厨用具，卫生设备、洁具及其配件，塑料服装，日用塑料装饰品，以及其他日用塑料制品的生产活动。不包括塑料桶、箱、坛、瓶子等生产用塑料容器，其列入2926（塑料包装箱及容器制造）；不包括塑料玩具，其列入2452（塑胶玩具制造）；也不包括泡沫塑料垫制造，其列入2190（其他家具制造）
	2928	人造草坪制造	指采用合成纤维，植入在机织的基布上，并具有天然草运动性能的人造草制造。不包括无土草坪（无土草皮），其列入0181（草种植）；也不包括室内及庭院人造草坪地毯，其列入2437（地毯、挂毯制造）
	2929	塑料零件及其他塑料制品制造	指用塑料制绝缘零件、密封制品、紧固件，以及汽车、家具等专用零配件的制造，以及上述未列明的其他各类非日用塑料制品的生产活动。不包括金属制安全帽，其列入3353（安全、消防用金属制品制造）；也不包括生物分解塑料制品、生物基塑料制品，其列入2832（生物基、淀粉基新材料制造）

3.2　行业现状与发展

3.2.1　行业规模

随着人民生活水平的提高，人们对生活质量的追求也日益提高，主要体现之一就是塑料制品在生活中随处可见，并且在逐步替代传统材质产品，因此需求量不断增加。据统计，近年来，我国塑料制品工业保持快速发展的态势，产销量都位居全球首位，其中塑料制品产量约占世界总产量的20%。

根据国家统计局统计数据显示，2011～2019年，我国塑料制品规模以上企业年产量从5474.31万吨增长至2019年8184.17万吨，2020年由于疫情和中美贸易战的多重影响，塑料制品行业受到了一定的冲击，塑料制品规模以上企业年产量为7603.22万吨。详见图3-1。

2018年塑料制品全行业实现营业收入18061.75亿元，2019年达到19077.48亿元，2020年营业收入18890.13亿元，占轻工业总收入的9.70%，占全国规模以上工业企业营业收入的1.78%。其中，营业收入最高的是塑料零件及其他塑料制品制造，为

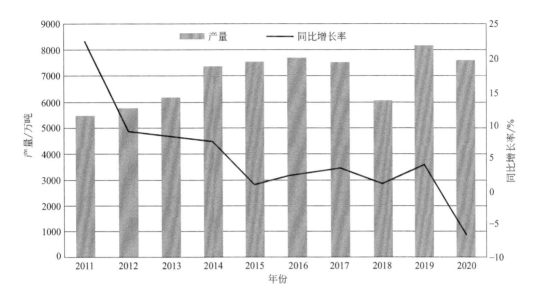

图 3-1　2011～2020 年我国塑料制品产量及增长率情况

5987.38 亿元，占塑料制品全行业营业收入的 31.7%；其次是塑料板、管、型材制造，为 3617.9 亿元，占 19.15%。增长率最高的是塑料零件及其他塑料制品制造，为 0.72%，也是唯一一类呈正增长的；其次是日用塑料制品制造、塑料薄膜制造和泡沫塑料制造，同比增长率分别为 −0.35%、−0.55% 和 −0.68%；增长率最低的是塑料人造革、合成革制造，同比增长率为 −17.02%。详见表 3-2、图 3-2。未来，随着产业链的逐渐完善，以及塑料加工业功能化、轻量化、精密化、生态化、智能化的技术进步，产品质量的逐步提升，国际国内"双循环"政策推进，人民生活质量的日益提升，塑料制品工业的供给规模仍将保持稳定地增长。

表 3-2　2020 年我国塑料制品行业营业收入增长及占比情况

类别	营业收入/亿元	同比增长/%	占比/%
塑料	18890.13	−1.40	100.00
塑料零件及其他塑料制品制造	5987.38	0.72	31.70
塑料板、管、型材制造	3617.9	−1.36	19.15
塑料薄膜制造	2754.35	−0.55	14.58
日用塑料制品制造	1804.44	−0.35	9.55
塑料包装箱及容器制造	1584.62	−2.49	8.39
塑料丝、绳及编织品的制造	1548.28	−2.49	8.20
泡沫塑料制造	771.83	−0.68	4.09
塑料人造革、合成革制造	724.13	−17.02	3.83
人造草坪制造	97.18	−6.44	0.51

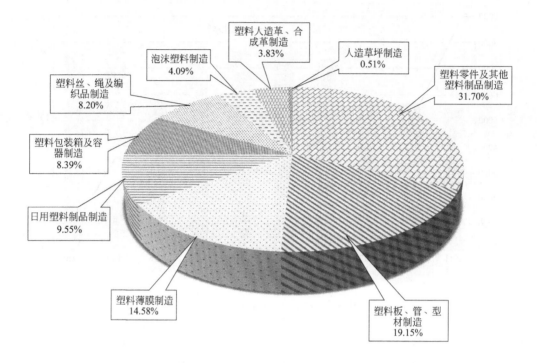

图 3-2　2020 年塑料行业累计营业收入子行业占比情况

3.2.2　产业布局

（1）产业区域分布情况

根据行业研究报告显示，2020 年塑料加工业规模以上企业 16592 个，占全国规模以上工业企业数量的 4% 左右。其中，塑料薄膜制造企业 2110 个，塑料板、管、型材的制造企业 2939 个，塑料丝、绳及编织品制造企业 1556 个，泡沫塑料制造企业 917 个，塑料人造革、合成革制造企业 441 个，塑料包装箱及容器制造企业 1624 个，日用塑料制品制造企业 1811 个，人造草坪制造企业 90 个，塑料零件及其他塑料制品制造企业 5104 个。

2011～2020 年塑料加工业规模以上企业数量详见图 3-3。

根据行业分析报告显示，2020 年塑料制品生产主要集中在浙江、广东、江苏、福建、安徽、四川、湖北、湖南、山东、重庆等省市。其中，浙江省产量最高，为 1280.17 万吨，占全国产量的 16.84%；其次是广东省，为 1274.91 万吨，占全国产量的 16.77%。增长率最高的为山东省，完成累计产量 329.72 万吨，同比增长 3.44%；其次是重庆市，完成累计产量 250.4 万吨（占全国产量的 3.29%），同比增长 3.03%。详见表 3-3、图 3-4 及图 3-5。由此可见，塑料制品行业生产区域进一步呈现集中趋势。

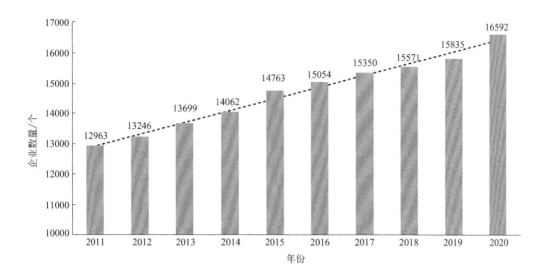

图 3-3 2011～2020 年塑料加工业规模以上企业数量

表 3-3 2020 年塑料制品累计产量主要地区增速及占比情况

地区	累计产量/万吨	同比增长率/%	占比/%
全国	7603.22	−6.45	100.00
浙江省	1280.17	0.88	16.84
广东省	1274.91	−7.52	16.77
江苏省	638.66	−1.05	8.40
福建省	546.92	−0.59	7.19
安徽省	520.99	−21.98	6.85
湖北省	431.01	−16.56	5.67
四川省	446.82	1.23	5.88
湖南省	348.75	−14.37	4.59

（2）产品产量分布情况

我国塑料薄膜主要产区在东部省份，2020 年占比前六位东部 6 省市塑料薄膜产量占全国总产量的 74.69%，安徽省、四川省、重庆市增长较快（见表 3-4）。山东省、云南省是我国农用薄膜的主要产区，甘肃省农用薄膜产量有较大增长，排名跃居第三位，陕西省农用薄膜产量大幅下降（见表 3-5）。广东省是我国泡沫塑料制品产量最大省份，山东省、四川省、江苏省、湖南省的泡沫塑料制品产量增长较快，陕西省泡沫塑料制品产量降幅较大（见表 3-6）。人造革合成革生产较为集中，安徽、福建、浙江是生产大省，合计占比为 67.82%，安徽省和江西省增长较快，安徽省产量跃居全国第一，江西省进入前十（见表 3-7）。广东省、浙江省是我国日用塑料制品主要产区，湖北省因疫情影响产量降幅较大，但仍居第三位，河北省、河南省增长较快（见表 3-8）。其他塑料制品的最大产区是浙江省、广东省，安徽省、湖南省降幅较大，详见表 3-9。

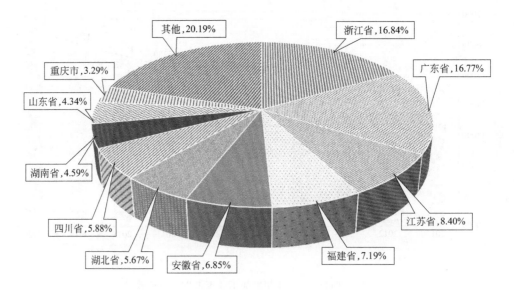

图 3-4　2020 年塑料制品产量地区占比情况

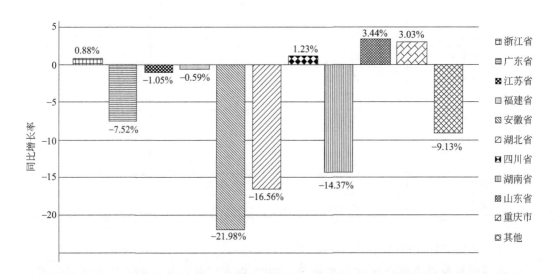

图 3-5　2020 年主要地区塑料制品产量同比增长情况

表 3-4　2020 年塑料薄膜十大生产地区

地区	2020 年产量/t	同比增长率/%	2020 年占比/%
全国	15029508.29	−6.37	100.00
浙江	3266164.48	1.77	21.73
广东	2423413.91	−2.27	16.12
江苏	2390026.59	4.04	15.90
福建	1669341.73	6.36	11.11
山东	852499.23	3.75	5.67

续表

地区	2020 年产量/t	同比增长率/%	2020 年占比/%
上海	624574.16	−3.75	4.16
四川	600024.93	15.76	3.99
安徽	584265.68	22.64	3.89
重庆	440062.74	15.20	2.93
湖北	425570.74	−7.06	2.83

表 3-5　2020 年农用薄膜十大生产地区

地区	2020 年产量/t	同比增长率/%	2020 年占比/%
全国	773870.91	−3.59	100.00
山东	122116.63	−4.24	15.78
云南	116018.30	23.23	14.99
甘肃	92483.67	19.54	11.95
广东	71251.73	−2.25	9.21
四川	71300.30	1.28	9.21
新疆	49075.58	−5.85	6.34
河南	37266.33	−8.61	4.82
上海	29761.00	1.97	3.85
陕西	27934.64	−43.79	3.61

表 3-6　2020 年泡沫塑料制品十大生产地区

地区	2020 年产量/t	同比增长率/%	2020 年占比/%
全国	2565740.49	0.54	100
广东	643078.86	−1.18	25.06
浙江	325586.46	1.41	12.69
江苏	205005.91	18.66	7.99
四川	168120.87	21.19	6.55
山东	139760.53	52.95	5.45
安徽	106588.84	3.94	4.15
重庆	103253	−1.56	4.02
湖南	102959.88	16.66	4.01
天津	100460.71	8.77	3.92
陕西	93975.73	−42.59	3.66

表 3-7 2020 年人造革合成革十大生产地区

地区	2020 年产量/t	同比增长率/%	2020 年占比/%
全国	3230736.15	−3.03	100
安徽	970545.78	51.08	30.04
福建	704762.18	−20.05	21.81
浙江	516046.17	−15.89	15.97
广东	254898.14	−16.31	7.89
湖南	222763.02	12.46	6.90
河北	94879.55	−41.57	2.94
上海	47386.04	−20.45	1.47
江西	42385.38	39.52	1.31
山东	21012	−4.64	0.65
河南	18257.58	−2.73	0.57

表 3-8 2020 年日用塑料制品十大生产地区

地区	2020 年产量/t	同比增长率/%	2020 年占比/%
全国	6510864.32	−2.74	100
广东	2150164.04	−4.84	33.02
浙江	1116692.22	0.06	17.15
湖北	549315.69	−21.49	8.44
福建	505843.16	7.97	7.77
江苏	378597.77	−8.45	5.81
四川	366343.2	11.48	5.63
山东	174748.47	13.46	2.68
河北	173592.46	45.72	2.67
湖南	172907.54	2.38	2.66
河南	167056.04	23.51	2.57

表 3-9 2020 年其他塑料制品十大生产地区

地区	2020 年产量/t	同比增长率/%	2020 年占比/%
全国	48695327.09	−7.49	100
浙江	7577243.98	1.99	15.56
广东	7277522.99	−10.06	14.95
安徽	3395997.43	−36.02	6.97
四川	3324089.49	−2.9	6.83

续表

地区	2020 年产量/t	同比增长率/%	2020 年占比/%
湖北	3265289.01	−16.03	6.71
江苏	3122108.41	−3.02	6.41
湖南	2913527.39	−17.25	5.98
福建	2476216.14	0.6	5.09
山东	2109170.03	0.51	4.33
重庆	1908248.4	0.76	3.92

3.2.3 主要产品

塑料制品行业产品种类众多，主要包括：塑料薄膜；塑料板、管及管件，塑料条、棒及型材，塑料防水卷（片）材，塑料薄片；塑料单丝、塑料绳、塑料扁条、塑料袋及编织袋、塑料编织布；泡沫塑料制品；塑料人造革、塑料合成革、塑料超细纤维合成革；塑料包装箱、塑料盒、塑料容器（塑料罐、塑料瓶、塑料桶）、塑料包装物附件；建筑用塑料制品、塑料餐厨用具、塑料卫生设备与洁具及其配件、塑料服装及附件、塑料装饰品等日用塑料制品；塑料人造草坪；塑料零件、塑料密封制品、塑料紧固件、塑料安全帽（头盔）、医疗卫生用塑料制品、降解塑料制品、其他塑料制品。

2015～2020 年塑料制品工业主要产品及产量见图 3-6，2020 年全国塑料制品各品种

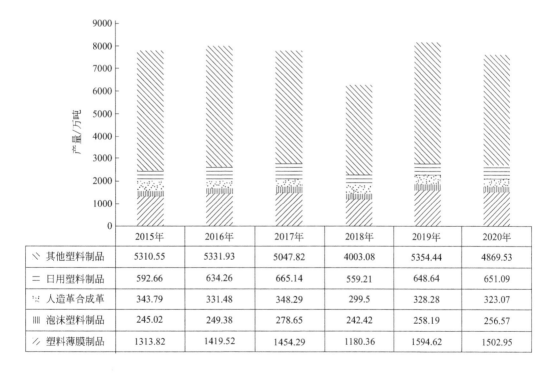

	2015年	2016年	2017年	2018年	2019年	2020年
＼ 其他塑料制品	5310.55	5331.93	5047.82	4003.08	5354.44	4869.53
≡ 日用塑料制品	592.66	634.26	665.14	559.21	648.64	651.09
⫶ 人造革合成革	343.79	331.48	348.29	299.5	328.28	323.07
‖‖ 泡沫塑料制品	245.02	249.38	278.65	242.42	258.19	256.57
∥ 塑料薄膜制品	1313.82	1419.52	1454.29	1180.36	1594.62	1502.95

图 3-6 2015～2020 年塑料制品工业主要产品及产量

产量占比情况见图 3-7。从图中可以看出，2020 年塑料薄膜的产量为 1502.95 万吨，占总量的 19.77%；泡沫塑料制品的产量为 256.57 万吨，占比 3.37%；人造革、合成革产量为 323.07 万吨，占比 4.25%；日用塑料制品产量为 651.09 万吨，占比 8.56%；其他塑料制品产量为 4869.53 万吨，占比 64.05%。

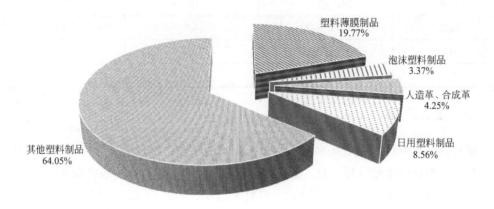

图 3-7　2020 年全国塑料制品各品种产量占比情况

3.2.4　行业发展趋势

3.2.4.1　行业总体情况

我国塑料工业起步于新中国成立之初，发展于改革开放，目前已建成门类齐全、独立完整的制造业体系，在国民经济中占有重要地位。我国已是塑料制品生产、消费和出口大国。"十三五"期间是塑料加工业从结构调整转型升级向高质量发展阶段迈进的重要时期，科技创新持续推进行业发展能力增强，应用领域进一步拓展，经济效益稳步提升，"三化一微"＋"智能化"技术发展方向持续深化，新业态、新模式共存，大数据信息化积极推进。

2020 年我国塑料加工业汇总统计企业累计完成产量 7603.22 万吨，规模以上企业营业收入 18890.13 亿元，利润总额 1215.15 亿元。"十三五"期间，塑料制品产量、营业收入、利润总额稳定增长，规模以上企业数量逐年增加，行业规模进一步扩大。我国塑料生产、消费、出口世界第一大国的地位进一步巩固。

"十四五"是我国全面建成小康社会，实现第一个百年奋斗目标之后，向第二个百年奋斗目标进军的第一个五年。在这个新发展阶段塑料加工业将深入贯彻落实新发展理念，坚持创新驱动不动摇，继续深化供给侧结构性改革，促进产业结构趋向合理，以更高水平参与和服务国内、国际双循环，努力赶超国际先进水平，加快"由大变强"步伐，引领、推动中国塑料加工业在高质量发展道路上行稳致远。

"十四五"期间塑料加工业坚持"功能化、轻量化、精密化、生态化、智能化"技术进步方向，发挥行业优势，集中力量实现突破。主要从以下 3 个方向实现突破：

① 实现规模发展目标。保持塑料制品产量、营业收入、利润总额及出口额稳定增

长，形成一批具有较强竞争力的跨国公司和产业集群，在全球产业分工和价值链中的地位明显提升，结构调整和产业升级取得显著成效，加快构建现代工业体系，基本实现我国由塑料制造大国向强国的历史性转变。

② 实现技术创新目标。促进重点企业进一步增加研发经费投入。整合行业优质资源，到 2025 年，实现新增 10 个以上中国轻工业重点实验室、工程技术研究中心、工程设计中心等创新平台，新增国家级重点实验室和国家级企业技术中心 5 个以上，新产品贡献率超过 40%。到 2025 年，塑料加工业主要产品及配件能够满足国民经济和社会发展尤其是高端领域发展的需求，部分产品和技术达到世界领先水平；建立达到国际先进水平的行业产品标准体系；行业创新能力显著增强，全员劳动生产率明显提高，"两化"融合迈上新台阶。

③ 实现绿色发展目标。推进节能减排及清洁生产技术应用，推进新能源利用，采用环保新材料、新工艺及新技术降低能耗，重点行业单位工业增加值的能耗、物耗及污染物排放达到世界先进水平，为"碳达峰""碳中和"目标的早日实现打好基础。大力研发推广可循环、易回收、可降解替代产品和技术，实现经济效益、环境效益、社会效益协调发展。

3.2.4.2　人造革与合成革

在我国合成革产量远远超过现阶段市场消化能力情况下，要实现从合成革生产大国向强国跨越，必须确定向重视收益性转移的"高附加值化"战略，从技术发展角度看，生态合成革、高物性合成革代表了未来行业产品发展方向。

（1）生态合成革

当前，以发达国家为首提出了"绿色革命"概念，并采取措施促进生态产品和清洁生产技术发展和推广。从国内外发展现状和趋势来看，全球制革发展方向从动物皮革向人工皮革方向转变，人工皮革又从传统的有机溶剂型合成革生产向绿色、生态、环保的水性、无溶剂型合成革方向转变。国家发改委发布的《产业结构调整指导目录》明确将"水性和生态型合成革研发、生产及人造革、合成革后整饰材料技术"列为鼓励类发展项目。在"十三五"规划中包括"水性聚氨酯合成革制造技术""合成革用聚氨酯水分散液"（工信部《工业转型升级投资指南》）、"合成革环保路线"（工信部《重点行业挥发性有机物削减行动计划》）、"水性生态聚氨酯合成革制备工艺及技术"（中国工程院《工业强基战略研究》）均被国家列入鼓励政策清单。

环保类的合成革主要体现在 4 个方面：a. 原料资源可再生；b. 加工过程中不会对职工健康安全造成危害；c. 使用过程中消费者安全健康不受损害；d. 废弃产品可在自然条件下降解或不产生二次污染。传统合成革制造技术无法制造高端生态合成革：其一，贝斯和表处层的制造通常均使用溶剂型树脂，生产过程溶剂挥发损害职工健康；其二，产品中残留的有机溶剂造成 VOCs 及雾化值高，产品品质无法满足市场需求；其三，合成革行业排放的有毒溶剂如 DMF、甲苯、丁酮、乙酸酯等高达 150 万～300 万吨/年，造成严重的环境污染和资源浪费。因此，采用清洁生产技术开发生态合成革是维系合成革产业可持续发展的关键。

（2）高物性合成革

近年来，人造革与合成革在市场上已形成对天然皮革的重要补充，其生产规模持续扩大、产品质量稳步提升、花色品种日渐丰富。然而普通人造革制品物性较差，特别是在透气透湿性、抑菌防霉性、耐黄变性等方面劣于天然皮革，市场期待高物性功能型合成革，特别是在鞋里革、服装革、沙发革等领域应用前景广泛，其市场占有率正逐步提高。除了上述功能需求外，阻燃、抗静电、抗菌除臭、防水防污、抗紫外、红外保健、香味、负离子、调温/调湿、消声减震、电磁屏蔽、发光变色、隐身、生物可降解等特殊功能产品也颇具市场前景。

高物性合成革的一个重要方面是利用高新技术改造传统合成革行业，以实现合成革产业的技术升级，提高企业产品档次和国际市场竞争力。纳米技术是 21 世纪高新技术的典型代表，也是合成革行业所重点关注的高新技术之一，是改造传统合成革使之高性能化的一种简便且行之有效的途径。纳米复合聚氨酯树脂制革，由于 TiO_2、SiO_2、石墨烯等无机纳米粒子的特殊作用，合成革将具有高透性、抗紫外、抑菌防霉等多种功能，同时在外观、物理机械性能（回弹性、耐磨性、低温抗折性、高温热稳定性等）、表面光滑性、耐水解性等方面，均优于传统聚氨酯合成革。

3.3 原辅材料、生产工艺与生产装备

3.3.1 主要原料和辅料（助剂）

3.3.1.1 主要原料

塑料制品的原材料主要成分是树脂。常用于塑料制品制造的合成树脂有十几种，用量最大的主要包括高密度聚乙烯（HDPE）、低密度聚乙烯（LDPE）、聚丙烯（PP）、聚对苯二甲酸乙二（醇）酯（PET）、聚氯乙烯（PVC）、聚苯乙烯（PS）六种树脂，其余的树脂还包括聚四氟乙烯（PTFE）、聚酰胺（PA）、聚对苯二甲酸丁二（醇）酯（PBT）、聚碳酸酯（PC）、丙烯腈-丁二烯-苯乙烯共聚物（ABS）、苯乙烯-丙烯腈共聚物（SAN）、有机玻璃（PMMA）、聚甲醛（POM）、醋酸纤维（CA）、聚苯醚（PPO）、聚酰亚胺（PI）等。塑料用主要树脂如图 3-8 所示。

3.3.1.2 辅料

辅料（又称塑料助剂）是指某些聚合物树脂在加工成型过程中所添加的各种辅助材料（化学品）。塑料助剂是按照塑料加工和实际使用情况的需要而配制，并按一定比例掺混在聚合物中，起到提升塑料的成型加工性能、使用性能、工作寿命以及降低成本的作用。

塑料助剂按其特定功能可分为 7 大类：

① 改善加工性能的添加剂，如热稳定剂、润滑剂等；

(a) HDPE　　　　　　　　　　　(b) LDPE

(c) PP　　　　　　　　　　　　(d) PET

(e) PS　　　　　　　　　　　　(f) PVC

图 3-8　塑料用主要树脂

② 改善机械加工性能的添加剂，如增塑剂、增韧剂等；

③ 改善表面性能的添加剂，如抗静电剂、偶联剂等；

④ 改善光学性能的添加剂，如着色剂等；

⑤ 改善老化性能的添加剂，如抗氧剂、光稳定剂等；

⑥ 降低塑料成本的添加剂，如填充剂等；

⑦ 赋予其他特定效果的添加剂，如发泡剂、阻燃剂、防霉剂等。

常用的塑料助剂如下所述。

（1）增塑剂

为降低塑料的软化温度和提高加工性、柔软性或延展性，而加入的低挥发性或挥发性可忽略的物质称为增塑剂。增塑剂通常是一类对热和化学试剂都稳定的有机物，大多是挥发性低的液体，少数则是熔点较低的固体，而且至少在一定温度范围内能与聚合物相容（混合后不会离析）。经过增塑的聚合物，其软化点（或流动温度）、玻璃化温度、脆性、硬度、拉伸强度、弹性模量等均下降，而耐寒性、柔顺性、扯断伸长率等则会提高。目前80%～85%的增塑剂用于聚氯乙烯塑料制品中，其次则用于醋酸乙烯树脂、ABS树脂和橡胶中。

增塑剂的品种很多，有上千种，分类方法不一，较为常用的是按增塑剂的化学结构分类，通常分为苯二甲酸酯类、脂肪族二元酸酯类、磷酸酯类、脂肪酸酯类、环氧化合物类、多元醇衍生物类、含氯化合物类及其他增塑剂等。比较常用的增塑剂有邻苯二甲酸二丁酯（DBP）、邻苯二甲酸二辛酯（DOP）、邻苯二甲酸二异辛酯（DIOP）、己二酸二辛酯（DOA）、邻苯二甲酸二烯丙酯（DAP）、癸二酸二正丁酯（DBS）、癸二酸二辛酯（DOS）、磷酸三甲酚酯（TCP）、磷酸三（二甲苯）酯（TXP）、环氧硬脂酸丁酯（BES或BEO）、石油磺酸苯酯（M-50）、氯化石蜡（53%氯）、环氧油等。

（2）稳定剂

凡在成型加工和使用期间为有助于材料性能保持原始值或接近原始值而在塑料配方中加入的物质称为稳定剂。它可制止或抑制聚合物因受外界因素（光、热、细菌、霉菌以至简单的长期存放等）影响而发生的破坏作用。

按老化的方式不同，通常将稳定剂分为热稳定剂、光稳定剂、抗氧剂、抗臭氧剂、生物抑制剂等。

① 热稳定剂：是一种能防止聚合物在热影响下产生降解作用的物质。对于热稳定性差、容易产生热降解的聚合物，在加工时，必须添加热稳定剂，提高其耐热性，才能使它在加工成型中不分解，并保持塑料制品在贮存和使用中的热稳定性。如果不加说明，热稳定剂专指聚氯乙烯或聚乙烯共聚物所用的稳定剂，它的开发和生产一开始就与PVC工业紧密联系在一起，并且成为PVC加工和应用的前提条件。热稳定剂的消耗量为树脂产量的2%～4%。

常用的热稳定剂有三碱式硫酸铅、二碱式亚磷酸铅、二碱式邻苯二甲酸铅、三碱式马来酸铅、硅酸铅、硅胶共沉淀物、硬脂酸铅、硬脂酸钡、硬脂酸镉、硬脂酸钙、硬脂酸锌、二月桂酸二丁基锡、钙锌液体稳定剂。

② 光稳定剂：能够使塑料制品延缓在光作用下改变性能的助剂。按机理可分为光屏蔽剂、紫外线吸收剂、猝灭剂、自由基捕获剂，按化学结构可分为二苯甲酮类、水杨酸类、苯并三唑类、苯甲酸酯类、氰基丙烯酸酯类、含镍化合物类、受阻胺类、三嗪类等。常用的光稳定剂有UV-531、UV-327、UV-2002、AM101、UV-744。

③ 抗氧剂：塑料树脂中加入抗氧剂，是为了防止树脂在加工高温塑化或成型制品后，受空气中氧的影响（氧化降解）而使塑料制品的强度、外观和性能发生变化，从而缩短塑料制品的使用寿命。常用的抗氧剂有醛胺类、酮胺类、二芳基仲胺类、对苯二胺类、酚类、硫代酯类及亚磷酸酯类。

④ 生物抑制剂：聚合物制品在贮存、使用过程中可能遭受老鼠、昆虫、细菌、霉菌等危害，能抵御、避免和消灭这类情况发生的物质，称为生物抑制剂或防生物剂。生物抑制剂是防虫剂、防兽剂及防霉剂（或称抑菌剂）的总称。防虫剂主要是防白蚁剂，防兽剂主要是防鼠剂，抑菌剂主要是防止微生物的侵蚀。常用的抑菌剂有有机锡化合物、季胺类化合物、有机汞化合物等。

（3）抗冲改性剂

塑料树脂中加入抗冲改性剂是为了提高塑料制品的抗冲击性能，主要用于 PVC 树脂中。常用抗冲改性剂有丙烯酸酯类共聚物（ACR）、氯化聚乙烯（CPE）、甲基丙烯酸甲酯-丁二烯-苯乙烯共聚物（MBS）和乙烯-醋酸乙烯共聚物（EVA）。

（4）润滑剂

润滑剂是一种能够改善原料塑化后呈熔态时的流动性，防止熔料发黏、成型后能顺利脱模、熔料不粘设备、制品成型后外表光洁的助剂。根据作用不同，分为内润滑剂和外润滑剂。一般聚烯烃、PS、PA、ABS、PVC 和醋酸纤维素等在成型过程中都需要加入润滑剂，其中尤以 PVC 最为需要。润滑剂除了改进流动性外，还可以起熔融促进剂、防粘连剂和防静电剂、爽滑剂等作用。按化学结构可分为烃类、脂肪酸及其酯类、金属皂类、复合润滑剂类等。常用的润滑剂有硬脂酸钙、硬脂酸锌、硬脂酸、硬脂酸酰胺、石蜡、聚乙烯蜡。

（5）阻燃剂

在树脂中添加的一种能够阻止聚合物燃烧或抑制火焰传播速度的助剂，这种助剂被称为阻燃剂。阻燃剂种类较多，按使用方法不同可分为反应型阻燃剂和添加型阻燃剂两大类。反应型阻燃剂主要用于热固性塑料中，有时也用于热塑性塑料中；添加型阻燃剂常用于热塑性塑料中。按所含阻燃元素不同可分为磷系阻燃剂、卤系阻燃剂和无机阻燃剂。目前，比较常用的阻燃剂有三氧化二锑、氢氧化铝、十溴二苯醚、四溴邻苯二甲酸酐、四溴双酚 A 等。

（6）发泡剂

发泡剂是一种为使塑料制品具有泡孔结构而在树脂中加入的助剂。可用于发泡的塑料主要有 PS、PU、PE、PVC、EVA、PP、PF、ABS 等。根据发泡气体的来源，可将发泡剂分为物理发泡剂和化学发泡剂两大类。物理发泡剂在塑料发泡过程中，自身不发生任何化学变化，只是通过物理状态的改变产生大量气体使塑料发泡。物理发泡剂又可以分为压缩性气体发泡剂、低沸点（低于 110℃）液体发泡剂、固态发泡球、超临界流体及水等，其中低沸点液体发泡剂最为常用。化学发泡剂在发泡过程中自身发生化学变化，分解放出气体（如 CO_2、N_2 或 NH_3）使聚合物发泡。化学发泡剂又分为无机化学发泡剂和有机化学发泡剂。有机化学发泡剂是塑料中使用的主要发泡剂，主要包括偶氮类、亚硝基化合物类和磺酰肼类。常用的有发泡剂 AC（偶氮二甲酰胺）、发泡剂 H（N,N'-二亚硝基五亚甲基四胺）、发泡剂 TSH（对甲苯磺酰肼）。

（7）抗静电剂

抗静电剂指的是加入塑料成型用树脂中后，能够防止或消除其制品表面产生的静电的助剂。抗静电剂的种类繁多，按使用方法可分为外涂型和内添加型两种，按化学结构可分为表面活性剂型、高分子永久型及导电填料三大类。其中，表面活性剂型抗静电剂又可分为阴离子型、阳离子型、两性型和非离子型。目前常用的主要是表面活性剂型，例如抗静电剂 TM、抗静电剂 SN、抗静电剂 ECH 等。

（8）偶联剂

偶联剂是一种能够增强聚合物与各种填充剂及增强材料之间的结合力，并改变这种复合材料的某些性能的有机化合物。它是一种具有两性结构的物质，其分子中的一部分基团可与无机物表面的化学基团反应，形成强固的化学键合；另一部分基团则有亲和有机物的性质，可与有机物分子反应或发生物理缠绕，把两种性质不相同的材料牢固结合在一起。偶联剂大致可分为硅烷系、钛酸酯系、铝酸酯系、锆酸酯系、铬络合物系及其他高级脂肪酸、醇、酯等几类，但应用广泛的主要是前两种，例如常用偶联剂 γ-(甲基丙烯酰氧基) 丙基三甲氧基硅烷、γ-氨基丙基三乙氧基硅烷、γ-(缩水甘油醚) 丙基三甲氧基硅烷、三异硬脂酰基钛酸异丙酯。

（9）着色剂

着色剂分为染料和颜料两大类。在塑料制品中主要用颜料来作树脂的着色剂。颜料又可分为有机颜料和无机颜料两种。无机颜料在塑料制品中应用量最大，有机颜料是染料中派生出的一个分支，与无机颜料比较，有着色力强、色调鲜艳、透明度和粒度小等优点，在塑料制品中的应用逐渐增加。常用的无机颜料有二氧化钛（或叫钛白）、锌钡白、氧化锌、镉黄、铬黄、铁红、镉红；常用的有机颜料有立索尔宝红 BK（罗滨红）、酞菁绿 G、酞菁蓝、联苯磺胺 G、永固黄 HR、永固黄 GR、永固橙 G、还原艳橙 GR、喹吖啶酮紫和塑料紫 RL。

（10）填充剂

在成型塑料制品的树脂中加入一定比例的填充料是为了降低塑料制品的生产成本或改善塑料制品的一些性能，这种填充料即称为填充剂。它可改善制品的性能，如提高刚性，降低收缩率，改善着色效果，改善耐热性、耐磨性、耐蚀性和电绝缘性及自熄性等。但也会给制品带来一些不足，如降低了熔料的流动性，给熔料成型增加难度，降低了制品的韧性，影响了制品的透明度等。常用的填充剂有碳酸钙（$CaCO_3$）、白炭黑（SiO_2）、二氧化钛（TiO_2）。

3.3.1.3　主辅料（助剂）应用组合（塑料制品典型配方）

塑料制品的配方设计是一项复杂的技术工作，它涉及主要原料和辅助材料的应用性能、产品规格、质量、生产设备和模具及生产辅助设备的使用性能、主要原料、生产工艺及工艺参数的控制等。下面列出市场上主要产品的参考配方，以方便相关应用人员参考，以下配方只是为了显示各主要原料和助剂（辅料）的用法和使用领域，各厂家配方应根据实际情况确定。

（1）PVC 塑料制品

各种 PVC 塑料制品的配方如表 3-10～表 3-15 所列。

表 3-10　挤出 PVC 薄膜配方　　　　单位：质量份

原料名称	农业膜	工业膜	透明膜	热收缩膜	包装膜
聚氯乙烯(PVC)	100	100	100	100	100
邻苯二甲酸二辛酯(DOP)	22	22	14	5	10
邻苯二甲酸二丁酯(DBP)	10	10	9	2	10
癸二酸二辛酯(DOS)	6	3	—	—	8
石油酯(T-50)	—	4	—	—	9
三盐基硫酸铅($3PbO \cdot PbSO_4$)	—	1.5	—	—	—
二盐基亚磷酸铅($2PbO \cdot PbHPO_4$)	—	1	—	—	—
硬脂酸钡($BaSt_2$)	1.8	1.5	0.8	—	1.7
硬脂酸镉($CdSt_2$)	0.6	—	0.4	—	0.5
硬脂酸(HSt)	—	—	—	0.2	—
环氧大豆油(ESO)	4	—	—	—	—
石蜡	0.2	0.5	—	0.3	0.3
环氧硬脂酸锌酯(ED3)	—	—	7	—	3
二月桂酸二丁基锡	0.5	—	1.5	2	—
硬脂酸单甘油酯	—	—	—	—	0.5
碳酸钙($CaCO_3$)	0.5	1	—	—	—
抗冲改性剂(MBS)	—	—	—	5	—
亚磷酸三苯酯(TPP)	—	—	—	0.8	—
环氧硬脂酸丁酯(EBS)	—	—	—	2	—
滑石粉	—	—	—	—	1.5

表 3-11　PVC 人造革配方　　　　单位：质量份

原料名称	压延革	刮涂革		挤出压延革	压延泡沫革		涂刮地板革	
		面层	底层		底层	面膜层	面层	底层
聚氯乙烯(PVC)	100	100	100	100	100	100	100	100
邻苯二甲酸二辛酯(DOP)	48	—	15	40	30	25	30	40
邻苯二甲酸二丁酯(DBP)	18	—	25	—	45	10	—	—
三盐基硫酸铅($3PbO \cdot PbSO_4$)	—	—	3	4	—	—	3	3
硬脂酸钡($BaSt_2$)	1.4	0.75	0.6	—	0.6	1	—	1.5
硬脂酸镉($CdSt_2$)	0.5	0.25	—	—	0.4	0.4	—	—
硬脂酸锌($ZnSt_2$)	0.5	—	—	—	—	—	—	—
硬脂酸(HSt)	0.1	—	—	1	—	—	0.2	—
碳酸钙($CaCO_3$)	15	20	25	8	15	10	45	45
癸二酸二辛酯(DOS)	—	7.5	—	—	—	—	—	—
石油酯(T-50)	—	—	25	—	—	—	—	—
氯化石蜡	—	—	12	—	—	—	—	—
二月桂酸二丁基锡	—	1	—	—	—	—	—	—

续表

原料名称	压延革	刮涂革		挤出压延革	压延泡沫革		涂刮地板革	
		面层	底层		底层	面膜层	面层	底层
颜料	—	适量	适量	适量	适量	适量	适量	—
环氧硬脂酸锌酯(ED3)	—	0.5	—	—	—	8	—	—
偶氮二甲酰胺(AC)	—	—	—	—	2.75	—	—	—
二盐基亚磷酸铅(2PbO·PbHPO$_4$)	—	—	—	—	—	—	1	1
磷酸三甲酚酯(TCP)	—	—	—	—	—	—	50	60

表 3-12　PVC 硬管配方　　　　　　　　单位：质量份

原料名称	深水管	饮水管	耐热管	排水管	钙塑管	导线管	抗冲管	普通管
聚氯乙烯(PVC)	100	100	100	100	100	100	100	100
邻苯二甲酸二辛酯(DOP)	—	—	5	—	—	—	—	—
邻苯二甲酸二丁酯(DBP)	—	—	5	—	—	—	—	—
三盐基硫酸铅(3PbO·PbSO$_4$)	4	—	4.5	0.8	5	2.5	4.5	1.1
二盐基亚磷酸铅(2PbO·PbHPO$_4$)	1	—	—	0.6	—	1.5	—	0.9
硬脂酸铅(PbSt$_2$)	0.5	—	2	0.3	1	—	0.7	0.5
硬脂酸钡(BaSt$_2$)	0.2	—	1.5	—	1.5	1.5	0.7	—
硬脂酸钙(CaSt$_2$)	0.8	2	—	0.2	—	—	—	0.5
硬脂酸(HSt)	0.5	0.5	1	0.2	—	—	—	0.25
石蜡	1	0.8	—	0.2	0.8	0.8	0.7	0.15
丙烯酸酯类共聚物(ACR)	适量	—	—	—	—	—	—	—
碳酸钙(CaCO$_3$)	适量	—	—	1	50	10	—	3
钛白粉(TiO$_2$)	适量	—	—	—	—	—	—	1.3
炭黑	适量	—	—	适量	0.2	—	0.01	—
氯化聚乙烯(CPE)	—	4	—	—	8	13	6	—
钙/锌复合稳定剂(Ca/Zn)	—	4	—	—	—	—	—	—
填充料	—	—	—	适量	—	—	—	—
加工助剂(ACR-201)	—	—	—	—	—	1.5	—	—

表 3-13　PVC 软管配方　　　　　　　　单位：质量份

原料名称	普通管	耐油管	透明管	医用管	耐寒管	耐酸管	绝缘管	耐热管
聚氯乙烯(PVC)	100	100	100	100	100	100	100	100
邻苯二甲酸二辛酯(DOP)	15	24	28	50	22	35	42	10
邻苯二甲酸二丁酯(DBP)	15	24	22	—	—	—	—	—
三盐基硫酸铅(3PbO·PbSO$_4$)	—	—	—	—	4	4	3.5	—
硬脂酸铅(PbSt$_2$)	—	—	—	—	1.5	—	—	2
硬脂酸钡(BaSt$_2$)	1.5	1	0.8	—	1	1.8	1.5	—
硬脂酸钙(CaSt$_2$)	—	0.8	—	—	0.8	0.6	—	—

续表

原料名称	普通管	耐油管	透明管	医用管	耐寒管	耐酸管	绝缘管	耐热管
石蜡	—	0.8	0.3	—	—	—	0.3	
二盐基亚磷酸铅($2PbO \cdot PbHPO_4$)	1	—	—	—	—	—	—	—
烷基磺酸苯酯(M-50)	15	—	—	—	—	—	—	—
环氧硬脂酸辛酯(ED3)	7	—	2	—	—	—	—	—
亚磷酸三苯酯(TPP)	0.3	—	—	—	—	—	—	—
硬脂酸镉($CdSt_2$)	0.6	—	0.6	—	—	—	—	—
二月桂酸二丁基锡	—	—	1	—	—	—	—	—
环氧大豆油(ESO)	—	—	—	5	—	—	—	—
硬脂酸锌($ZnSt_2$)	—	—	—	0.3	—	—	—	—
硬脂酸铝($AlSt_3$)	—	—	—	0.1	—	—	—	—
硬脂酸(HSt)	—	—	—	0.5	—	—	—	0.3
磷酸二苯异辛酯(DPOP)	—	—	—	0.5	—	—	—	—
氯化聚乙烯(CPE)	—	—	—	—	16	—	—	—
癸二酸二辛酯(DOS)	—	—	—	—	38	25	—	—
钛白粉(TiO_2)	—	—	—	—	—	0.6	—	—
丁腈胶	—	—	—	—	—	—	—	40
磷酸三甲酚酯(TCP)	—	—	—	—	—	—	—	40

表 3-14 PVC 异型材配方 单位：质量份

原料名称	普通型	窗框	异型管	电线槽	钙塑窗框
聚氯乙烯(PVC)	100	100	100	100	100
三盐基硫酸铅($3PbO \cdot PbSO_4$)	3	2	7	1.6	3
二盐基亚磷酸铅($2PbO \cdot PbHPO_4$)	1	—	—	0.5	2
硬脂酸铅($PbSt_2$)	1	—	1	2.1	2
硬脂酸钙($CaSt_2$)	1	—	2.5	—	—
硬脂酸钡($BaSt_2$)	—	—	—	0.3	1
硬脂酸(HSt)	0.8	—	—	—	—
钡/镉复合稳定剂(Ba/Cd)	—	2	—	—	—
乙烯-醋酸乙烯共聚物(EVA)	—	8	—	—	—
光稳定剂(UV-531)	—	0.01	—	—	—
碳酸钙($CaCO_3$)	10	—	5	—	—
钛白粉(TiO_2)	2	—	—	—	—
环氧大豆油(ESO)	—	0.8	—	—	—
石蜡	—	—	0.5	0.4	1
木粉	—	—	—	—	40
烷基磺酸苯酯(T-50)	—	—	3	—	—
硫酸钡	—	—	—	12	—
邻苯二甲酸二丁酯(DBP)	—	—	—	—	10

表 3-15　PVC 瓶配方　　　　　　　　　　　　　　单位：质量份

原材料	食品包装用	无毒 1	无毒 2	高冲无毒 1	高冲无毒 2	化妆品用
PVC	100	100	100	100	100	100
TVS 8831	1.5～2	2	2.5	2.5	—	—
TVS 8813	0.5～1	—	—	—	—	—
硬脂酸甘油酯	1.0～1.5	—	—	—	—	—
低聚聚乙烯	0.1～0.15	—	—	—	—	—
抗冲改性剂 MBS	10～15	5	5	12	13～15	—
丙烯酸酯类共聚物（ACR）	0.5～1	—	—	1～2	1	—
磷酸二苯异辛酯（DPOP）	—	1	—	—	—	—
辛酯硬脂酸正丁酯	—	—	1	0.5	—	—
硬脂酸（HSt）	—	0.5	0.5	—	—	0.1
邻苯二甲酸二辛酯（DOP）	—	0～2	5～8	—	—	—
环氧大豆油（ESO）	—	2	2	2	4	—
Ca/Zn 高效稳定剂	—	—	—	—	2	—
褐煤蜡	—	—	—	0.3	0.8	0.2
硬脂酸钙（CaSt$_2$）	—	—	—	0.2	—	—
ABS	—	—	—	—	—	5～10
马来酸单丁酯二丁基锡	—	—	—	—	—	3
二月桂酸二丁基锡	—	—	—	—	—	1～2
硬脂醇	—	—	—	—	—	0.5

（2）其他塑料树脂制品

其他塑料树脂制品的配方如表 3-16～表 3-24 所列。

表 3-16　农用地膜配方　　　　　　　　　　　　　单位：质量份

原材料	配比	原材料	配比
低密度聚乙烯（LDPE）	20～30	山梨糖醇单油酸酯	0.5～0.8
线性低密度聚乙烯	70～80	聚乙烯醇类化合物	0.5

表 3-17　高强度 PP 板配方　　　　　　　　　　　单位：质量份

原材料	配比	原材料	配比
PP	85	抗氧剂 CA	0.5
LDPE	15	抗氧剂 DLTP	0.3
丁二烯橡胶	15	UV-327	0.2
硬脂酸铅	0.5	钛白粉	0.1
硬脂酸钡	1.5	硬脂酸	0.5

表 3-18　**LDPE 或 HDPE 管材配方**　　　　　　　　单位：质量份

原材料	配方 1	配方 2	配方 3	配方 4
LDPE	100	100	—	—
HDPE	—	—	40	100
氯化聚乙烯(CPE)	6	—	60	150
硬脂酸铅(PbSt$_2$)	—	—	0.3	0.8
碳酸钙(CaCO$_3$)	100	50	—	—
石蜡	1	—	—	—
硬脂酸(HSt)	1	—	—	—
264 酚	—	0.75	—	—
抗氧剂 DLTP	—	0.75	—	—
炭黑母料	—	—	0.25	—
炭黑	—	—	—	适量

表 3-19　**聚丙烯捆扎绳配方**　　　　　　　　单位：质量份

原材料	配方 1	配方 2
PP	100	100(粉料)
PP 母料	5～10	5～10(粉料)
着色剂	适量	适量
抗氧剂	—	0.3～0.5

表 3-20　**室外用聚丙烯编织袋配方**　　　　　　　　单位：质量份

原材料	配方	原材料	配方
PP	100	抗氧剂 1010	0.05
锌白	1	辅助抗氧剂 DLTP	0.1
钛白粉(金红石型)	2	碳酸钙填充母料	15
UV-327	0.05		

表 3-21　**低密度半硬质聚氨酯泡沫塑料配方**　　　　　　　　单位：质量份

原材料	配方 1	配方 2	配方 3	配方 4
SRP350 聚醚	90	90	90	90
交联剂	10	10	10	10
水	3.0	5.0	6.0	4.0
CH$_2$Cl$_2$	15	30	30	—
F-11	—	—	—	20
催化剂-1	0.8	0.7	0.8	—
催化剂-2	—	—	—	0.8
催化剂-3	—	—	—	1.0

续表

原材料	配方 1	配方 2	配方 3	配方 4
发泡灵(Si-O-C)	—	—	—	—
L-580	—	—	—	—
Q-5307	2.0	2.0	2.0	2.0
多亚甲基多苯基异氰酸酯(PAPI)	71	103	121	8.2

表 3-22　干法酚醛泡沫塑料配方　　　　单位：质量份

原材料	配方 1	配方 2	配方 3
酚醛树脂	100	100	100
六次甲基四胺	10	10	10
硫黄粉	—	0.6	1.2
偶氮二异丁腈	1~2	2~5	3~9
丁腈橡胶	—	20	20

表 3-23　XPS 泡沫塑料配方　　　　单位：质量份

原材料	配方 1	配方 2
PS	100	100(粉料)
发泡剂(HCFC 142b)	10~20	10~20
发泡剂(F 22)	5~10	5~10
着色剂	适量	适量
阻燃剂	—	0.7~1.5

表 3-24　PP 密封条配方　　　　单位：质量份

原材料	耐热型	耐老化型	原材料	耐热型	耐老化型
PP	100	100	抗氧剂 264	—	0.3
滑石粉	40	—	抗氧剂 1010	—	0.5
氯化石蜡	5	—	蜜胺	—	0.3
二月桂酸二丁基锡	1	—	氧化锌	—	10
聚异丁烯	—	5	硬脂酸锌	—	0.5
防老剂 MB	—	1.5			

3.3.2　主要生产工艺

　　塑料制品工业基本生产工序主要包括原辅料准备、成型、机械加工、装饰和装配等；其中，成型工序包括吹塑、注塑、压延等，机械加工包括制孔、切螺纹等，装饰包括锉削、磨削、抛光等，装配包括黏合、焊接等。

3.3.2.1　塑料薄膜制造

塑料薄膜的成型应用较多的是挤出成型和压延成型。挤出成型薄膜又分为挤出吹塑成型薄膜、挤出流延成型薄膜和挤出牵引成型薄膜三种生产成型方法，其中以挤出吹塑成型薄膜生产方法应用最多，所用原料主要为 PE、PP 和聚烯烃；挤出流延成型薄膜包括双向拉伸薄膜（BOPP、BOPET），所用主要原料有 PE、PP、PET、PVC等；挤出压延成型薄膜是用压延机把已经预塑化好的熔融料，用几根辊筒碾压延伸成有固定厚度和宽度的塑料薄膜，然后经剥离、冷却定型，成为塑料薄膜。压延成型的塑料薄膜主要原料是聚氯乙烯树脂，也可用 ABS 和烯烃类树脂成型压延薄膜，不过应用很少。

典型塑料薄膜制造工艺流程及排污节点分别如图 3-9～图 3-11 所示。

图 3-9　吹塑成型塑料薄膜制造工艺流程和排污节点

G1—有机废气；S1—边角料

图 3-10　双向拉伸成型塑料薄膜制造工艺流程和排污节点

G1—有机废气；S1—边角料

图 3-11　流延成型塑料薄膜制造工艺流程和排污节点

G1—有机废气；S1—边角料

（1）吹塑成型塑料薄膜制造工艺流程简述

① 原料准备：将生产过程中所需原料拆包准备，按照产品配方比例分别称取树脂和助剂。

② 混料：将配比好的树脂和助剂通过搅拌机混合均匀。

③ 挤出成型：将混合均匀的树脂颗粒加入挤出机料斗内，通过挤出机塑化，由机头口模挤出管胚。

④ 吹胀：由机头口模挤出后形成的管坯应立即吹胀，将管胚吹胀成膜。

⑤ 牵引：被牵引的同时在牵引辊的作用下被纵向拉伸。实际生产中常用同一规格

的机头口模靠调节吹胀比与牵伸比来制得不同厚度和不同宽度的薄膜。

⑥ 收卷：将牵引后的薄膜通过牵引机进行牵引成卷。

⑦ 分切：将牵引成卷的塑料薄膜按照客户要求尺寸进行分切，得到最终所需规格的产品。

（2）双向拉伸成型塑料薄膜制造工艺流程简述

① 原料准备：将生产过程中所需原料拆包准备，按照产品配方比例分别称取树脂和助剂。

② 混料：将配比好的树脂和助剂通过搅拌机混合均匀。

③ 挤出成型：将混合均匀的树脂加入挤出机料斗内，通过挤出机塑化，由机头口模挤出管胚。

④ 成型：由机头口模挤出后，成型薄片状融熔料流延至辊筒上成型模胚。

⑤ 预热：将被拉伸的模胚引入拉伸烘箱，进行预热。

⑥ 纵向拉伸：通过辊筒之间的速度差把模胚纵向拉伸。

⑦ 横向拉伸：进入横向拉伸烘箱后，膜两端被夹子夹紧，由夹子牵引向前运行，并进入高温定型。

⑧ 冷却：由牵引机牵引出来进行冷却。

⑨ 收卷：将冷却后的薄膜切边后，通过牵引机进行牵引成卷。

⑩ 分切：将牵引成卷的塑料薄膜按照客户要求尺寸进行分切，得到最终所需规格的产品。

（3）流延成型塑料薄膜制造工艺流程简述

① 原料准备：将生产过程中所需原料拆包准备，按照产品配方比例分别称取树脂和助剂。

② 混料：将配比好的树脂和助剂通过搅拌机混合均匀。

③ 挤出成型：将混合均匀的树脂加入挤出机料斗内，通过挤出机塑化，由机头口模挤出管胚。

④ 成型：由机头口模挤出后，成型薄片状融熔料流延至辊筒上成膜。

⑤ 冷却：由牵引机牵引出来进行冷却。

⑥ 测厚：通过在线测厚仪测厚。

⑦ 电晕处理：在线进行电晕处理膜的表面。

⑧ 收卷：将冷却后的薄膜消除静电后，通过牵引机进行牵引成卷。

⑨ 分切：将牵引成卷的塑料薄膜按照客户要求尺寸进行分切，得到最终所需规格的产品。

3.3.2.2　塑料板、管、型材制造

塑料板、管、型材制造工艺基本相同，原料经混料后塑炼/挤出到牵引、冷却、定型，最后修边、卷取/切断形成成品。制造工艺流程及排污节点如图 3-12 所示。

塑料板、管、型材的制造工艺流程大致相同，区别在于成型模头的不同，本工艺流

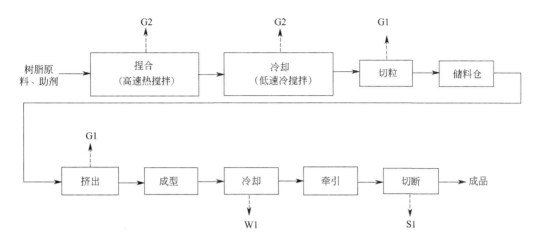

图 3-12　塑料板、管、型材制造流程和排污节点

G1—有机废气；G2—颗粒物；W1—冷却废水；S1—边角料

程以 PVC 塑料管道的挤出工艺为例，如果采用 PE、PP 等聚烯烃挤出，则无捏合、冷却、切粒等前述工艺。

工艺流程简述如下。

① 原料准备：将生产过程中所需原料拆包准备，按照产品配方比例分别称取树脂和助剂。

② 搅拌混合：将原辅材料按照相应的顺序投入高速混合机中，进行高速热搅拌，使原料和助剂均匀混合。

③ 冷却切粒：将混合均匀的混配料输入冷搅拌机内，使混合料温度降至 45℃以下。

④ 切粒存储：将混合料进行造粒，输入储料罐内备用。

⑤ 挤出：从储料罐内将切粒制好的原料加入挤出机料斗内，通过挤出机熔融塑化。

⑥ 成型：熔融态原料经成型模具成型 PVC 管坯。

⑦ 冷却、切断：通过冷却定型装置定型，后经牵引机和切断机按照产品规格切断后制成成品入库。

3.3.2.3　塑料丝、绳及编织品制造

塑料丝、绳及编织品制造工艺基本相同，根据产品形态不同其成丝程度有所差异，具体制造工艺流程及排污节点如图 3-13 所示。

工艺流程简述如下。

① 塑料丝制造：将塑料颗粒、色母经过搅拌机搅拌混合均匀，混合均匀的原料进入挤塑机挤出成塑料膜，挤出成型的塑料膜通过挤塑机自带切刀分割成丝，合格的塑料丝利用收丝机卷成锭，即为成品，放入原料库待售。

② 塑料绳制造：混料后拉丝机对烘干的塑料颗粒进行电加热，加热熔融的物料通过拉丝机进行拉丝，把塑料颗粒拉成细丝，拉丝后在机头水槽内经室温下的冷水冷却成型，冷却后的细丝进入牵伸辊进行初加工，然后经过热水槽加热，再次进入牵伸辊加工

拉细，接着进入烘箱烘干，最后再进入牵伸辊拉丝，经过多次牵伸达到圆丝产品要求直径，牵伸好的细丝由绕卷机打成卷，将成卷的塑料丝在编绳机上编织成塑料绳，成为成品。

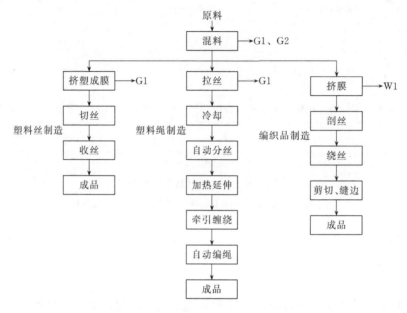

图 3-13　塑料丝、绳及编织品制造工艺流程和排污节点

G1—有机废气；G2—颗粒物；W1—冷却废水

③ 塑料编织品制造：混料后将塑料颗粒加入拉丝机加热熔化，后挤成薄膜经循环水箱冷却成型，再进行剖丝、拉伸形成扁丝，然后将扁丝绕成线圈，通过切缝一体机，将条带状编织带按一定规格进行剪切，再经过缝底折角就完成了编织袋的生产。

三个项目绕丝工序中均会产生废丝边角料，经收集后进行熔化、成型，切段成颗粒后作为原料回收利用。

3.3.2.4　泡沫塑料制造

泡沫塑料是由大量气体微孔分散于固体塑料中而形成的一类高分子材料，具有质轻、隔热、吸声、耐腐蚀、减震等特性。塑料发泡工艺按照引入气体的方式可分为机械法、物理法和化学法。机械法是借助强烈搅拌，把大量空气或其他气体引入液态塑料中。物理法是将低沸点烃类或卤代烃类溶入塑料中。受热时塑料软化，同时溶入的液体挥发膨胀发泡。化学法可分为两类：一是采用化学发泡剂，它们在受热时分解放出气体；二是利用聚合过程中的副产气体，典型例子是聚氨酯泡沫塑料制造，当异氰酸酯和聚酯或聚醚进行缩聚反应时部分异氰酸酯会与水、羟基或羧基反应生成二氧化碳。

泡沫塑料制造工艺流程及排污节点如图 3-14 所示。

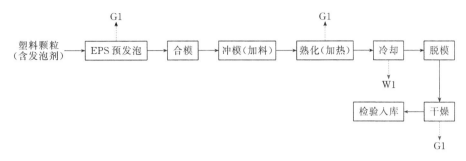

图 3-14　泡沫塑料制造工艺流程和排污节点

G1—有机废气；W1—冷却废水

工艺流程简述如下。

① 原料配料混合：将聚醚多元醇、聚合物多元醇、甲苯二异氰酸酯（TDI）、二苯基甲烷二异氰酸酯（MDI）四种主要材料用计量泵按照一定的比例抽入配料罐内，同时将二乙醇胺、硅油等辅料按照一定的比例称重加水混合后加入配料罐中，主料和辅料在配料罐中完成配料。在常温常压下高速搅拌，使配料罐中的混合物迅速混合均匀，配料后的混合物进入温调罐中进行温度调节，调节温度后的混合物进入工作罐内。

② 预发泡：将含有发泡剂的塑料颗粒投入预发机中，通入蒸汽，珠粒受热汽化产生压力，使珠粒膨胀，发泡过程为放热反应，无需加热。

③ 熟化：利用成型机及泡塑模具，将充满粒料的模腔密闭并加热，珠粒受热软化，使泡孔膨胀至填满相互间的空隙，并黏结成均匀的泡沫体，此时泡沫体仍然是柔软的并承受泡孔内蒸汽的压力。

④ 冷却：从模具中取出制品之前，必须使气体渗出泡孔和降低温度以保证制品形状稳定。可采用循环水冷的方式对模具进行直接冷却。

⑤ 脱模：主要是在刚取出模具时利用真空破泡机或机械对产品进行挤压开孔，从而保证发泡后产品的质量。

⑥ 干燥：从成型机中出来时存在一定的水分，需对产品进行烘干。

⑦ 检查入库：根据发泡体的缺陷情况裁出符合修补要求的发泡体部件，然后在待修补的发泡体上涂上胶水，黏上发泡部件，待黏合紧密后剪除多余部分即可。在修边、修补过程中会产生废边角料，经收集后进行熔化、成型，切段成颗粒后作为原料回收利用。

3.3.2.5　塑料人造革与合成革制造

塑料人造革与合成革生产工艺（工序、流程）较多。根据要求，一种产品往往需要多种生产工艺进行组合生产。通常以一种材料为基材，在上面涂覆一层或多层合成树脂（包括各种添加剂）制成一种外观似皮革的产品。所用的基材有各类织布、合成纤维无纺布、皮革等，也有无基材的产品。涂覆的合成树脂主要为聚氨酯（PU）、聚氯乙烯（PVC），据资料介绍还有聚酰胺（PA）和聚烯烃［如聚乙烯（PE）、聚丙烯（PP）］等。生产工艺根据污染产生情况，可分为干法、湿法、直接成型等工艺以及超纤生产的特殊工艺。

（1）干法生产工艺

干法生产工艺用于聚氨酯（PU）、聚氯乙烯（PVC）及聚烯烃［如聚乙烯（PE）、聚丙烯（PP）］等合成革和人造革的生产，包括直接涂覆法和间接涂覆法。主要工艺流程是将涂层物质涂覆（直接涂覆或间接涂覆再贴合）并烘干的过程，其中最常见的为离型纸（俗称硅油纸或防粘纸）法。

典型离型纸干法生产工艺流程及产污节点见图 3-15。

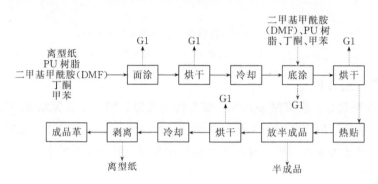

图 3-15　典型离型纸干法生产工艺流程及产污节点
G1—DMF 废气

工艺流程简述：在离型纸上涂上已调制好的浆料，然后送入烘干机进行烘干。重复涂布、烘干 1～3 次（视工艺要求涂刮），第三次预烘干温度较低，此时革基布置于离型纸上方，送入烘房内进行烘干。冷却后剥离离型纸，上层即为合成革成品，下层的离型纸可重复使用。

烘箱上的排气管均与二甲基甲酰胺（DMF）喷淋回收装置连通，废气的回收采用二级水喷淋吸收，当吸收水中 DMF 含量到达 20％左右时，送回收精制车间回收 DMF，吸收后废气通过排气筒排放。

工艺过程主要产生含有 DMF、甲苯等溶剂的废气。干法树脂中的固含量为 30％、溶剂含量为 70％，配料时添加的复合溶剂一般 DMF 占 50％、甲苯占 25％、丁酮占 25％，但配比会改变，DMF 比例也在逐渐提高，现在有很多企业以单一的 DMF 来作溶剂。一般树脂和溶剂的比例为 1∶1。一个中等规模的合成革企业一般有两条干法生产线，按其满负荷生产估算，一天树脂用量为 4～5t、树脂中溶剂挥发量为 2.8～3.5t、配料溶剂用量也为 4～5t，则总溶剂量为 6.8～8.5t。若按 DMF 占总溶剂的 50％计算，其他挥发的溶剂也为 50％，即 3.4～4.3t 都将成为挥发性有机废气。正常生产情况下，其中 92％的有机废气是经烘箱烘干过程从排气筒以有组织的形式排放，8％的有机废气在配料及涂布过程中以无组织的形式排放。经测算，一条生产线生产过程中产生的废气量约为 50000m³/h，废气中 DMF 的浓度为 1000～4000mg/m³，甲苯和丁酮的浓度为 200～500mg/m³。

（2）湿法生产工艺

湿法生产工艺主要用于聚氨酯（PU）合成革生产，生产的成品为基料，可以直接销售给干法生产企业，也可自己再经干法工艺或其他后处理后成为成品。湿法工艺包括浸渍（含浸）、涂覆工艺或两种工艺组合。一般湿法生产工艺流程及产污节点见图 3-16。

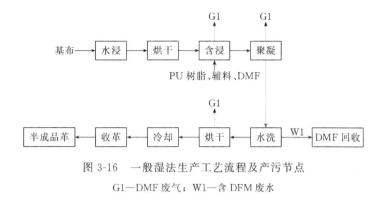

图 3-16　一般湿法生产工艺流程及产污节点

G1—DMF 废气；W1—含 DFM 废水

工艺流程简述：革基布在树脂含浸槽中含浸，而后进入凝固槽进行凝固成膜处理，最后在清水槽中进行逆流洗涤，洗涤后经烘干、冷却，即形成半成品革（俗称贝斯）。高浓度的洗涤水最后进入凝固槽补充水分，凝固液中 DMF 浓度达到 20％时送污水回收塔回收。

含浸槽和凝固槽上方用塑料玻璃密封，且上方配有吸风机和通风道，将废气集中收集后经二级水喷淋吸收 DMF 后高空排放，喷淋水中 DMF 浓度到达 3％时送水洗槽。

（3）直接涂层工艺

直接涂层，即不依靠媒介直接把涂层剂涂在基材上，生产工艺与干法类似，只是直接涂覆，没有贴合和剥离工序。

（4）后整理工艺

后整理工艺以印刷压花工艺和湿气固化工艺为主，大多采用同皮革后处理和纺织品有关加工处理相似的工艺，如表面涂饰（包括表面处理、辊涂、喷涂等）、印刷、压花、研磨、干揉、湿揉、植绒等。

图 3-17 是人造革与合成革表面涂饰与印刷加工流程及产污节点，主要工序包括喷涂、印花、辊涂和贴膜。涂饰剂与印刷油墨的主要成膜物质是树脂组分（如丙烯酸酯、聚氨酯、聚丙烯酸酯及氯-醋共聚树脂等），加入 DMF、丁酮（MEK）、甲苯（TOL）、乙酸乙酯（EA）等溶剂配制。故排放的工艺废气是含有上述各种溶剂的废气。据调查，辊涂浆料用量为 120g/m 左右，如果用喷涂来改色，浆料用量也在 120g/m 左右，而如果用来做表面处理，其用量在 30～50g/m，三版印刷在 15g/m 左右，贴膜在 15g/m 左右。因此，合成革后整理加工中改色工段的浆料用量最多，占 80％以上。

图 3-17　人造革与合成革表面涂饰与印刷加工流程及产污节点

G1—有机废气

（5）超细纤维生产工艺

该工艺是将尼龙切片和聚乙烯混合，经干燥、挤压、喷丝、烘干切断等工序生产无纺布，后续工艺与干法、湿法基本相同。在制造超细合成革中所使用的纤维主要是海岛型复合纤维。因为超细纤维不能进行梳理和加工，故以复合的形式被制成革基布后，把"海"（连续相聚合物）溶解或分解除去，留下来的"岛"（分散相聚合物）以超细方式存在于基体中，赋予超细人工皮革优良的特性。

典型超细纤维生产工艺流程及产污节点见图3-18。

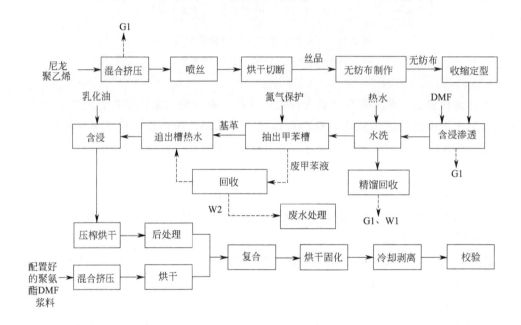

图 3-18　典型超细纤维生产工艺流程及产污节点
G1—有机废气；W1—含 DMF 废水；W2—生产废水

超细纤维合成革生产过程中所产生的废水主要包括含浸槽、凝固槽、水洗槽等的工艺废水，冷却塔废水，设备、容器及地面清洗水，生活废水等。废气主要为挥发性有机物废气，原材料中树脂内所含的挥发性有机物、有机稀释剂、有机清洗剂以及 DMF 回收过程中产生的有机废气等。主要大气污染物包括 DMF、甲苯、二甲苯、丁酮、二甲胺等。

（6）其他工艺

压延法是将塑炼后的物料通过四辊压延机，在强大的压力下压延成薄膜，然后和基布贴合的工艺。

直接成型法指涂层剂在涂覆贴合以及固化过程中没有采用烘箱加热方式，直接固化成型。适用于聚氯乙烯及聚烯烃等合成革的生产，如挤出热熔法、复合法等生产工艺。

3.3.2.6　塑料包装箱及容器制造

塑料包装箱及容器制造工艺流程及产污节点见图3-19。

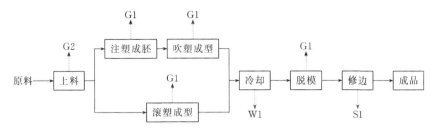

图 3-19　塑料包装箱及容器制造工艺流程及产污节点

G1—有机废气；G2—颗粒物；W1—冷却水；S1—边角料

工艺流程简述如下。

① 混料：将生产过程中所需原料拆包准备，按照产品配方比例分别称取树脂和助剂。

② 注塑成胚—吹塑成型—冷却：上料机中物料自动进入注塑机，注塑机全密闭操作，电加热温度控制在 180～210℃，将粒子熔融；然后进入注塑机内模具的封闭模腔，充满模腔后暂停工作，此时模具采用夹套冷却水间接冷却，使冷却温度降至 70～120℃，塑料定型；注塑机打开模具，取出产品。由于注塑时的工作温度低于塑料分解温度，因此塑料粒子在加热熔融过程中无分解废气产生，但会产生少量游离单体废气，以非甲烷总类计；冷却水经冷却水池循环使用，不外排，只需定期补充损耗。

③ 滚塑成型：模具安装在一个滚塑机上后，滚塑机带动模具沿两条轴线旋转，能向左右摇动倾斜，模具同时转动、摇动，模具中的物料在重力、离心力作用下，可以到达模腔的任何部位。同时利用滚塑机配套加热器对模具进行加热（打开天然气阀门，引燃天然气，形成喷射火焰，由天然气火焰直接对模具加热，且塑料桶口径处较厚，因此，首先进行重点加热，然后再进行均匀加热），加热时间 10～15min，加热温度约 130℃，此时塑料全部熔融且均匀地黏附于模具内腔。

④ 冷却：加热完成后，模具继续旋转运动，保持熔融聚乙烯在模具内腔的均匀分布，同时进行喷水冷却，以迅速降温、成型，避免时间过长，模具内产品变形。

⑤ 脱模：冷却后即可关闭滚塑机，停止旋转后打开模具，得到的产品取出后需进行人工修整。

⑥ 修边：去掉模具边缘多余的部分，从而得到产品。

⑦ 组装：由人工对注塑工件及五金配件进行组装，形成包装箱及容器。

3.3.2.7　日用塑料制品制造

日用塑料制品制造工艺流程及产污节点见图 3-20。

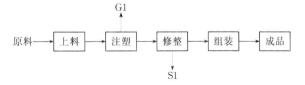

图 3-20　日用塑料制品制造工艺流程及产污节点

G1—有机废气；S1—废边角料

工艺流程简述如下。

① 混料：将生产过程中所需原料拆包准备，按照产品配方比例分别称取树脂和助剂。

② 注塑：上料机中物料自动进入注塑机，注塑机全密闭操作，电加热将粒子熔融；然后进入注塑机内模具的封闭模腔，充满模腔后暂停工作，此时模具采用夹套冷却水间接冷却，塑料定型；注塑机打开模具，取出产品。

③ 修整：由人工去除工件上的毛刺。

④ 组装：由人工对注塑工件进行组装。

在修边、修补过程中会产生废边角料，经收集后进行熔化、成型，切段成颗粒后作为原料回收利用。

3.3.2.8 人造草坪制造

人造草坪制造工艺流程及产污节点见图 3-21。

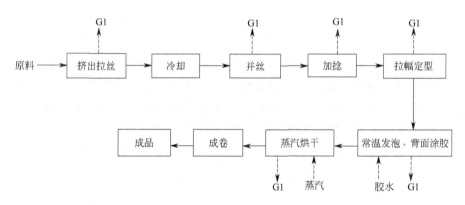

图 3-21　人造草坪制造工艺流程及产污节点

G1—有机废气

工艺流程简述如下。

① 挤出拉丝：将原料（聚乙烯、聚丙烯）加入挤出机中进行加热熔化，加热温度为 210~240℃，热源采用电源。熔化后通过模具及拉丝机组对塑料进行拉丝处理。

② 冷却：拉制成丝后产品通过拉丝机匀速通过循环水池对产品进行冷却，冷却水循环使用不外排。

③ 并丝、加捻、拉幅定型：通过并丝、加捻、拉幅定型等工序将人工草编织在尼龙品上构成草坪。

④ 发泡：采用发泡机对胶水进行发泡，发泡工序采用空气压缩机进行常温发泡，发泡过程中向丁苯胶乳中加入钙粉，以增大发泡表面积。

⑤ 涂胶：发泡后对加工过后的半成品草坪进行背面涂胶水黏结，然后贴上尼龙底布，形成草坪结构。

⑥ 烘干：涂完胶水后进入烘干箱进行蒸汽烘干，烘干温度约 120℃，烘干时间为 300~500s。

⑦ 成卷：烘干后经检验收卷之后进入成品仓库。

3.3.2.9　塑料零件及其他塑料制品制造

塑料零件及其他塑料制品制造工艺流程及产污节点见图 3-22。

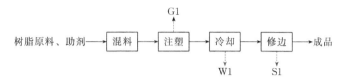

图 3-22　塑料零件及其他塑料制品制造工艺流程及产污节点
G1—有机废气；W1—冷却废水；S1—边角料

工艺流程简述如下。

① 混料：塑料颗粒和助剂按照产品配方比例在混色机搅拌混合。

② 注塑成型：干混合料经自动吸料机进入封闭的注塑机内，塑料颗粒经电加热后呈熔融状态，在设备内熔融状态的塑料完全进入模具的封闭模腔，充满模腔后暂停工作。

③ 冷却：模具采用夹套冷却水间接冷却，使塑料工件冷却定型。

④ 修边：将注塑好的塑料工件进行人工修边，去除工件上的毛刺等。

在修边、修补过程中会产生废边角料，经收集后进行熔化、成型，切段成颗粒后作为原料回收利用。

3.3.3　主要生产设备

塑料制品工业主要生产设备包括原材料准备用机械设备、压延机与辅机、挤出机与辅机、注塑机与辅机、吹塑机与辅机等。

（1）原材料准备用机械设备

原材料准备用机械设备是指塑料制品生产成型前，对其用料的筛选、干燥、过滤、颗粒研磨细化、配混预塑化和造粒及输送料等所用设备，包括树脂筛选和输送装置、增塑剂过滤和混合装置、干燥机、上料装置、研磨机、混合机、开炼机、密炼机、混炼（喂料型）型挤出机、挤出造粒机、切粒机、粉碎机等。常用树脂筛选装置有振动筛、平动筛和滚动筛；输送树脂一般多采用风力输送或脉冲气力输送，风力输送树脂所用设备主要有高压风机、加料器和树脂储罐，脉冲气力输送树脂主要设备有脉冲气流发生装置、发送罐、高位料储罐。如果生产塑料制品所用原料是聚碳酸酯、聚酰胺和 ABS 类易吸湿性料，则生产前必须进行干燥去湿处理，原料进行干燥处理可采用热风干燥和气流干燥等方法，干燥机如图 3-23 所示。向成型机料斗内送料的上料装置，可采用真空上料装置或弹簧上料装置。研磨机是一种用来细化颜料、粉状稳定剂和其他一些助剂的设备。常用的研磨机主要由三根转动的辊筒组成，习惯称其为三辊研磨机，如图 3-24 所示。混合机是原料的配混设备，按传动方式可分为螺带式混合机、Z 形混合机和高速混合机，按外形结构可分为立式混合机和卧式混合机，按混料温度可分为热混合机和冷却混合机。混合机如图 3-25 所示。

图 3-23　干燥机　　　　　图 3-24　三辊研磨机　　　　图 3-25　混合机

开炼机是开放式炼塑机的简称，在塑料制品厂，人们又都习惯称之为两辊机。开炼机是塑料制品生产厂应用比较早的一种混炼塑料设备。在压延机生产线上，开炼机设置在压延机之前、混合机之后，作用是把混合均匀的原料进行混炼、塑化，为压延机压延成型塑料制品提供混合炼塑较均匀的熔融料。开炼机如图 3-26 所示。密炼机与开炼机的功能相同，也是塑料的混炼塑化设备。密炼机是在开炼机的基础上改进变化的结果，与开炼机相比较，有混炼塑化时间短、工作效率高、多种原料混合均匀、塑化质量好等优点。在压延机生产线上，密炼机用在混合机的下一道生产工序中，直接把高速混合后的热混合料投入密炼机的密炼室内，进行混炼塑化。密炼机见图 3-27。

图 3-26　开炼机　　　　　　　　　　　图 3-27　密炼机

压延机生产线上的挤出机，一般多用在混合机之后，代替密炼机为下道工序开炼机提供半塑化料；另一种是用在开炼机之后、压延机之前，为压延机提供塑化均匀并经筛网过滤的塑化料。通常，人们都称这种挤出机为喂料型或混炼型挤出机，见图 3-28。

塑料挤出切粒机机组中的挤出机结构和普通常用的挤出机结构完全相同，只是在普通挤出机前多了一套挤出的塑料条切粒装置和粒料的冷却、干燥处理装置。切粒机是一种能够把一定宽度和厚度的片材切成粒料的专用设备，主要用在电缆线和配混料的切粒工序中，切粒机如图 3-29 所示。粉碎机也叫破碎机，用于破碎塑料制品生产中产生的边角余料和废旧塑料制品。为适应各种塑料制品的形状、尺寸及软硬程度的不同，破碎塑料制品的粉碎机有多种结构形式，如有剪切式破碎机、冲击式破碎机和压碎式破碎机等。粉碎机如图 3-30 所示。

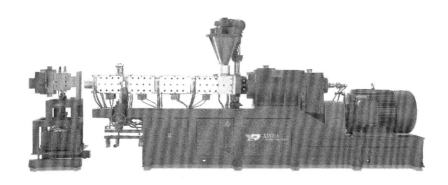

图 3-28　混炼型挤出机

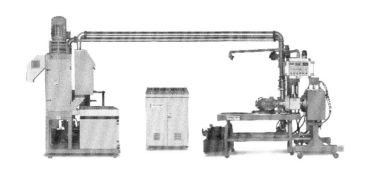

图 3-29　切粒机

图 3-30　粉碎机

（2）压延机与辅机

压延机是采用压延法成型塑料制品的主要设备。用压延机与相应的辅机组合成生产线，可生产薄而宽且长度可无限延长的薄膜和片材类制品；另外，也可生产胶带、胶板、钙塑板、塑料地板、人造革及一些复合材料等制品。这些制品一般多以氯乙烯树脂为主要原料，再加入一些增塑剂、稳定剂、润滑剂和填充料等辅助料，在压延机生产线上生产成型。压延机的结构形式有多种，塑料制品行业对压延机一般按辊筒数量分类，或按辊筒排列形式分类。辊筒是压延机设备上的主要零件，压延机按辊筒数量可分为两辊、三辊、四辊、五辊压延机，按辊筒排列形式可分为 I 形、Γ 形、L 形和 S 形。成型制品用辅机是指在压延机生产线中，经过压延机压延成型后，用于对制品进行后处理的设备。它的功能主要是把压延成型的半成品（以压延成型 PVC 薄膜为例）从压延机的最后一个辊筒上剥离后，再经表面压花或压光处理、冷却定型、切边、检测厚度，最后把成品卷取成捆。辅机中各部件的组成，根据压延制品品种的不同，有 PVC 薄膜（片）成型用辅机、薄膜扩幅用辅机、薄膜拉伸拉幅用辅机、人造革成型用辅机及对人造革用基布进行平整处理用辅机等。压延机见图 3-31。

（3）挤出机与辅机

挤出机是挤出成型塑料制品生产线上的主机，按制品的品种不同，与相应的辅机组合成不同的制品生产线，可挤出成型塑料薄膜、管材、板、片、异型材、丝、电缆护层、包装带、棒、网和复合膜等；另外，挤出机可周期性重复生产中空制品，如瓶、桶等。挤出机的分类方法没有统一规定，可按螺杆的数量分，也可按挤出机的功能分，按螺杆的数量分为单螺杆挤出机、双螺杆挤出机和多螺杆挤出机，按功能分为通用型单螺杆挤出机、排气型挤出机、发泡挤出机、喂料挤出机和反应挤出机等。挤出法成型塑料制品用辅机是指在挤出机生产线中，经过挤出机机筒前端成型模具挤出成型后，用于对制品进行后处理的设备。它的功能主要是对挤出成型的半成品进行牵引、拉伸、冷却定型、表面修饰、切边、检测和卷取等工作。挤出机如图 3-32 所示。

图 3-31　压延机

图 3-32　挤出机

（4）注塑机与辅机

由于注塑制品的结构类型和种类比较多，所以用来成型注塑制品的注塑机类型也较多。目前，对于注塑机的分类没有统一规定。通常，按对原料的塑化和注射方式分为柱塞式、往复螺杆式和螺杆塑化、柱塞注射式三种，按注塑机外形结构可分为立式、卧式、角式、多模注塑机和组合式注塑机，按加工能力大小可分为超小、小型、中型、大型、超大型注塑机，按用途可分为通用型注塑机和专用型注塑机。注塑机注射成型塑料制品生产用辅机，小型企业配备的台数很少。大型企业注塑机注射成型生产，单一品种的注塑制品生产批量大，注射成型生产过程中，要求自动化程度较高时，应在注塑机生产线上备有多台辅机协助工作，如粉碎机、原料去湿干燥机、冷却水循环系统、上料装置、控温系统和多种原料混合装置等。如果用聚氯乙烯树脂生产注射制品，还需配备色浆的研磨细化用研磨机，原料的混合用高速混合机等辅机。另外，近年来机械手和喷码设备在塑料制件生产中的应用范围也都在逐步扩大。注塑机如图 3-33 所示。

（5）吹塑机与辅机

中空吹塑是制造空心塑料制品的成型方法。先通过挤出法或注射法制成型坯，然后型坯进入吹塑机进行吹塑。型坯进入模具并闭合后，吹胀装置即将管状型坯吹胀成模腔所具有的精确形状，进而冷却、定型、脱膜并取出制品。吹塑机如图 3-34 所示。

根据塑料制品生产工艺和排污环节分析，塑料制品业 9 小类主要生产单元及设备、辅助单元及设备如表 3-25 所列。

图 3-33　注塑机　　　　　　　　　　图 3-34　吹塑机

表 3-25　主要生产单元及设备、辅助单元及设备一览表

排污单位类别		主要生产单元名称	生产设施名称	设施参数	单位
塑料人造革制造	直接涂刮法	配料	搅拌机	处理能力	t/h
			研磨机	处理能力	t/h
		涂覆	涂刮机	处理能力	m/min
		塑化发泡	烘箱	处理能力	m/min
		冷却	冷却辊	处理能力	m/min
	转移法	配料	搅拌机	处理能力	t/h
			研磨机	处理能力	t/h
		基布预处理	剖幅上浆机	处理能力	m/min
		涂刮	涂刮机	处理能力	m/min
		塑化发泡/烘干	烘箱	处理能力	m/min
		贴合	贴合机	处理能力	m/min
	压延法	配混料	高速混合机	处理能力	t/h
		预塑化	密炼机	处理能力	t/h
			塑炼机	处理能力	t/h
			混炼挤出机	处理能力	t/h
		基布预处理	基布处理上浆机	处理能力	m/min
		成型	压延机	处理能力	m/min
		贴合	贴合机	处理能力	m/min
		塑化发泡	烘箱	处理能力	m/min
	流延法	挤出	挤出机	处理能力	t/h
		流延	T 型头	处理能力	t/h
		贴合	贴合机	处理能力	m/min
		冷却	冷却装置	处理能力	m/min
	其他	其他	其他	其他	其他

排污单位类别		主要生产单元名称	生产设施名称	设施参数	单位
塑料合成革制造	干法	配料	搅拌机	处理能力	t/h
		混合反应(无溶剂型适用)	储料罐、反应器	处理能力	t/h
		涂刮	涂刮机	处理能力	m/min
		贴合	贴合机	处理能力	m/min
		烘干	烘箱	处理能力	m/min
	湿法	配料	搅拌机	处理能力	t/h
		含浸	含浸槽	处理能力	m/min
		涂刮	涂刮机	处理能力	m/min
		凝固	凝固槽	处理能力	m/min
		水洗	水洗槽	处理能力	m/min
		烘干	烘箱	处理能力	m/min
		冷却	冷却辊	处理能力	m/min
	超细纤维合成革制造	树脂原料配料	搅拌机	处理能力	t/h
		浸渍	含浸槽	处理能力	m/min
		凝固塑化	凝固槽	处理能力	m/min
		水洗	水洗槽	处理能力	m/min
		抽出(甲苯抽出减量/碱减量)	抽出机	处理能力	m/min
		干燥定型	干燥机	处理能力	m/min
	其他	其他	其他	其他	其他
塑料薄膜制造	吹塑膜工艺、双向拉伸薄膜工艺、流延膜工艺、压延膜工艺	挤出成型	挤出机/密炼机	处理能力	t/h
	其他	其他	其他	其他	其他
塑料板、管、型材制造		混料	混料机	处理能力	t/h
		挤出成型	挤出机/密炼机	处理能力	t/h
		其他	其他	其他	其他
塑料丝、绳及编织品制造		挤出喷丝	挤出机/密炼机	处理能力	t/h
		其他	其他	其他	其他
泡沫塑料制造	反应发泡	混合发泡	发泡机	处理能力	t/h
		熟化	加热箱	处理能力	t/h
	挤出发泡	混料	混料机	处理能力	t/h
		挤出成型 发泡	挤出机/密炼机/塑炼机/混炼机	处理能力	t/h
	模塑发泡	发泡	预发机/开炼机/捏合机/混炼机	处理能力	t/h
		成型	成型机	处理能力	t/h
	涂覆发泡	配料	搅拌机	处理能力	t/h
		涂覆	涂刮机	处理能力	m/min
		塑化发泡	烘箱	处理能力	m/min
	其他	其他	其他	其他	其他

续表

排污单位类别		主要生产单元名称	生产设施名称	设施参数	单位
塑料包装箱及容器制造	注塑成型、滚塑成型	塑化成型	注塑机/滚塑机/密炼机	处理能力	t/h
	其他	其他	其他	其他	其他
日用塑料制品制造	注塑成型、吹塑成型	塑化成型	注塑机/吹塑机/密炼机	处理能力	t/h
	模压成型	模压脱模	模压机/密炼机	处理能力	t/h
	其他	其他	其他	其他	其他
人造草坪制造		挤出喷丝	挤出机/密炼机	处理能力	t/h
		背胶	涂胶机	处理能力	m/min
		烘干	烘干箱	处理能力	m/min
		其他	其他	其他	其他
塑料零件及其他塑料制品制造	注塑成型	塑化成型	注塑机/密炼机	处理能力	t/h
	层压成型	配料	配料罐	处理能力	t/h
		浸渍	上胶机	处理能力	t/h
		烘干	烘箱	处理能力	t/h
		层压脱模	层压机	处理能力	t/h
	其他	其他	其他	其他	其他
生产公用单元		原料预处理	干燥机	排风量	m³/h
	喷涂工序	喷涂(底漆、面漆)、喷涂(粉末)	自动喷漆/喷粉室(段)	尺寸(L×B)	m
			人工喷漆/喷粉室(段)	断面风速	m/s
			流平段	排风量	m³/h
		烘干(底漆、面漆)、烘干(粉末)	烘干室(段)(直接热风烘干、间接热风烘干、自然晾干、辐射烘干)	烘干室温度 烘干室有效体积 烘干废气排放量	℃ m³ m³/h
		调漆	调漆间	排放量	m³/h
		漆膜修补	点补间	排放量	m³/h
		加热装置(燃料/电)	烘干加热装置	设计出力	MW
	塑料人造革与合成革制造	后处理	压花机、印花机、磨皮机、揉纹机、抛光机、烫光机、喷涂机、复合机、植绒机	处理能力	m/min
		二甲基甲酰胺回收	二甲基甲酰胺废气喷淋吸收塔	吸收率	%
			二甲基甲酰胺废水精馏回收塔	回收率	%
辅助公用单元		废水处理系统	生活污水处理设施	设计处理能力	m³/d 或 t/d
			厂区综合废水处理设施		
			其他	其他	其他
		废气处理系统	集尘除尘系统	设计处理能力	m³/h
			(多级)喷淋系统		
			活性炭吸附		
			活性炭吸附再生系统		
			吸附浓缩设备		

续表

排污单位类别	主要生产单元名称	生产设施名称	设施参数	单位
辅助公用单元	废气处理系统	催化燃烧设备	设计处理能力	m³/h
		直接燃烧设备		
		低温等离子体设备		
		UV光氧化/光催化设备		
		其他	其他	其他

3.4　行业污染现状

塑料制品行业按照国民经济分类种类较多，从工艺特点、产污环节和污染特征来看，可以大致分为人造革与合成革以及其他塑料制品两大类

3.4.1　人造革与合成革

人造革与合成革的加工制造过程是一个复杂的塑料加工工艺过程，在制造过程中除大量应用各种树脂外，还要应用各种溶剂、化工助剂（如增塑剂、稳定剂、发泡剂等），在生产加工过程中产生的污染物以有机气体污染物为主，同时有些工艺还会产生废水和固体废物。

（1）大气污染物分析

人造革与合成革生产过程中主要产生挥发性有机废气，如原材料树脂内所含的挥发性有机物、有机稀释剂、有机清洗剂等，除少量残留在产品中外，其余均排放到空气、废水和固体废物中。污染物排放特征与企业生产所采用的具体工艺、原辅材料配方成分有关。对于一确定工艺，配方往往可以更改，所以其产生的具体污染物也并不固定。人造革与合成革行业主要工艺产生的污染物见表3-26。

表3-26　主要工艺产生的大气污染物

主要工艺	污染物
聚氨酯干法工艺	DMF、甲苯、二甲苯、丁酮等
聚氨酯湿法工艺	DMF、二甲胺
聚氯乙烯等相关工艺	增塑剂烟雾（邻苯二甲酸二辛酯等）、氯乙烯、氯化氢、有机溶剂、铅
后处理工艺	DMF、甲苯、二甲苯、丁酮、乙酸丁酯、颗粒物
超纤工艺	DMF、甲苯、二甲苯等

干法工艺在涂层物质涂覆（直接涂覆或间接涂覆再贴合）并烘干的过程中，因为有机溶剂的使用会产生二甲基甲酰胺（DMF）、甲苯、二甲苯、丁酮等废气；湿法工艺产生大量的含DMF溶剂的废水以及回收治理装置产生的废水，一

般采用精馏回收。精馏过程中 DMF 有一定的挥发，如真空泵尾气、废水中挥发等，DMF 中含有的二甲胺也会采用吹脱方式直接排放到大气中。此外，人造革和合成革在生产过程中需大量的热量，普遍使用有机载体加热炉，因此会产生锅炉废气。

（2）水污染物分析

人造革和合成革产生废水的工艺或流程（工序）和来源见表 3-27。主要污染物（指标）为化学需氧量、有机溶剂、阴离子表面活性剂、悬浮物、二甲基甲酰胺等。

表 3-27　产生废水的工艺或流程和来源

序号	工艺或流程	来源
1	湿揉工艺(后处理)	湿揉、洗涤废水
2	湿法工艺	浸水槽、凝固槽、水洗槽等的工艺废水和清洗水
3	超纤:甲苯抽出工艺	水封水、甲苯回收水
4	超纤:碱减量工艺	工艺废水和清洗水
5	废气净化治理	水洗涤式废气净化治理水
6	DMF 精馏	精馏塔的塔顶水、真空泵出水、DMF 回收废水储罐(池)的非定期排放、清洗水
7	冷却塔废水	冷却水的非定期排放
8	清洗	地面冲洗水、容器洗涤水、设备洗涤水
9	锅炉废水	锅炉废气治理废水
10	生活废水	员工生活废水

3.4.2　其他塑料制品

各类合成树脂在热加工过程中，其产污以有机废气为主，主要来源于树脂热熔和挤出、注塑等工艺，主要污染物为 VOCs，多为合成树脂的单体有机物或添加剂的助剂等，常以非甲烷总烃计。采用不同的原辅材料、配方及工艺，所产生的污染物组分、浓度也不尽相同。鉴于国家和地方相关排放标准，塑料制品行业工艺废气常见的特征污染因子为苯、甲苯、乙苯、苯乙烯、邻二甲苯、间二甲苯、对二甲苯、正十一烷、丙酮、丁酮、异丙酮、乙酸乙酯、乙酸丁酯等。由此可见，塑料制品工艺废气涉及 VOCs 种类较多，其中一些污染物不仅具有光化学活性，还具有一定毒性，长期暴露对人体健康有所影响；少量痕量污染物，因其嗅觉阈值极低，也容易引发异味扰民和投诉问题。此外，混料、投料及热加工过程还会产生一定的颗粒物排放，通常来自树脂原料、添加剂和聚合物颗粒。

一般情况下，将塑料制品加工过程温度控制在分解温度以下，可极大降低因高温分解产生的有毒有害物质，但实际操作过程中因为塑料热熔不均匀等问题也会有少量裂解产物。高温裂解过程的污染物则更为复杂，如聚苯乙烯（PS）塑料裂解产率及其化合物组成见表 3-28。

表 3-28 聚苯乙烯 (PS) 塑料裂解产率化合物组成

序号	化合物	分子式	含量/%	塑料裂解产率/(mg/g)
1	苯	C_6H_6	5.56	3.06
2	甲基环己烷	C_7H_{14}	3.61	2.02
3	甲苯	C_7H_8	6.79	3.73
4	3-己烯-2-酮	$C_6H_{10}O$	7.64	4.20
5	4-羟基-2-戊酮	$C_5H_{10}O_2$	7.41	4.08
6	乙苯	C_8H_{10}	0.62	0.34
7	异丙苯	C_9H_{12}	1.05	0.58
8	异丙基环己烷	C_9H_{18}	0.99	0.54
9	二苯乙烷	$C_{14}H_{14}$	2.92	1.61
10	芴	$C_{13}H_{10}$	2.19	1.20
11	1,3-二苯丙烷	$C_{15}H_{16}$	4.29	2.36
12	二聚苯乙烯	$C_{16}H_{16}$	15.57	8.56
13	二苯乙炔	$C_{14}H_{10}$	4.76	2.62
14	2-苯基萘	$C_{16}H_{12}$	1.70	0.94
15	1-苯基茚	$C_{15}H_{12}$	1.76	0.97
16	1,3-二苯基丁烯炔	$C_{16}H_{12}$	2.23	1.23
17	2-(2-苯乙基)苯甲腈	$C_{15}H_{13}N$	9.02	4.96

3.5 污染物排放标准

　　目前，我国塑料制品行业涉及的污染物排放标准较为繁杂，主要包括《合成树脂工业污染物排放标准》（GB 31572）、《合成革与人造革工业污染物排放标准》（GB 21902）、《大气污染物综合排放标准》（GB 16297）、《污水综合排放标准》（GB 8978）、《恶臭污染物排放标准》（GB 14554）、《挥发性有机物无组织排放控制标准》（GB 37822）、《锅炉大气污染物排放标准》（GB 13271）等，分别从污染物排放控制以及监测、监督等管理角度对行业企业提出了相关具体要求。与行业相关的国家现行水污染物、大气污染物排放标准见表 3-29。

　　对于不同层级、不同类型排放标准的执行顺序，应按照生态环境部《生态环境标准管理办法》（部令 第 17 号）第二十四条规定执行，具体如下：

　　① 地方污染物排放标准优先于国家污染物排放标准；地方污染物排放标准未规定的项目，应当执行国家污染物排放标准的相关规定。

表 3-29 行业国家现行水污染物、大气污染物排放标准汇总

序号	标准名称	标准号	适用条件
1	《合成树脂工业污染物排放标准》	GB 31572	适用于使用除聚氯乙烯以外的树脂生产塑料制品(除塑料人造革与合成革制造外)的工业企业
2	《合成革与人造革工业污染物排放标准》	GB 21902	适用于合成革与人造革制造工业企业
3	《大气污染物综合排放标准》	GB 16297	适用于以聚氯乙烯为原料的塑料制品工业企业
4	《污水综合排放标准》	GB 8978	
5	《恶臭污染物排放标准》	GB 14554	适用于所有塑料制品工业企业
6	《挥发性有机物无组织排放控制标准》	GB 37822	适用于合成革与人造革制造、使用除聚氯乙烯以外的树脂生产塑料制品的工业企业。对于其他塑料制品工业企业,地方有相关要求的,从其规定
7	《锅炉大气污染物排放标准》	GB 13271	适用于以燃煤、燃油和燃气为燃料的单台出力65t/h及以下蒸汽锅炉,各种容量的热水锅炉及有机热载体锅炉;各种容量的层燃炉、抛煤机炉

② 同属国家污染物排放标准的,行业型污染物排放标准优先于综合型和通用型污染物排放标准;行业型或者综合型污染物排放标准未规定的项目,应当执行通用型污染物排放标准的相关规定。

③ 同属地方污染物排放标准的,流域(海域)或者区域型污染物排放标准优先于行业型污染物排放标准,行业型污染物排放标准优先于综合型和通用型污染物排放标准。流域(海域)或者区域型污染物排放标准未规定的项目,应当执行行业型或者综合型污染物排放标准的相关规定;流域(海域)或者区域型、行业型或者综合型污染物排放标准均未规定的项目,应当执行通用型污染物排放标准的相关规定。

3.5.1 《合成革与人造革工业污染物排放标准》

《合成革与人造革工业污染物排放标准》(GB 21902—2008)由环境保护部(现为生态环境部)于 2008 年 6 月 25 日发布,2008 年 8 月 1 日起实施。

该标准规定了合成革与人造革企业特征生产工艺和装置、水和大气污染物排放限值、监测和监控要求。

在大气污染物排放控制方面,该标准针对二甲基甲酰胺(DMF)、苯、甲苯、二甲苯、VOCs、颗粒物等污染物提出排放浓度限值要求,见表 3-30、表 3-31。

表 3-30 大气污染物有组织排放浓度限值　　　　　　单位：mg/m³

序号	污染物项目	生产工艺	限值	污染物排放监控位置
1	DMF	聚氯乙烯工艺	—	—
		聚氨酯湿法工艺	50	车间或生产设施排气筒
		聚氨酯干法工艺	50	车间或生产设施排气筒
		后处理工艺	—	—
		其他	—	—

续表

序号	污染物项目	生产工艺	限 值	污染物排放监控位置
2	苯	聚氯乙烯工艺	2	车间或生产设施排气筒
		聚氨酯湿法工艺	—	—
		聚氨酯干法工艺	2	车间或生产设施排气筒
		后处理工艺	2	车间或生产设施排气筒
		其他	2	车间或生产设施排气筒
3	甲苯	聚氯乙烯工艺	30	车间或生产设施排气筒
		聚氨酯湿法工艺	—	—
		聚氨酯干法工艺	30	车间或生产设施排气筒
		后处理工艺	30	车间或生产设施排气筒
		其他	30	车间或生产设施排气筒
4	二甲苯	聚氯乙烯工艺	40	车间或生产设施排气筒
		聚氨酯湿法工艺	—	—
		聚氨酯干法工艺	40	车间或生产设施排气筒
		后处理工艺	40	车间或生产设施排气筒
		其他	40	车间或生产设施排气筒
5	VOCs	聚氯乙烯工艺	150	车间或生产设施排气筒
		聚氨酯湿法工艺	—	—
		聚氨酯干法工艺	200（不含 DMF）	车间或生产设施排气筒
		后处理工艺	200	车间或生产设施排气筒
		其他	200	车间或生产设施排气筒
6	颗粒物	聚氯乙烯工艺	10	车间或生产设施排气筒
		聚氨酯湿法工艺	—	—
		聚氨酯干法工艺	—	—
		后处理工艺	—	—
		其他	—	—

表 3-31 厂界无组织排放浓度限值

序号	污染物项目	限值/(mg/m³)
1	DMF	0.4
2	苯	0.1
3	甲苯	1.0
4	二甲苯	1.0
5	VOCs	10
6	颗粒物	0.5

　　在水污染物排放控制方面，该标准针对 pH 值、色度（稀释倍数）、悬浮物、化学需氧量、氨氮、总氮、总磷、甲苯、二甲基甲酰胺（DMF）等污染物（指标）提出排放限值要求，见表 3-32。此外，为促进区域经济与环境协调发展，推动经济结构的调整和经济增长方式的转变，引导工业生产工艺和污染治理技术的发展方向，标准还规定了

水污染物特别排放限值，具体可详见标准文本。

表 3-32　水污染物排放浓度（污染指标）限值及单位产品基准排水量

单位：mg/L

序号	污染物项目		限　值	污染物排放监控位置
1	pH 值		6～9(无量纲)	企业废水总排放口
2	色度(稀释倍数)		50 倍	
3	悬浮物		40	
4	化学需氧量(COD$_{Cr}$)		80	
5	氨氮		8	
6	总氮		15	
7	总磷		1.0	
8	甲苯		0.1	
9	二甲基甲酰胺(DMF)		2	
单位产品(产品面积)基准排水量/($m^3/10^4 m^2$)	湿法工艺	50		排水量计量位置与污染物排放监控位置一致
	其他	15		

3.5.2　《合成树脂工业污染物排放标准》

《合成树脂工业污染物排放标准》（GB 31572—2015）由环境保护部（现为生态环境部）于 2015 年 4 月 16 日发布，2015 年 7 月 1 日起实施。

该标准规定了合成树脂（聚氯乙烯树脂除外）工业企业及其生产设施的水污染物和大气污染物排放限值、监测和监督管理要求。

在大气污染物排放控制方面，该标准除了针对非甲烷总烃、颗粒物等主要污染物提出排放限值要求外，还根据合成树脂原料类型所对应的特征污染物提出相关排放控制要求，见表 3-33 和表 3-34。此外，标准还提出在国土开发密度较高、环境承载能力减弱，或大气环境容量较小、生态环境脆弱，容易发生严重大气环境污染问题而需要采取特别保护措施的地区，应严格控制企业的污染排放行为，并规定了大气污染物特别排放限值，具体可详见标准文本。

表 3-33　大气污染物有组织排放浓度限值　　　单位：mg/m³

序号	污染物项目	排放限值	适用的合成树脂类型	污染物排放监控位置
1	非甲烷总烃	100	所有合成树脂	车间或生产设施排气筒
2	颗粒物	30		
3	苯乙烯	50	聚苯乙烯树脂 ABS 树脂 不饱和聚酯树脂	
4	丙烯腈	0.5	ABS 树脂	
5	1,3-丁二烯①	1	ABS 树脂	
6	环氧氯丙烷①	20	环氧树脂 氨基树脂	

续表

序号	污染物项目	排放限值	适用的合成树脂类型	污染物排放监控位置
7	酚类	20	酚醛树脂 环氧树脂 聚碳酸酯树脂 聚醚醚酮树脂	
8	甲醛	5	酚醛树脂 氨基树脂 聚甲醛树脂	
9	乙醛	50	热塑性聚酯树脂	
10	甲苯二异氰酸酯[①]（TDI）	1	聚氨酯树脂	
11	二苯基甲烷二异氰酸酯[①]（MDI）	1	聚氨酯树脂	
12	异佛尔酮二异氰酸酯[①]（IPDI）	1	聚氨酯树脂	
13	多亚甲基多苯基异氰酸酯[①]（PAPI）	1	聚氨酯树脂	
14	氨	30	氨基树脂 聚酰胺树脂 聚酰亚胺树脂	
15	氟化氢	5	氟树脂	
16	氯化氢	30	有机硅树脂	
17	光气	0.5	光气法聚碳酸酯树脂	
18	二氧化硫	100	聚砜树脂 聚醚砜树脂 聚醚醚酮树脂	车间或生产设施排气筒
19	硫化氢	5	聚苯硫醚树脂	
20	丙烯酸[①]	20	丙烯酸树脂	
21	丙烯酸甲酯[①]	50	丙烯酸树脂	
22	丙烯酸丁酯[①]	50	丙烯酸树脂	
23	甲基丙烯酸甲酯[①]	100	丙烯酸树脂	
24	苯	4	聚甲醛树脂	
25	甲苯	15	聚苯乙烯树脂 ABS 树脂 环氧树脂 有机硅树脂 聚砜树脂	
26	乙苯	100	聚苯乙烯树脂 ABS 树脂	
27	氯苯类	50	聚碳酸酯树脂 聚苯硫醚树脂	
28	二氯甲烷[①]	100	聚碳酸酯树脂	
29	四氢呋喃[①]	100	聚对苯二甲酸丁二醇酯树脂	
30	邻苯二甲酸酐[①]	10	醇酸树脂	
单位产品非甲烷总烃排放量/(kg/t)		0.5	所有合成树脂(有机硅树脂除外)[②]	

① 待国家污染物监测方法标准发布后实施。

② 有机硅树脂采用单位产品氯化氢排放量（0.2kg/t）。

表 3-34　企业边界大气污染物浓度限值　　　　单位：mg/m³

序号	污染物项目	限值
1	颗粒物	1.0
2	氯化氢	0.2
3	苯	0.4
4	甲苯	0.8
5	非甲烷总烃	4.0

在水污染物排放控制方面，该标准除了针对 pH 值、悬浮物、化学需氧量、五日生化需氧量、氨氮、总磷、总氮、总有机碳、可吸附有机卤化物等污染物提出排放控制要求外，还根据合成树脂原料类型对所对应的特征污染物提出相关排放控制要求，见表 3-35。

表 3-35　水污染物排放浓度限值　　　　单位：mg/L

序号	污染物项目	限值		适用的合成树脂类型	污染物排放监控位置
		直接排放	间接排放①		
1	pH 值(无量纲)	6.0～9.0	—	所有合成树脂	企业废水总排放口
2	悬浮物	30	—		
3	化学需氧量	60	—		
4	五日生化需氧量	20	—		
5	氨氮	8.0	—		
6	总氮	40	—		
7	总磷	1.0	—		
8	总有机碳	20	—		
9	可吸附有机卤化物	1.0	5.0		
10	苯乙烯	0.3	0.6	聚苯乙烯树脂 ABS 树脂 不饱和聚酯树脂	
11	丙烯腈	2.0	2.0	ABS 树脂	
12	环氧氯丙烷	0.02	0.02	环氧树脂 氨基树脂	
13	苯酚	0.5	0.5	酚醛树脂	
14	双酚 A②	0.1	0.1	环氧树脂 聚碳酸酯树脂 聚砜树脂	
15	甲醛	1.0	5.0	酚醛树脂 氨基树脂 聚甲醛树脂	
16	乙醛②	0.5	1.0	热塑性聚酯树脂	
17	氟化物	10	20	氟树脂	

续表

序号	污染物项目	限值		适用的合成树脂类型	污染物排放监控位置
		直接排放	间接排放[①]		
18	总氰化物	0.5	0.5	丙烯酸树脂	
19	丙烯酸[②]	5	5	丙烯酸树脂	
20	苯	0.1	0.2	聚甲醛树脂	
21	甲苯	0.1	0.2	聚苯乙烯树脂 ABS 树脂 环氧树脂 有机硅树脂 聚砜树脂	企业废水总排放口
22	乙苯	0.4	0.6	聚苯乙烯树脂 ABS 树脂	
23	氯苯	0.2	0.2	聚碳酸酯树脂	
24	1,4-二氯苯	0.4	0.4	聚苯硫醚树脂	
25	二氯甲烷	0.2	0.2	聚碳酸酯树脂	
26	总铅	1.0		所有合成树脂	车间或生产设施 废水排放口
27	总镉	0.1			
28	总砷	0.5			
29	总镍	1.0			
30	总汞	0.05			
31	烷基汞	不得检出			
32	总铬	1.5			
33	六价铬	0.5			

① 废水进入城镇污水处理厂或经由城镇污水管线排放，应达到直接排放限值；废水进入园区（包括各类工业园区、开发区、工业聚集地等）污水处理厂执行间接排放限值，未规定限值的污染物项目由企业与园区污水处理厂根据其污水处理能力商定相关标准，并报当地环境保护主管部门备案。

② 待国家污染物监测方法标准发布后实施。

　　水污染排放浓度限值适用于单位产品实际排水量不高于单位产品基准排水量的情况。若单位产品实际排水量超过规定的基准排水量，必须将实测水污染物浓度换算为基准排水量排放浓度，并与排放限值比较判定排放是否达标。合成树脂单位产品基准排水量见表 3-36。

表 3-36　合成树脂单位产品基准排水量

序号	合成树脂类型	单位产品基准排水量/(m³/t)	监控位置
1	悬浮法聚苯乙烯树脂	3.5	排水量计量位置与污染物 排放监控位置相同
2	ABS 树脂	4.5 (7.0)	
3	环氧树脂	4.0 (6.0)	
4	酚醛树脂	3.0	

续表

序号	合成树脂类型	单位产品基准排水量/(m³/t)	监控位置
5	不饱和聚酯树脂	3.5	
6	氨基树脂	3.5	
7	氟树脂	4.0 (6.0)	
8	有机硅树脂	2.5	
9	聚酰胺树脂	4.0	
10	光气法聚碳酸酯树脂	7.0 (8.0)	排水量计量位置与污染物排放监控位置相同
11	丙烯酸树脂	3.0	
12	醇酸树脂	3.5	
13	热塑性聚酯树脂	3.5	
14	聚甲醛树脂	6.0	
15	聚苯硫醚树脂	3.5	
16	聚砜树脂	3.0	
17	聚对苯二甲酸丁二醇酯树脂	3.5	

注：ABS 树脂、环氧树脂、氟树脂、光气法聚碳酸酯树脂间接排放的单位产品基准排水量执行表中括号内的限值。

3.5.3 《大气污染物综合排放标准》

《大气污染物综合排放标准》（GB 16297—1996）由国家环境保护局（现为生态环境部）于 1996 年 4 月 12 日批准，1997 年 1 月 1 日起实施。

该标准规定了 33 种大气污染物的排放浓度限值，同时规定了标准执行中的各项要求。目前，对于使用以聚氯乙烯树脂为原料的塑料制品工业企业，大气污染物排放控制要求应按此标准执行。其中，非甲烷总烃、颗粒物等主要污染物排放浓度限值见表 3-37。

表 3-37　大气污染物排放浓度限值

序号	污染物	最高允许排放浓度/(mg/m³)	最高允许排放速率/(kg/h)			无组织排放控制浓度限值	
			排气筒高度/m	二级	三级	监控点	浓度/(mg/m³)
3	颗粒物	120(其它①)	15	3.5	5.0	周界外浓度最高点	1.0
			20	5.9	8.5		
			30	23	34		
			40	39	59		
			50	60	94		
			60	85	130		

续表

| 序号 | 污染物 | 最高允许排放浓度/(mg/m³) | 最高允许排放速率/(kg/h) | | | 无组织排放控制浓度限值 | |
			排气筒高度/m	二级	三级	监控点	浓度/(mg/m³)
33	非甲烷总烃	120(使用溶剂汽油或其他混合烃类物质)	15 20 30 40	10 17 53 100	16 27 83 150	周界外浓度最高点	4.0

① "其它"指除碳黑尘、染料尘、玻璃棉尘、石英粉尘、矿渣棉尘外的颗粒物。

3.5.4 《污水综合排放标准》

《污水综合排放标准》(GB 8978—1996)由国家环境保护局（现为生态环境部）于1996年10月4日批准，1998年1月1日起实施。

该标准按照污水排放去向，分年限规定了69种水污染物最高允许排放浓度及部分行业最高允许排水量。目前，对于使用以聚氯乙烯树脂为原料的塑料制品工业企业，水污染物排放控制要求应按此标准执行。其中，pH值、悬浮物、化学需氧量、五日生化需氧量、氨氮、石油类等主要污染物排放浓度限值见表3-38。

表 3-38　水污染物排放浓度限值　　　　单位：mg/L

序号	污染物	一级标准	二级标准	三级标准
1	pH值(无量纲)	6～9	6～9	6～9
2	悬浮物(SS)	70	150	400
3	化学需氧量(COD)	100	150	500
4	五日生化需氧量(BOD_5)	20	30	300
5	氨氮	15	25	—
6	石油类	5	10	20

3.5.5 《挥发性有机物无组织排放控制标准》

《挥发性有机物无组织排放控制标准》(GB 37822—2019)由生态环境部于2019年5月24日发布，2019年7月1日起实施。

该标准规定了VOCs物料储存无组织排放控制要求、VOCs物料转移和输送无组织排放控制要求、工艺过程VOCs无组织排放控制要求、设备与管线组件VOCs泄漏控制要求、敞开液面VOCs无组织排放控制要求，以及VOCs无组织排放废气收集处理系统要求、企业厂区内及周边污染监控要求。此外，该标准特别提出了因安全因素或特殊工艺要求不能满足标准规定的VOCs无组织排放控制要求，可采取其他等效污染控制措施，并向当地生态环境主管部门报告或依据排污许可证相关要求执行。

地方生态环境主管部门可根据当地环境保护需要，对厂区内VOCs无组织排放状况进行监控，具体实施方式由各地自行确定。企业厂区内VOCs无组织排放限值参见表3-39。

表 3-39　厂区内 VOCs 无组织排放限值　　　　　　　单位：mg/m³

污染物项目	排放限值	特别排放限值	限值含义	无组织排放监控位置
非甲烷总烃（NMHC）	10	6	监控点处 1h 平均浓度值	在厂房外设置监控点
	30	20	监控点处任意一次浓度值	

3.5.6　《恶臭污染物排放标准》

《恶臭污染物排放标准》（GB 14554—1993）由国家环境保护局（现为生态环境部）于 1993 年 8 月 6 日发布，1994 年 1 月 15 日起实施。

该标准规定了 8 种恶臭污染物的一次最大排放限值、复合恶臭物质的臭气浓度限值及无组织排放源的厂界浓度限值。

排污单位经排气筒（高度 15m 及以上）排放的恶臭污染物的排放量和臭气浓度都必须低于或等于表 3-40 所列恶臭污染物排放标准值。

表 3-40　恶臭污染物排放标准值

序号	控制项目	排气筒高度/m	排放量/(kg/h)
1	硫化氢	15	0.33
		20	0.58
		25	0.90
		30	1.3
		35	1.8
		40	2.3
		60	5.2
		80	9.3
		100	14
		120	21
2	甲硫醇	15	0.04
		20	0.08
		25	0.12
		30	0.17
		35	0.24
		40	0.31
		60	0.69
3	甲硫醚	15	0.33
		20	0.58
		25	0.90
		30	1.3
		35	1.8
		40	2.3
		60	5.2
4	二甲基二硫	15	0.43
		20	0.77
		25	1.2
		30	1.7
		35	2.4
		40	3.1
		60	7.0

续表

序号	控制项目	排气筒高度/m	排放量/(kg/h)
5	二硫化碳	15	1.5
		20	2.7
		25	4.2
		30	6.1
		35	8.3
		40	11
		60	24
		80	43
		100	68
		120	97
6	氨	15	4.9
		20	8.7
		25	14
		30	20
		35	27
		40	35
		60	75
7	三甲胺	15	0.54
		20	0.97
		25	1.5
		30	2.2
		35	3.0
		40	3.9
		60	8.7
		80	15
		100	24
		120	35
8	苯乙烯	15	6.5
		20	12
		25	18
		30	26
		35	35
		40	46
		60	104

序号	控制项目	排气筒高度/m	标准值(无量纲)
9	臭气浓度	15	2000
		25	6000
		35	15000
		40	20000
		50	40000
		≥60	60000

　　排污单位排放（包括泄漏和无组织排放）的恶臭污染物，在排污单位边界上规定监测点（无其他干扰因素）的一次最大监测值（包括臭气浓度）都必须低于或等于表3-41

所列的恶臭污染物厂界标准值。

表 3-41　恶臭污染物厂界标准值

序号	控制项目	单位	一级	二级		三级	
				新扩改建	现有	新扩改建	现有
1	氨	mg/m³	1.0	1.5	2.0	4.0	5.0
2	三甲胺	mg/m³	0.05	0.08	0.15	0.45	0.80
3	硫化氢	mg/m³	0.03	0.06	0.10	0.32	0.60
4	甲硫醇	mg/m³	0.004	0.007	0.010	0.020	0.035
5	甲硫醚	mg/m³	0.03	0.07	0.15	0.55	1.10
6	二甲基二硫	mg/m³	0.03	0.06	0.13	0.42	0.71
7	二硫化碳	mg/m³	2.0	3.0	5.0	8.0	10
8	苯乙烯	mg/m³	3.0	5.0	7.0	14	19
9	臭气浓度	无量纲	10	20	30	60	70

3.5.7　《锅炉大气污染物排放标准》

《锅炉大气污染物排放标准》（GB 13271—2014）由国家环境保护部（现为生态环境部）于 2014 年 5 月 16 日颁布，2014 年 7 月 1 日起实施。

该标准分年限规定了锅炉烟气中烟尘、二氧化硫和氮氧化物、汞及其化合物的最高允许排放浓度和烟气黑度的排放限值。10t/h 以上在用蒸汽锅炉和 7MW 以上在用热水锅炉于 2015 年 10 月 1 日起，10t/h 及以下在用蒸汽锅炉和 7MW 及以下在用热水锅炉于 2016 年 7 月 1 日起，执行表 3-42 规定的排放浓度限值；自 2014 年 7 月 1 日起，新建锅炉执行表 3-43 规定的大气污染物排放浓度限值。此外，对于重点地区，还规定了锅炉大气污染物特别排放限值。

表 3-42　在用锅炉大气污染物排放浓度限值　　　　单位：mg/m³

污染物项目	限值			污染物排放监控位置
	燃煤锅炉	燃油锅炉	燃气锅炉	
颗粒物	80	60	30	烟囱或烟道
二氧化硫	400 550①	300	100	
氮氧化物	400	400	400	
汞及其化合物	0.05	—	—	
烟气黑度（林格曼黑度）/级	≤1			烟囱排放口

① 位于广西壮族自治区、重庆市、四川省和贵州省的燃煤锅炉执行该限值。

表 3-43　新建锅炉大气污染物排放浓度限值　　　　单位：mg/m³

污染物项目	限值			污染物排放监控位置
	燃煤锅炉	燃油锅炉	燃气锅炉	
颗粒物	50	30	20	烟囱或烟道
二氧化硫	300	200	50	
氮氧化物	300	250	200	
汞及其化合物	0.05	—	—	
烟气黑度（林格曼黑度）/级	≤1			烟囱排放口

第 4 章

塑料制品行业主要污染物控制技术

《中共中央 国务院关于深入打好污染防治攻坚战的意见》（2021 年 11 月 2 日）明确提出以更高标准打好蓝天、碧水、净土保卫战，以高水平保护推动高质量发展、创造高品质生活，努力建设人与自然和谐共生的美丽中国，坚持方向不变、力度不减，突出精准治污、科学治污、依法治污。在塑料行业，由于各类塑料制品生产加工过程中往往使用大量的树脂、溶剂、化学助剂等化工材料，从而产生相应的污染物，其中以人造革与合成革制造的工艺废气、废水治理为重点，而其他塑料制品多以废气排放控制为主。在当前不断强化排污者主体责任、持续减少污染物排放的形势要求下，如何减污降碳协同增效是摆在众企业面前的一个共性问题，特别是塑料异味扰民投诉居高不下，企业被要求限期整改屡见不鲜，深入打好污染防治攻坚已成为行业构建新发展格局必须面对的重要问题。

4.1 废气治理

4.1.1 源头减排

原辅材料的种类和质量是影响 VOCs 和异味等大气污染物产生和排放水平的重要因素。加强清洁生产、淘汰落后产能、优化工艺和参数、提高生产装备设施的密闭性及自动化和智能化水平是有效减少废气产生和实现高效收集治理的重要手段。改进生产工艺和产品配方，使用低（无）VOCs 含量、低反应活性的绿色原辅材料，减少使用有毒有害、气味较大、消耗臭氧层的有机溶剂，可有效降低污染物排放源强，减轻末端治理压力。

在塑料制品加工行业，除大量应用各类合成树脂外，还需使用增塑剂（如邻苯二甲酸二辛酯、邻苯二甲酸二丁酯）、发泡剂、稳定剂等，以及合成革制造所需使用的二甲基甲酰胺、甲苯、丁酮、乙酸乙酯等溶剂。目前，中国塑料加工工业协会人造革、合成革专业委员会已制定《生态合成革标志认证》并在全行业推行。在国家发改委公布的《产业结构调整指导目录》中指出，淘汰以氯氟烃（CFCs）为发泡剂的聚氨酯、聚乙烯、聚苯乙烯泡沫塑料生产，鼓励水性和生态型合成革研发、生产及人造革、合成革后整饰材料技术等。在聚氨酯行业"十三五"规划中，包括水性聚氨酯合成革制造技术、合成革用聚氨酯水分散液（工信部《工业转型升级投资指南》第283项、第32项），合成革环保路线（工信部《重点行业挥发性有机物削减行动计划》），水性生态聚氨酯合成革制备工艺及技术（中国工程院《工业强基战略研究》）均被国家列入鼓励政策清单。

4.1.2　过程控制

（1）一般原则

① 应加强物料储存、投加及生产设备设施密闭，宜采用"减风增浓、密闭操作"方式。

② 应加强对颗粒物、VOCs 和异味等污染物的无组织排放控制，VOCs 无组织废气排放控制要求应符合《挥发性有机物无组织排放控制标准》（GB 37822）的相关规定。

③ 应根据废气性质、排放方式及污染物种类和浓度等进行分类收集。纯颗粒物的收集系统应独立于 VOCs 收集系统，应符合《粉尘爆炸危险场所用除尘系统安全技术规范》（AQ 4273）的相关规定。

④ 废气收集方式，宜根据污染物散发特性采用计算机模拟的方法对污染物控制效果进行模拟预测，辅助优化设计。废气收集处理设施应科学设计、充分论证。

（2）物料储存过程控制措施

① VOCs 及粉状、粒状物料应储存于密闭的容器、包装袋、储罐、储库、料仓中；盛装相关物料的容器或包装袋应存放于室内，或存放于设置有雨棚、遮阳和防渗设施的专用场地，且在非取用状态时应加盖、封口，保持密闭。

② VOCs 储罐及粉状、粒状物料包装袋应密封良好，相关物料储库、料仓应满足密闭空间的要求。有机溶剂储罐应安装呼吸阀，并接入废气收集处理系统。

（3）物料投加过程控制措施

① 宜采用自动化密闭化计量、配料、输送、投料辅机系统。未实现自动化的，应减少含 VOCs 物料的手工调配量，缩短现场调配和待用时间。

② 液态 VOCs 物料宜采用密闭管道输送或高位槽（罐）、桶泵等给料方式密闭投加。无法密闭投加的，应在密闭空间内操作，或进行局部气体收集，废气应排至 VOCs 废气收集处理系统。

③ 粉状、粒状物料宜采用气力输送、管状带式输送、螺旋输送等密闭输送方式投加。无法密闭投加的，应在密闭空间内操作或进行局部气体收集，废气应排至除尘设施、VOCs 废气收集处理系统。

④ VOCs 及粉状、粒状物料卸（出、放）料过程应密闭，卸料废气应排至除尘设施、VOCs 废气收集处理系统；无法密闭的，应采取局部气体收集措施，废气应排至除尘设施、VOCs 废气收集处理系统。

（4）制造加工过程控制措施

① 生产工艺废气收集系统应优先采用密闭罩或通风柜的方式；无法采用密闭罩或通风柜的，可采用集气罩局部收集或整体收集。集气罩的设置应符合《排风罩的分类及技术条件》（GB/T 16758）的相关规定。

② 挥发性有机废气收集系统的输送管道应密闭。废气收集系统应在负压下运行；若处于正压状态，应对输送管道组件的密封垫进行泄漏检测，泄漏检测值不应超过 $500\mu mol/mol$，亦不应有感官可察觉泄漏。

③ 同一设备或同一工艺过程，宜设置单独的收集装置；若有多个污染源排放点，宜在每个排放点设置单独的收集装置。单个收集装置的风量应根据收集装置尺寸、设备发热量、热羽流特性等综合确定，并根据污染排放特性设置单个收集装置的运行策略。废气收集装置以不影响工艺过程为前提，尽可能靠近废气污染排放源，并考虑检修空间、消防安全等需求。相同工艺多台设备采用大围罩收集的，应按照全面排风消除余热和有害物质进行总排风量计算。

④ 满足同一处理工艺的车间多台设备排放的废气，宜采用集中收集系统，该系统的风管设计、风机选型应符合《工业建筑供暖通风与空气调节设计规范》（GB 50019）的相关要求。集中收集系统的总风量宜根据收集装置开启时的最大重叠率进行计算，并根据收集装置的重叠率变化规律进行变风量运行控制，各独立收集装置宜设置与工艺联动的自动启闭阀门；在各支路风量一致时应安装风量均流装置，保障系统变风量运行控制时的各支路风量平衡。

⑤ 采用整体收集并且有人员在密闭空间中作业的，废气收集系统风量还应同时考虑控制风速和有害物质的接触限值；气流组织应确保送风或补风先经过人员呼吸带，且保证空间内无废气滞留死角。

⑥ 废气排风量应纳入车间的风量平衡计算，生产车间应设置与废气收集风量相匹配的补风，宜采用与废气收集点对应的分散式补风方式；对于有洁净度和压差要求的车间，压差控制应考虑排风量的影响。

4.1.3　末端治理

塑料制品制造行业的废气治理重点为颗粒物、VOCs 及异味等污染物的去除。

除尘技术是指从含尘气体中去除颗粒物以减少其向大气排放的技术措施。VOCs 与异味治理大体可分为回收技术和消除技术，见图 4-1。回收技术是通过物理方法，在一定温度、压力下，用选择性吸收剂、吸附剂或选择性渗透膜等方法分离废气中具有较高价值的组分；消除技术是通过化学或生物反应等，在光、热、催化剂和微生物等作用下将有机物转化为水和二氧化碳。

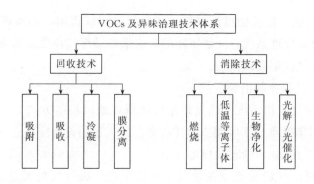

图 4-1　VOCs 及异味治理技术体系

塑料制品制造行业排放的废气成分复杂，单一治理技术在净化率、安全性及经济性等方面具有一定的局限性，难以达到预期治理效果，多种技术组合应用可以充分发挥单一技术优势，进行互补协同作用，突破现有局限性，同时还可降低经济成本。

企业新建治污设施或对现有治污设施实施改造，应依据排放废气的浓度、组分、风量、温度、湿度、压力，以及生产工况等，合理选择治理技术。特别是对于 VOCs 及异味治理，鼓励企业采用多种技术的组合工艺以提高治理效率。低浓度、大风量废气，宜采用沸石转轮吸附、活性炭吸附、减风增浓等浓缩技术，提高污染物浓度后净化处理；高浓度废气，优先进行溶剂回收，难以回收的，宜采用高温焚烧、催化燃烧等技术。低温等离子体、光催化、光氧化技术主要适用于异味治理；生物法主要适用于低浓度 VOCs 和异味治理。

4.1.3.1　除尘

该技术按捕集机理可分为机械除尘、静电除尘、过滤除尘和洗涤除尘等。

（1）机械除尘

机械除尘是利用重力、惯性力、离心力等机械作用力将固体悬浮物从气流中分离出来的净化技术。不同机械力对应的机械除尘设备主要有重力沉降室、惯性除尘器、旋风除尘器。机械除尘设备有一定的局限性，对大粒径粉尘有较高去除率，而对小粒径粉尘的去除率较低。

不同机械除尘的工作原理见图 4-2。

（2）洗涤除尘

洗涤除尘也称为湿式除尘，是用水（或其他液体）洗涤含尘气体，利用形成的液膜、液滴或气泡捕获气体中的颗粒物，使颗粒物随液体排出，从而达到净化气体目的。工业中洗涤除尘设备使用较多的是喷淋洗涤除尘器。

（3）过滤除尘

过滤除尘是通过多孔材料截留气体中尘粒，进而达到净化气体的目的。其中，袋式除尘是利用由纤维加工成的过滤材料对颗粒物进行捕集，具有过滤效率高、排放浓度低等优点，特别是对微细粒子的捕集效果好，其过滤性能与粉尘性质无关，适用于众多对工业烟尘排放要求苛刻的场合，目前已成为工业粉尘和烟尘控制的主流技术之一。袋式

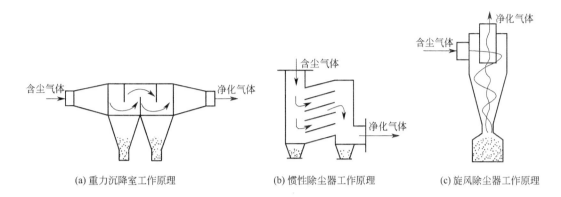

(a) 重力沉降室工作原理　　(b) 惯性除尘器工作原理　　(c) 旋风除尘器工作原理

图 4-2　不同机械除尘的工作原理

除尘工艺宜采用负压除尘系统，工艺流程和除尘器外观及内部结构分别见图 4-3、图 4-4。

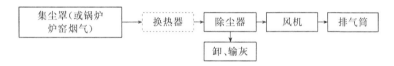

图 4-3　负压除尘系统工艺流程

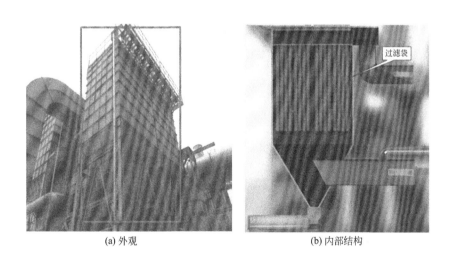

(a) 外观　　　　　　　　　(b) 内部结构

图 4-4　除尘器外观及内部结构

（4）静电除尘

静电除尘原理是利用高压静电场将气体分子电离成正离子和电子，气体中颗粒物与电子结合呈负电，向正极移动并被吸附和收集，从而达到除尘的目的。该技术广泛应用于各类工业烟气的除尘工艺，但其对细颗粒物的脱除效率相对较低，且传统静电除尘还存在黏性及含油颗粒物脱除困难等问题。

4.1.3.2 吸附法

该技术是利用多孔固体材料吸附选择性的不同，将气体混合物中的一种或多种组分积聚或浓缩于吸附剂表面，分离污染物组分，从而达到气体净化的目的，固体吸附颗粒吸附过程见图 4-5。目前，常规吸附工艺大多采用变温吸附，即在常压下将有机气体经吸附剂吸附浓缩后，再采用一定方法（如升温或减压）进行解吸，从而得到高浓度的有机气体，此高浓度有机气体可通过冷凝或吸收工艺直接回收或经燃烧工艺完全分解。

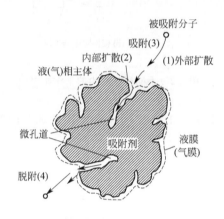

图 4-5　固体吸附颗粒吸附过程

在吸附过程中，被吸附到固体表面的物质称为吸附质，吸附质所依附的物质称为吸附剂。气体吸附分离成功与否，极大程度上依赖于吸附剂的性能，因此选择吸附剂是确定吸附操作的首要问题。工业上常用吸附剂主要有活性炭、硅胶、活性氧化铝、沸石分子筛等，见图 4-6，其中活性炭、沸石分子筛可较好地应用于塑料制品制造行业工艺废气的 VOCs 及异味治理。

(a) 颗粒活性炭　　　　(b) 活性炭纤维

(c) 硅胶　　　(d) 活性氧化铝　　　(e) 沸石分子筛

图 4-6　工业上常用吸附剂

在实际工程中，应用较多的吸附工艺为固定床吸附和旋转式吸附，见图 4-7。固定床吸附技术适用于连续或间歇工况，吸附过程中吸附剂床层处于静止状态；旋转式吸附技术适用于连续、稳定工况产生废气的预浓缩，吸附过程中废气与吸附剂床层呈相对旋转运动状态，一般包括转轮式、转筒（塔）式等，脱附后的浓缩气体经燃烧后可实现高效净化。

(a) 固定床吸附   (b) 转轮式吸附

图 4-7 固定床吸附、转轮式吸附

4.1.3.3 冷凝法

该技术是根据物质在不同温度下具有不同饱和蒸气压的原理，通过降温或升压，使废气中有机组分的分压等于该温度下的饱和蒸气压，有机组分冷凝成液体而从气相中分离出来，典型工艺流程见图 4-8。

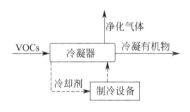

图 4-8 冷凝分离工艺流程

冷凝法一般划分为 3 个温度范围和 3 种不同类型的冷却剂或冷冻剂，即：$\geqslant 0℃$，冷却水或冷冻水；$\leqslant -50℃$，冷冻盐水；$\leqslant -120℃$，液氮。该技术一般用于高浓度 VOCs 的回收，对高沸点 VOCs 净化效果较好，而对低沸点的则较差；若要达到较高回收率，往往需要较低的温度或较高的压力，因此常与压缩、吸附、吸收、膜分离等方法联合使用，以达到既经济又高效的目的。

冷凝装置主要是冷凝器，按热交换方式可分为直接接触式冷凝器和表面换热式冷凝器，即直接冷凝和间接冷凝。直接冷凝是 VOCs 废气与冷液直接接触而冷凝，冷凝器大多采用喷淋塔、文丘里洗涤器或填料塔等吸收设备，大多采用水冷凝废气，虽然设备简单、投资少，但会造成二次污染。表面换热式冷凝器主要有管束式换热器和翅片式换热器，后者利用空气作为冷却介质，即空冷器。

4.1.3.4　吸收法

该技术利用气态混合物中各组分在低挥发性吸收剂中溶解度或化学性质的不同而进行分离。根据吸收原理的不同，可分为物理吸收和化学吸收。该技术在 SO_2、NO_x、H_2S 等无机废气治理工程中应用广泛，另外也适用于可溶于水的 VOCs 以及大风量、低浓度的异味气体治理。

塑料制品制造行业采用水喷淋或化学喷淋工艺，可净化塑料废气中的亲水性物质以及能与吸收剂发生化学反应的物质，如采用水吸收人造革与合成革制品制造废气中的二甲基甲酰胺（DMF），此外还具有除尘、除油、降温等预处理功能，因此常与其他治理技术联用。喷淋塔结构见图 4-9。

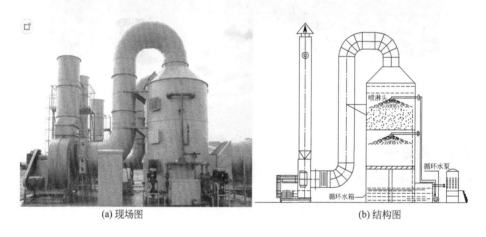

(a) 现场图　　　　　　　　　　　(b) 结构图

图 4-9　喷淋塔

4.1.3.5　燃烧法

该技术是通过热力燃烧或催化燃烧的方式，使废气中的有机污染物反应转化为二氧化碳、水等化合物，主要包括热力燃烧（TO）、蓄热燃烧（RTO）、催化燃烧（CO）和蓄热催化燃烧（RCO）。塑料制品制造行业采用的燃烧技术有蓄热燃烧和催化燃烧，一般需要连同吸附（浓缩）等预处理技术组合使用。

热力燃烧（TO）是将废气中可燃的有害组分当作燃料燃烧，只适用于高浓度或热值较高的有机气体，燃烧产生的高温烟气宜进行热能回收。

蓄热燃烧（RTO）是利用蓄热体对待处理废气进行换热升温、对净化后排气进行换热降温，其装置通常由换向设备、蓄热室、燃烧室和控制系统等组成。蓄热燃烧工艺设备见图 4-10。

催化燃烧（CO）是利用固体催化剂将废气中的污染物通过氧化作用转化为二氧化碳、水等化合物，其装置通常由催化反应室、热交换室和加热室组成。

蓄热催化燃烧（RCO）是在高温燃烧和催化燃烧基础上发展形成的一种融合技术，通过采用专门的蜂窝陶瓷蓄热体以及性能良好的催化剂，使得有机废气在低温燃烧下的

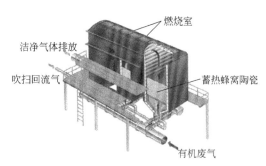

图 4-10　蓄热燃烧工艺设备

氧化反应更加完全。

需要注意的是，燃烧技术不适于处理含硫、氮及卤化物的废气，且在燃烧过程中产生的燃烧产物及废弃催化剂往往需要二次处理；当废气中的有机物浓度不足以支持燃烧时，需加入辅助燃料。

4.1.3.6　生物法

该技术是利用驯化后的微生物吸附分解有机物的能力降解 VOCs，实质是微生物在适宜环境条件下，利用废气中的有机物作为其生命活动的能源和养分，进行生长、繁殖和扩大种群，在此过程中会产生大量的生物酶催化剂，微生物依靠具有高度催化活性的生物酶，降解污染物并最终转化成两部分代谢产物：一部分作为细胞代谢的能源和细胞组成物质；另一部分为无害的小分子无机物和不完全降解物质。其中，只含有碳氢元素的 VOCs 最终产物为 CO_2 和 H_2O；含氮元素的可产生 NH_3，NH_3 经硝化反应最终生成硝酸；含硫元素的可产生 H_2S，H_2S 经氧化反应最终生成硫酸；含氯元素的最终会被代谢为盐酸。

常见的生物处理工艺包括生物过滤法、生物滴滤法、生物洗涤法等，其工艺结构见图 4-11，工艺特点见表 4-1。此外，随着废气处理技术的深入研究和发展，膜生物反应器、转鼓生物过滤器等新型生物处理技术，以及生物抗菌除臭剂、天然植物提取液等生物工程制剂逐渐引起人们关注，并产生了良好效果。

表 4-1　常见生物处理工艺的特点

生物工艺	流动相	载体填料	微生物状态	优点	缺点
生物过滤法	气体	有机填料合成填料	固定附着	仅有一个反应器、设备少、操作启动容易、运行费用低	反应条件不易控制；对污染物的负荷变化适应能力差；易床层堵塞、气体短路、沟流；占地多
生物滴滤法	液体气体	合成填料	固定附着	单位体积填料生物浓度高、反应条件(pH、营养、温度等)易控制、产物不积累、占地少、压力损失小、可截留生成缓慢的微生物	启动运行过程复杂、运行费用较高、产生剩余污泥需处理

续表

生物工艺	流动相	载体填料	微生物状态	优点	缺点
生物洗涤法	液体气体	无	分散悬浮	反应条件(pH、营养、温度等)易控制；由两个独立的反应单元组成，易于分别控制，达到各自的最佳运行条件；产物不积累；占地少；压力损失小	传质表面积小，需大量供养才能维持高降解率；易冲击微生物；产生剩余污泥；设备多，投资运行费用高

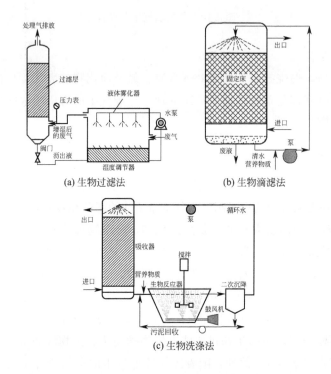

(a) 生物过滤法   (b) 生物滴滤法

(c) 生物洗涤法

图 4-11 生物过滤法、生物滴滤法、生物洗涤法工艺结构

生物法的生物代谢过程可在常温常压下进行，适用范围广、工艺设备简单、投资运行费用低、无二次污染、安全性高，尤其对于大风量、低浓度、生物降解性好的有机废气具有良好的适用性和经济性。但较其他治理技术，该技术存在占地面积大、启动运行过程复杂、反应条件控制较难、产生剩余污泥需处理等问题。

4.1.3.7 低温等离子体法

该技术是利用激励电压以电晕、沿面放电、介质阻挡放电等多种放电方式产生·OH、·O 等活性自由基和氧化性极强的 O_3，与 VOCs 及异味物质分子发生化学反应，最终生成无害产物。直接处理方式的低温等离子体工艺设备见图 4-12。

该技术净化作用机理包括两个方面：一是在产生等离子体的过程中，高频放电所产生的瞬间高能足够打开一些 VOCs 及异味物质分子内的化学键，使之分解为单质原子或无害分子；二是等离子体中包含大量的高能电子、正负离子、激发态粒子和具有强氧化性的自由基，这些活性粒子与部分 VOCs 及异味物质分子碰撞结合，在电场作用下使该分子处于激发态，当 VOCs 及异味物质分子获得的能量大于其分子键的结合能时，该分子的化学键断裂，直接分解成单质原子或由单原子构成的无害气体分子。

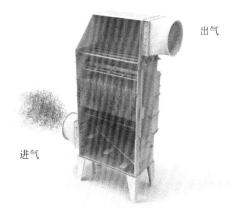

图 4-12　直接处理方式的低温等离子体工艺设备

就工艺本身而言，能耗较高、效率较低、性能不稳定、产生副产物及存在安全隐患等问题，一直是制约该技术发展的因素。近年来，低温等离子体技术与其他工艺技术联合应用成为新趋势。由于原辅材料及生产加工过程中气味显著，目前塑料行业采用低温等离子体技术较为普遍，主要用于异味治理。

4.1.3.8　光解与光催化法

光解与光催化是两种不同的处理技术。在实际应用中，往往将两种技术联合，即光解催化氧化技术，或与吸附等其他技术联合应用，以达到更好的处理效果。

光解是利用 UV（紫外光）的能量使空气中的分子变成游离氧，游离氧再与氧分子结合，生成氧化能力更强的臭氧，进而破坏 VOCs 中有机或无机高分子化合物分子链，使之变成低分子化合物。由于 UV 的能量远远高于一般有机化合物的结合能，因此采用紫外光照射有机物，可将它们降解为小分子物质。

光催化是利用 TiO_2 作为催化剂，在紫外光照射及有水分的情况下，产生羟基自由基（·OH）和活性氧物质（O_2^-·、H_2O·）迅速有效分解 VOCs 及异味物质。其中，·OH 是光催化反应中的一种主要活性物质，由于其反应能（120kJ/mol）明显高于有机物中的各类化学键能，如 C—C（83kJ/mol）、C—H（99kJ/mol）、C—N（73kJ/mol）、C—O（84kJ/mol）、H—O（111kJ/mol）、N—H（93kJ/mol）等，因而对光催化氧化具有决定性作用，此外，其他活性氧物质（O_2^-·、H_2O·）也具有一定的协同作用。

同低温等离子体技术情况类似，光解与光催化技术在塑料制品制造行业应用亦较为普遍，主要用于异味治理。紫外光解处理设备见图 4-13。

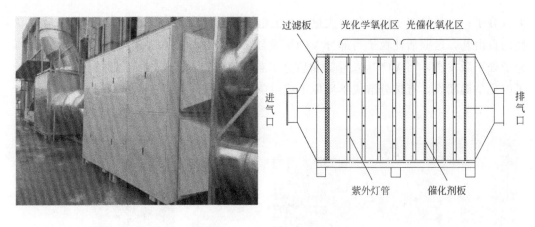

图 4-13 紫外光解处理设备

4.1.4 典型治理工艺

4.1.4.1 合成革工艺废气治理

（1）合成革废气来源

合成革废气可分为生产工艺废气和燃料燃烧废气。其中，工艺废气主要为有机溶剂的挥发，其来源有树脂及溶剂在配料、运输、存放时的挥发；涂覆或含浸等加工过程中有机物的挥发；在烘箱加热时有机物的挥发；后处理过程中有机物的挥发。通常干法工艺的有机溶剂废气含有 DMF、甲苯和丁酮等污染物，湿法工艺的有机溶剂废气主要含有 DMF。合成革制品企业废气排放情况见表 4-2。

表 4-2 合成革制品企业废气排放点位及主要污染物

废气排放点位		主要污染物
湿法线	配料、放料	DMF
	浆料放置、运输	DMF
	含浸、凝固、水洗	DMF
	涂台	DMF
	烘箱	DMF
干法线	配料	DMF
	浆料放置、运输	DMF
	涂台	DMF、甲苯、丁酮
	烘箱	DMF、甲苯、丁酮
DMF 回收	锅炉房烟囱	二甲胺
	循环水池	DMF、二甲胺
后整理车间	配料	DMF、甲苯、丁酮等
	放置、运输	DMF、甲苯、丁酮等
	涂台	DMF、甲苯、丁酮等
	烘箱	DMF、甲苯、丁酮等

（2）合成革工艺废气特点

合成革企业涉废气面广，且产生量相对较大。除锅炉车间外，其余每个车间均产生工艺废气，且几乎都是有机废气。在一般情况下，仅干法生产车间可产生 VOCs 废气量 6.8t/d，加上湿法生产车间、后整理车间、DMF 回收车间，产生量可达 8t/d 以上。合成革工艺废气具有如下特点：

① 合成革工艺废气成分非常复杂，特别是干法车间产生有 DMF、甲苯、丁酮、丙酮、甲缩醛、醋酸甲酯等，后整理车间和干法车间类似，DMF 回收车间产生有二甲胺、釜残放料化合物等。

② 合成革工艺废气异味难闻，如二甲胺、釜残放料、丁酮等有臭味。

③ 合成革工艺废气收集困难。由于合成革生产工艺流程长，从湿法配料到后整理加工，除烘箱废气是自然集中之外，其他环节几乎均为无组织排放，集中难度非常大。

（3）合成革工艺废气净化

合成革工艺废气净化的基本原则：应首先考虑是否有适宜技术将废气中的有价值组分回收利用，若无回收技术或回收成本减去回收效益后仍然高于治理成本时，再行考虑使用适宜的消除技术；最佳技术的选择应从技术、经济方面进行综合分析，主要包括废气性质（污染物组分及浓度、风量、温度、湿度等）、净化效率目标、设备运行安全性、可用建设面积、必要的附属设施（如水、电、蒸汽的供给等）、设备与工程投资、设备运行费用、使用周期等。

1）二甲基甲酰胺（DMF）废气治理

DMF 是合成革行业用量最大的有机溶剂物料，约占行业有机溶剂使用总量的 90%。其中，约 88% 用于贝斯生产，约 12% 用于干法贴面（11%）或后整理（1%）。用于贝斯生产的 DMF 95% 以上进入水相，仅有少量从气相排放；干法贴面及后整理的 DMF 全部由气相排放。因此，DMF 废气治理，重点在干法贴面，即干法生产线；其次在湿法生产线；最后是后整理工序。

DMF 废气治理可分两个步骤进行：一是将废气收集后，采用吸收法，以水作为吸收剂吸收 DMF；二是吸收后的 DMF 溶液，浓度达到 20% 左右的与湿法生产线产生的废水混合，采用精馏方法将 DMF 从溶液中分离并回收利用，浓度较低的，返回湿法生产线，作为凝固槽或水洗槽的补水。

由于干法生产线和湿法生产线废气中的 DMF 浓度差别较大，干法生产线废气吸收液中 DMF 浓度较容易达到 20%，与湿法生产线废水中的 DMF 浓度相当，因此在实际生产过程中，干法生产线 DMF 吸收液通常与湿法生产线排放的 DMF 废水混合并将 DMF 回收；而湿法生产线废气中的 DMF 浓度相对较低，为达到较佳的吸收效果，其吸收液中 DMF 浓度一般控制在 7%～8%，引入湿法生产线作为补水使用。

干法生产线、湿法生产线吸收工艺流程分别见图 4-14(a)、(b)。

干法生产线废气除 DMF 之外，还含有甲苯、丁酮、丙酮等其他有机污染物，这些污染物往往无法被水吸收，若直接排放则不能达标。虽然从原理上采用吸附回收、冷凝等技术方法可处理达标，但实际效果都不理想，因此合成革干法生产线综合废气的处理

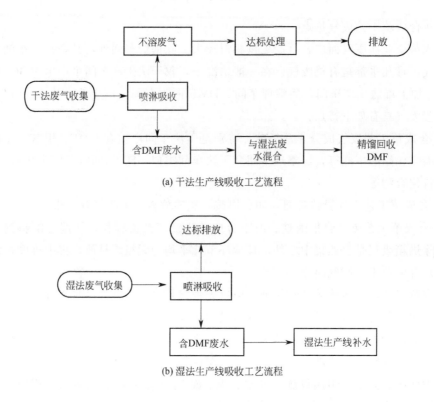

(a) 干法生产线吸收工艺流程

(b) 湿法生产线吸收工艺流程

图 4-14　干法和湿法生产线吸收工艺流程

尚无应用实例。

2）二甲胺废气治理

在 DMF 精馏回收过程中，由于局部高温作用，一部分 DMF 分解或水解，其产物一般为二甲胺、甲酸等。甲酸在提馏段以脱酸塔去除，二甲胺沸点较低，在精馏段中与轻组分的水一起在塔顶被冷凝而溶于塔顶水中。企业一般将塔顶水回用，作为冷却水的补水或湿法生产线的补水，但都会将二甲胺排入大气造成污染。

蒸汽汽提法处理二甲胺是目前应用较多的方法，即采用精馏方法，在精馏塔内将废水中的二甲胺蒸气提至塔顶，经冷凝后将二甲胺焚烧或灌装，净化水通过塔底排放。

为进一步提高二甲胺去效率，还可采用蒸汽汽提-酸吸收组合技术，即采用精馏方法，在精馏塔内将废水中的二甲胺蒸气提至塔顶，经冷凝后将二甲胺用硫酸中和生成二甲胺盐，最后回收利用或作为危废处置。该方法较蒸汽汽提-焚烧法，二甲胺回收率更高且不会产生二次污染。

3）后整理工序废气治理

后整理废气的 VOCs 组分非常复杂，除含有干法生产线的 DMF、甲苯、丁酮等污染物外，还含有丙酮、乙酸甲酯、乙酸丁酯、甲缩醛以及其他 VOCs 污染物。由于合成革后整理工序起步较晚，该类废气治理还有待进一步研究。

基于合成革后整理废气的复杂性，以及低分子的酯类、酮类在水中有一定溶解度，设想先采用水吸收，然后将尾气除湿后引入吸附净化装置或吸附浓缩后燃烧处理，废气异味问题可采用活性炭、微凝胶、植物液等吸附吸收或低温等离子体、UV 等技术除臭。

4.1.4.2 其他塑料制品工艺废气治理

在除人造革与合成革之外的其他塑料制品制造行业，废气产生主要涉及混料（增塑剂改性）、混炼、热熔、注塑、吹塑、滚塑、挤出、压延、流延、涂胶、发泡、烘干以及喷涂、印刷等工序，废气治理多采用组合技术，组合方式多样，部分组合方式如预处理＋吸附浓缩＋燃烧、低温等离子体（或 UV）＋喷淋吸收、静电吸附＋活性炭吸附＋喷淋吸收、低温等离子体＋UV＋活性炭吸附等。紫外＋喷淋吸收工艺流程见图 4-15。

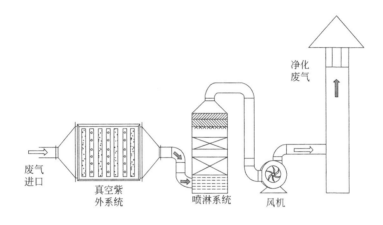

图 4-15 紫外＋喷淋吸收工艺流程

如某塑料制品厂，其产品及产能为高光膜 2000t/a、PVC 地板砖 30000t/a、DECO 地砖 20000t/a 等；原辅材料主要包括 PVC、PET 等合成树脂、丁酮、甲苯、乙酸乙酯、油墨等溶剂以及邻苯二甲酸二辛酯（DOP）等增塑剂；生产工序主要涉及密炼、开炼、压延、烘干、印刷等。该企业工艺废气治理工艺及治理效果见表 4-3。

表 4-3　某塑料制品企业工艺废气治理工艺及治理效果

产污环节	治理工艺	治理效果			排气筒高度	是否达标
		污染物	排放浓度（标态）	排放速率		
密炼、开炼、压延	静电吸附＋活性炭吸附＋水喷淋	VOCs	≤50mg/m³	≤3.83kg/h	25m	是
		氯乙烯	≤36mg/m³	≤1.43kg/h		
		氯（氯气）	≤65mg/m³	≤0.26kg/h		
		氯化氢	≤100mg/m³	≤0.46kg/h		
		臭气浓度	≤1000（无量纲）	—		

续表

产污环节	治理工艺	治理效果			排气筒高度	是否达标
		污染物	排放浓度（标态）	排放速率		
烘干、印刷	浓缩＋RTO	VOCs	≤50mg/m³	≤11.9kg/h	30m	是
		甲苯	≤15mg/m³	≤6kg/h		
		臭气浓度	≤1000（无量纲）	—		

注：企业工艺废气涉及颗粒物的，采用布袋除尘技术，可达标排放。

又如某塑料编织袋生产厂，该企业工艺废气中含有乙烯、丙烯、多聚物等污染物，非甲烷总烃初始浓度为 4.9 mg/m³，苯、甲苯、二甲苯等初始浓度均为 0.1～0.3mg/m³，经过滤＋UV 光催化＋吸附处理后，非甲烷总烃浓度为 1.4 mg/m³，去除率达 71.43%，苯、甲苯、二甲苯等污染物也可达标排放。

4.2　废水治理

4.2.1　合成革工艺废水来源

合成革制造企业的工艺、工序不尽相同，有些工艺环节无废水产生。涉及废水排放的工艺环节和辅助环节包括聚氨酯（PU）湿法工艺、超细纤维合成革的甲苯抽出工艺、超细纤维合成革的碱减量工艺、揉纹工艺（后处理）、废气净化治理、二甲基甲酰胺（DMF）精馏、冷却塔废水、冲洗水、清洗废水、锅炉排污水及生活污水等。废水按浓度可分为低浓度废水和高浓度废水。低浓度废水主要来源于揉纹工艺废水、车间地面冲洗水及厂区生活污水。高浓度废水主要来源于干法和湿法生产线原料桶清洗废水、生产线冲洗水、DMF 精馏塔冷凝水（即塔顶水）、精馏塔的定期冲洗水、湿法生产线的凝固槽冲洗水以及储罐冲洗水。涉及的主要水污染物有悬浮物、化学需氧量、氨氮、DMF、有机溶剂等。

（1）湿法工艺废水

湿法工艺是将 PU 树脂、色浆、木质粉、轻钙（轻质碳酸钙）、助剂以及 DMF 按一定比例在配料罐中配成工作浆料，再将配好的工作浆料在特定的湿法生产线上涂布在革基布上，然后经过凝固、水洗、烘干等过程，做出贝斯的工艺。贝斯生产工艺流程见图 4-16。

湿法工艺生产过程中，浆料中 99% 以上的 DMF 都进入水相，成为含 DMF 的废水，一般废水中 DMF 的含量在 18%～20%。含 DMF 的废水经泵打入 DMF 精馏回收装置，因 DMF 与水的沸点不同，通过控制精馏塔塔顶温度，废水经脱水塔、浓缩塔和精馏塔将水从塔顶分离出来。DMF 精馏回收工艺流程见图 4-17。回收的 DMF 一般收集在储罐中回用于配料。分离出来的余留废水成分复杂，含微量 DMF、DMF 回收过程中分解

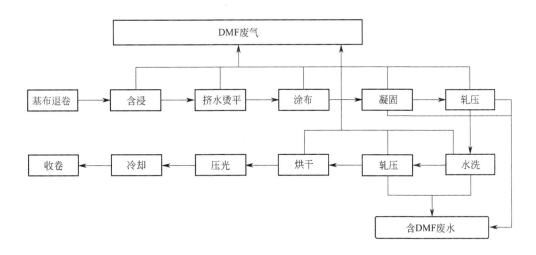

图 4-16　贝斯生产工艺流程

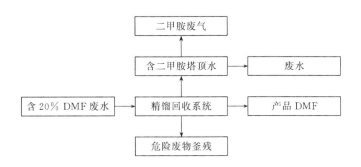

图 4-17　DMF 精馏回收工艺流程

出的微量二甲胺及微量低沸点、溶于水的有机杂质。这部分水的 COD 浓度在 2000mg/L 左右，且温度较高，一般到达污水调节池时温度还可达 60~70℃。

（2）洗塔水、洗槽水、料桶清洗水

因 DMF 极易溶于水，故合成革企业针对以 DMF 为主的挥发性有机物（VOCs）废气一般采用水喷淋吸附处理工艺进行处理，将废气中的 DMF 吸收到喷淋液中，当喷淋液中的 DMF 达到一定的浓度（8%~12%）后，将喷淋液和湿法生产线的 DMF 废水一起泵至储罐，待废水积累到一定量一定浓度时开展连续精馏回收 DMF。洗塔水是指清洗 DMF 精馏塔和干湿法生产线 DMF 废气吸收塔产生的废水，尤其是精馏塔，其再沸器和蒸发器等很容易结垢，影响 DMF 的回收效率，需要不定期地进行清洗。洗槽水是指清洗湿法生产线的凝固槽和水洗槽产生的废水，在连续生产一段时间后，槽底会有大量沉积物积存，需要清洗。料桶清洗水是指清洗每天使用完的浆料桶等产生的废水。这些清洗水的特点是废水量不大，但浓度很高，COD 浓度一般为 10000~20000mg/L。

（3）湿揉废水、冷却塔排水、锅炉排污水、生活污水等

这部分废水与普通工业废水相近，浓度不高，COD 浓度在 1000mg/L 以内，废水

量也不大。

4.2.2　合成革工艺废水特点

合成革工艺废水与其他工业废水相比，有如下特点：废水水量不稳定、温度较高、氨氮含量高（DMF、二甲胺在废水处理过程中被分解转化为无机氨氮）、各股废水污染物浓度高低悬殊、废水含有特殊的恶臭气味（塔顶水含有高浓度二甲胺）。

4.2.3　合成革工艺废水处理

（1）湿法废水 DMF 精馏回收

精馏的基本原理是利用溶液中不同组分的挥发性不同。多组分溶液经加热后有一部分汽化时，由于各个组分具有不同的挥发性，液相和气相的组成不一样：挥发性高的组分，即沸点较低的组分（或称作"轻组分"）在气相中的浓度比在液相中要大；挥发性较低的组分，即沸点较高的组分（又称作"重组分"）在液相中的浓度比在气相中要大。同样的道理，物料蒸气被冷却后有一部分成为冷凝液（即部分冷凝），冷凝液中重组分浓度要比气相中高。多组分溶液经过上述的一次部分汽化和部分冷凝过程进行分离的方法称作"简单蒸馏"。如果将蒸馏所得的冷凝液再一次进行部分汽化，气相中的轻组分就会更高，这样的部分汽化部分冷凝过程进行多次以后，最终可以在气相中得到较纯的轻组分，在液相中得到较纯的重组分。多组分溶液经过上述的多次部分汽化部分冷凝过程而达到分离的方法，即为"精馏"。精馏的多次部分气化部分冷凝过程是集中在一个设备中进行的，这种设备称作精馏塔。连续精馏工艺流程见图 4-18。

随着生产的发展和节能降耗要求的提出，DMF 精馏逐渐改为三塔回收，典型的 DMF 三塔串联减压精馏工艺流程如图 4-19 所示。

三塔 DMF 精馏回收装置具有产量大、能耗低的优点，但设备较多、投资较大、控制也较为复杂。一塔（脱水塔Ⅰ）、二塔（脱水塔Ⅱ）主要为脱水，其产生的塔顶废水含二甲胺，三塔为精制 DMF，另外还配备脱酸塔和脱胺塔，用于进一步提纯 DMF（分离甲酸）和吹脱塔顶水的二甲胺，产生二甲胺浓液。

（2）DMF 精馏系统塔顶水回用

DMF 精馏过程中产生的塔顶水呈碱性，经脱胺塔分馏冷却后仍然含有部分二甲胺。《合成革与人造革工业污染物排放标准》（GB 21902）中有单位产品基准排水量和节能减排方面的规定，故企业必须对精馏产生的塔顶水（无价值废水）配套建设对应的深度处理回用装置。可以考虑对塔顶水进行加酸中和处理，再通过二甲胺膜处理工艺，降低 COD、二甲胺等污染物浓度后，回用至湿法线。湿法线生产过程中，凝固槽、清洗槽用水量大，对水质要求不高，一般控制塔顶回用水水质指标 COD 500mg/L、氨氮 15mg/L、DMF<1.5%，而对二甲胺浓度没有特别的要求，但需要确保车间内无臭味、不影响产品质量。经膜处理的塔顶水从湿法线最后一个清洗槽逆流补水，直至前面的凝固槽，以确保革基布上的 DMF 全部溶解。

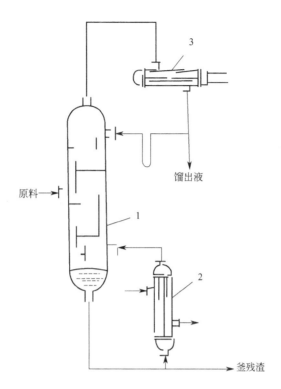

图 4-18　连续精馏工艺流程

1—精馏塔；2—再沸塔；3—冷凝塔

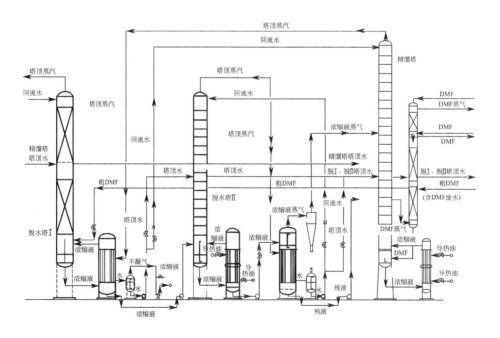

图 4-19　DMF 三塔串联减压精馏工艺流程

（3）合成革废水处理工艺

设计废水处理工艺时，要根据合成革工艺废水的特点，对一些特殊的废水要先进行预处理，达到一定的水质要求后再进入主废水处理池。

合成革废水处理的难点在于脱氮。脱氮的方法有很多，如化学沉淀法、吹脱法、离子交换法、蒸馏气提法、膜分离法等。但这些方法要么处理效果不理想，要么运行费用高，都难以得到推广应用。目前采用最多的还是生物脱氮法，即在微生物的作用下，将废水中的有机胺经过硝化、反硝化转化成氮气而脱氮。合成革废水处理工艺流程如图 4-20 所示。

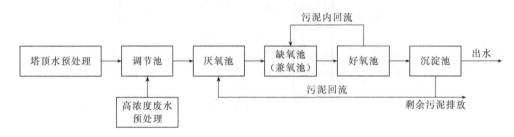

图 4-20　合成革废水处理工艺流程

1）塔顶水预处理

塔顶水的特点是温度高、氨氮含量高、有二甲胺臭味，根据这些特点，塔顶水预处理主要是解决温度高和臭味的问题，温度高会对整个污水处理系统造成冲击，臭味本身就会对环境造成污染。

一般在塔顶水进入调节池之前，需先进行降温冷却。对塔顶水冷却要采用热交换器，而不能采用冷却塔。因为采用冷却塔喷淋虽然可以降温，但却会将二甲胺的臭味散发到空气中，造成大气污染。根据二甲胺的特性，一般采用酸中和，使二甲胺转化成不挥发的二甲胺盐而消除臭味；也可应用某些金属离子，与二甲胺形成不挥发的络合物而消除臭味。无论降温，还是除臭，都需要在密闭的管道中进行，避免臭味散发。

2）高浓度废水预处理

高浓度废水一般指的是洗塔水或洗槽水。这些废水除 COD 含量高以外，悬浮物含量也较高。且这些废水的产生都是在生产停止期间，如洗塔水是在精馏塔停止工作时产生的，洗槽水是在湿法线停止生产时产生的。生产停止时也是废水产生量较少的时候。这时，如果相对大量的高浓度废水进入废水处理系统，必将对废水处理系统产生较大的冲击，可能会使系统瘫痪，因此必须对这些废水进行预处理。

预处理方法：一般专门为高浓度废水设置一个调节池，高浓度废水进入调节池之后，控制出水水量并与较低浓度的废水混合，使进入总调节池的废水浓度控制在废水处理系统允许的范围内。若高浓度废水的悬浮物含量太高，还要将这股废水过滤后再进入总调节池。

3）生化处理工艺

生化处理工艺一般采用缺氧/好氧（A/O）系统，早期大都采用一级 A/O 系统，目前已发展到多级 A/O 系统，如 O_1/A_2O_2、A_1O_1/A_2O_2、A^2/O 等。由于合成革工艺废水中有机胺的含量太高，仅依靠一级 A/O 处理工艺，难以使废水达标排放。实际工作中，采用两段 A/O 或 A^2/O 生化处理工艺处理，对于 BOD/COD 值在 0.3 以上、COD>2000mg/L 的工业废水，也能达到预想处理效果。

4）物化补充工艺

在生化处理工艺前增加一级物化絮凝沉淀工艺，对去除 COD 帮助较大。另外，还可视生化处理后的出水水质情况，投加絮凝沉淀药剂，保证出水水质达标。

第 5 章

技术规范要点解读

5.1 技术规范适用范围及许可特点

5.1.1 适用范围

《排污许可证申请与核发技术规范 橡胶和塑料制品工业》（HJ 1122）（简称《技术规范》）第二部分塑料制品工业，适用于指导塑料制品工业排污单位在全国排污许可证管理信息平台填报相关申请信息，以及指导排污许可证核发机关审核确定排污许可证许可要求。

适用范围包括塑料薄膜制造（C2921），塑料板、管、型材制造（C2922），塑料丝、绳及编织品制造（C2923），泡沫塑料制造（C2924），塑料人造革、合成革制造（C2925），塑料包装箱及容器制造（C2926），日用塑料制品制造（C2927），人造草坪制造（C2928）和塑料零件及其他塑料制品制造（C2929）。

对于《技术规范》未做规定，但排放工业废气、废水或者国家规定的有毒有害污染物的塑料制品工业排污单位其他产污设施和排放口，应参照《排污许可证申请与核发技术规范 总则》（HJ 942）执行。工业固体废物的基本情况填报要求、污染防治技术要求参照《排污许可证申请与核发技术规范工业固体废物（试行）》（HJ 1200）执行。

5.1.2 其他情况

（1）锅炉

排污单位生产设施有锅炉的，其排污许可证申请与核发应同时执行《排污许可证申请与核发技术规范 锅炉》（HJ 953）。

（2）电镀

排污单位涉及电镀工序的，其排污许可证申请与核发应同时执行《排污许可证申请

与核发技术规范 电镀工业》（HJ 855）。

（3）合成树脂

排污单位涉及合成树脂生产工序的，其排污许可证申请与核发应同时执行《排污许可证申请与核发技术规范 石化工业》（HJ 853）。

（4）超细纤维

排污单位涉及塑料人造革与合成革制造中超细纤维合成革生产工序的，其排污许可证申请与核发应同时执行《排污许可证申请与核发技术规范 纺织印染工业》（HJ 861）。

（5）汽车制造业塑料

排污单位涉及汽车制造业零部件和配件生产［含发动机零件制造（362）、挂车和半挂车零件制造（366）、汽车零部件和配件制造（367）］的，其排污许可证申请与核发应同时执行《排污许可证申请与核发技术规范 汽车制造业》（HJ 971）。

（6）再生塑料

排污单位涉及再生塑料加工的，其排污许可证申请与核发应同时执行《排污许可证申请与核发技术规范　废弃资源加工工业》（HJ 1034）。

（7）印刷

排污单位涉及印刷工艺的，其排污许可证申请与核发应同时执行《排污许可证申请与核发技术规范　印刷工业》（HJ 1066）。

5.1.3　许可特点

《技术规范》实行环境要素的综合许可，目前主要针对塑料制品工业排污单位排放大气污染物、水污染物进行排污许可管理；塑料制品工业排污单位工业固体废物相关的基本情况填报要求、污染防治技术要求、环境管理台账及排污许可证执行报告编制要求、合规判定方法等参照《排污许可证申请与核发技术规范工业固体废物（试行）》（HJ 1200）执行。

文本摘要：适用范围

本标准规定了塑料制品工业排污单位排污许可证申请与核发的基本情况填报要求、许可排放限值确定、实际排放量核算、合规判定方法以及自行监测、环境管理台账与排污许可证执行报告等环境管理要求，提出了塑料制品工业污染防治可行技术要求。

本标准适用于指导塑料制品工业排污单位在全国排污许可证管理信息平台填报相关申请信息，适用于指导排污许可证核发机关审核确定塑料制品工业排污单位排污许可证许可要求。

本标准适用于塑料制品工业排污单位排放的大气污染物、水污染物的排污许可管理。塑料制品工业排污单位中，执行《电镀污染物排放标准》（GB 21900）的有电镀工序生产设施或排放口，适用于《排污许可证申请与核发技术规范　电镀工业》（HJ 855）；执行《锅炉大气污染物排放标准》（GB 13271）的生产设施或排放口，适用于

《排污许可证申请与核发技术规范　锅炉》（HJ 953）；涉及合成树脂生产工序的生产设施或排放口，适用于《排污许可证申请与核发技术规范　石化工业》（HJ 853）；涉及塑料人造革与合成革制造中超细纤维合成革生产工序的生产设施或排放口，执行《排污许可证申请与核发技术规范　纺织印染工业》（HJ 861）；涉及汽车零部件及配件制造的生产设施或排放口，适用于《排污许可证申请与核发技术规范　汽车制造业》（HJ 971）；涉及以废塑料为原料加工获取再生塑料原料的生产设施或排放口，适用于《排污许可证申请与核发技术规范　废弃资源加工工业》（HJ 1034）；涉及在塑料制品表面进行印刷工艺的生产设施或排放口，适用于《排污许可证申请与核发技术规范　印刷工业》（HJ 1066）。

本标准未做规定，但排放工业废气、废水或者国家规定的有毒有害污染物的塑料制品工业排污单位的其他产污设施和排放口，参照《排污许可证申请与核发技术规范　总则》（HJ 942）执行。关于固体废物运行管理相关要求，待《中华人民共和国固体废物污染环境防治法》规定将固体废物纳入排污许可管理后实施。

5.2　文本内容结构及其作用

《技术规范》内容包括适用范围、规范性引用文件、术语和定义、排污单位基本情况填报要求、产排污环节对应排放口及许可排放限值确定方法、污染防治可行技术要求、自行监测管理要求、环境管理台账与排污许可证执行报告编制要求、实际排放量核算方法、合规判定方法。

总体看来，《技术规范》内容围绕基本信息填报、登记内容要求、许可事项规定、管理核查方法四个方面展开，内容框架图见 5-1。其中，基本信息填报和登记内容要求对排污单位基本情况填报要求做了明确规定；许可事项规定对产排污环节、污染物及污染防治设施，排放限值确定方法，自行监测管理要求和环境管理台账与排污许可证执行报告编制要求做了翔实要求；管理核查方法主要包括用以排污单位自证和管理部门判断的污染防治可行技术要求、用以指导排污单位核算的实际排放量核算方法以及用以指导管理部门判断排污单位是否满足许可证要求的合规判定方法。

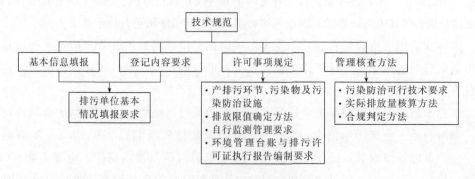

图 5-1　技术规范内容框架图

文本摘要：目录

5.3　规范性引用文件

规范性引用文件由四部分组成，包括相关政策文件、污染物控制标准、排污许可证申请与核发技术规范和监测技术规范。

5.3.1　政策文件

引用的政策文件包括《固定污染源排污许可分类管理名录》《排污许可管理办法（试行）》（环境保护部令 第 48 号）、《消耗臭氧层物质管理条例》（国务院令 第 573 号）、《国务院关于印发打赢蓝天保卫战三年行动计划的通知》（国发〔2018〕22 号）等。

5.3.2　污染物控制标准

引用的污染物控制标准主要包括《电镀污染物排放标准》（GB 21900）、《合成革与人造革工业污染物排放标准》（GB 21902）、《合成树脂工业污染物排放标准》（GB

31572)、《大气污染物综合排放标准》（GB 16297)、《挥发性有机物无组织排放控制标准》（GB 37822)、《恶臭污染物排放标准》（GB 14554)、《锅炉大气污染物排放标准》（GB 13271)、《污水综合排放标准》（GB 8978）等。

5.3.3　排污许可证申请与核发技术规范

引用的排污许可证申请与核发技术规范包括《排污单位自行监测技术指南 总则》（HJ 819)、《排污许可证申请与核发技术规范 总则》（HJ 942)、《排污单位环境管理台账及排污许可证执行报告技术规范 总则（试行)》（HJ 944)、《排污许可证申请与核发技术规范 石化工业》（HJ 853)、《排污许可证申请与核发技术规范 电镀工业》（HJ 855)、《排污许可证申请与核发技术规范 纺织印染工业》（HJ 861)、《排污许可证申请与核发技术规范 锅炉》（HJ 953)、《排污许可证申请与核发技术规范 废弃资源加工工业》（HJ 1034）等。

此外，《排污单位自行监测技术指南 橡胶和塑料制品》（HJ 1207）已于 2021 年 11 月 13 日发布，执行本技术规范排污单位的自行监测要求需要参照该标准执行。

5.3.4　监测技术规范

引用的监测技术规范包括《固定污染源排气中颗粒物测定与气态污染物采样方法》（GB/T 16157)、《固定污染源烟气（SO_2、NO_x、颗粒物）排放连续监测技术规范》（HJ 75)、《固定污染源烟气（SO_2、NO_x、颗粒物）排放连续监测系统技术要求及检测方法》（HJ 76)、《大气污染物无组织排放监测技术导则》（HJ/T 55)、《污水监测技术规范》（HJ 91.1）等。

文本摘要：规范性引用文件

GB 8978　污水综合排放标准

GB 13271　锅炉大气污染物排放标准

GB 14554　恶臭污染物排放标准

GB 16297　大气污染物综合排放标准

GB 18597　危险废物贮存污染控制标准

GB 18599　一般工业固体废物贮存和填埋污染控制标准

GB 21900　电镀污染物排放标准

GB 21902　合成革与人造革工业污染物排放标准

GB 31572　合成树脂工业污染物排放标准

GB 37822　挥发性有机物无组织排放控制标准

GB/T 4754　国民经济行业分类

GB/T 16157　固定污染源排气中颗粒物测定与气态污染物采样方法

GB/T 16758　排风罩的分类及技术条件

HJ 75　固定污染源烟气（SO_2、NO_x、颗粒物）排放连续监测技术规范

HJ 76　固定污染源烟气（SO_2、NO_x、颗粒物）排放连续监测系统技术要求及检测方法

HJ 91.1　污水监测技术规范

HJ 101　氨氮水质在线自动监测仪技术要求及检测方法

HJ 353　水污染源在线监测系统（COD_{Cr}、NH_3-N 等）安装技术规范

HJ 354　水污染源在线监测系统（COD_{Cr}、NH_3-N 等）验收技术规范

HJ 355　水污染源在线监测系统（COD_{Cr}、NH_3-N 等）运行技术规范

HJ 356　水污染源在线监测系统（COD_{Cr}、NH_3-N 等）数据有效性判别技术规范

HJ 377　化学需氧量（COD_{Cr}）水质在线自动监测仪技术要求及检测方法

HJ 493　水质 样品的保存和管理技术规定

HJ 494　水质 采样技术指导

HJ 495　水质 采样方案设计技术规定

HJ 521　废水排放规律代码（试行）

HJ 523　废水排放去向代码

HJ 608　排污单位编码规则

HJ 819　排污单位自行监测技术指南　总则

HJ 853　排污许可证申请与核发技术规范　石化工业

HJ 855　排污许可证申请与核发技术规范　电镀工业

HJ 861　排污许可证申请与核发技术规范　纺织印染工业

HJ 905　恶臭污染环境监测技术规范

HJ 942　排污许可证申请与核发技术规范　总则

HJ/944　排污单位环境管理台账及排污许可证执行报告技术规范　总则（试行）

HJ 953　排污许可证申请与核发技术规范　锅炉

HJ 971　排污许可证申请与核发技术规范　汽车制造业

HJ 1013　固定污染源废气非甲烷总烃连续监测系统技术要求及检测方法

HJ 1034　排污许可证申请与核发技术规范　废弃资源加工工业

HJ 1066　排污许可证申请与核发技术规范　印刷工业

HJ 2025　危险废物收集、贮存、运输技术规范

HJ/T 55　大气污染物无组织排放监测技术导则

HJ/T 373　固定污染源监测质量保证与质量控制技术规范（试行）

HJ/T 397　固定源废气监测技术规范

AQ/T 4274　局部排风设施控制风速检测与评估技术规范

《固定污染源排污许可分类管理名录》

《排污许可管理办法（试行）》（环境保护部令 第 48 号）

《消耗臭氧层物质管理条例》（国务院令 第 573 号）

《国务院关于印发打赢蓝天保卫战三年行动计划的通知》（国发〔2018〕22 号）

《关于执行大气污染物特别排放限值的公告》（环境保护部公告 2013 年第 14 号）

《关于京津冀大气污染传输通道城市执行大气污染物特别排放限值的公告》（环境保护部公告 2018 年第 9 号）

《有毒有害大气污染物名录（2018）》（生态环境部公告 2019 年第 4 号）

《有毒有害水污染物名录（第一批）》（生态环境部公告 2019 年第 28 号）

《优先控制化学品名录（第一批）》（环境保护部公告 2017 年第 83 号）

《关于太湖流域执行国家排放标准水污染物特别排放限值的公告》（环境保护部公告 2008 年第 28 号）

《关于太湖流域执行国家污染物排放标准水污染物排放限值行政区域范围的公告》（环境保护部公告 2008 年第 30 号）

《污染源自动监控设施运行管理办法》（环发〔2008〕6 号）

《关于执行大气污染物特别排放限值有关问题的复函》（环办大气函〔2016〕1087 号）

《重点排污单位名录管理规定》（环办监测〔2017〕86 号）

《关于加强重点排污单位自动监控建设工作的通知》（环办环监〔2018〕25 号）

《关于发布排污许可证承诺书样本、排污许可证申请表和排污许可证格式的通知》（环规财〔2018〕80 号）

《排污口规范化整治技术要求（试行）》（环监〔1996〕470 号）

《重点行业挥发性有机物综合治理方案》（环大气〔2019〕53 号）

5.4　排污单位基本情况填报要求

塑料制品工业涉及 9 个小类，产品种类和原辅材料种类较多，生产设施多样。排污单位基本情况填报内容主要包括基本信息、主要产品与产能、主要原辅材料与燃料、产排污与污染防治措施以及图件要求等。

5.4.1　基本信息

填报内容主要包括排污单位名称、生产经营场所所在地、环评批复文号、总量指标、行业类别等。填报全国排污许可证管理信息平台的"行业类别"时，排污单位应依据 GB/T 4754 填报塑料薄膜制造（C2921），塑料板、管、型材制造（C2922），塑料丝、绳及编制品制造（C2923），泡沫塑料制造（C2924），塑料人造革、合成革制造（C2925），塑料包装箱及容器制造（C2926），日用塑料制品（C2927），人造草坪制造（C2928），塑料零件及其他塑料制品（C2929）类别。

5.4.2　主要产品与产能

主要产品与产能填报内容包括与生产能力、排污密切相关的生产单元名称、工艺名称、生产设施名称及编号、产品名称、生产能力、设计年生产时间等信息。其中，生产设施名称及编号可以是内部生产设施编号，也可按照《排污单位编码规则》（HJ 608）进行编号；生产能力是指主要产品设计产能，但不包括国家或地方政府明确规定予以淘汰或取缔的产能；排污单位在填报设计年生产时间时，若无明确年生产时间，则按实际生产时间填报。

5.4.3　主要原辅材料与燃料

填报内容包括种类、设计年使用量及计量单位、有毒有害成分及其占比以及挥发性有机物成分及其占比，燃料成分还需填报含硫量、灰分、挥发分、低位热值等。其中，有毒有害成分及其占比和挥发性有机物成分及其占比，按设计值或上一年生产实际值填写。

5.4.4　产排污与污染防治措施

填报内容是以排放口及排污因子为核心，包括主要生产单元名称、产污设施名称及编号、对应产排污节点名称、污染物种类、污染治理设施信息、排放形式、排放口类型（主要排放口、一般排放口）等需排污单位填报的内容。

文本摘要：塑料制品工业主要原辅材料

（1）塑料薄膜制造排污单位
原料种类包括：树脂、其他。
辅料种类包括：助剂、其他。
（2）塑料板、管、型材制造排污单位
原料种类包括：树脂、其他。
辅料种类包括：助剂、其他。

（3）塑料丝、绳及编制品制造排污单位

原料种类包括：树脂、其他。

辅料种类包括：助剂、其他。

（4）聚氨酯泡沫塑料制造排污单位

原料种类包括：异氰酸酯［甲苯二异氰酸酯（TDI）、二苯基甲烷二异氰酸酯（MDI）等］、多元醇（聚醚多元醇、聚酯多元醇等）、其他。

辅料种类包括：发泡剂、其他。

（5）除聚氨酯泡沫外其他泡沫塑料制造排污单位

原料种类包括：树脂、其他。

辅料种类包括：发泡剂（物理发泡剂、化学发泡剂）、助剂、其他。

（6）塑料人造革制造排污单位

原料种类包括：树脂、弹性体、溶剂、基布、离型纸、其他。

辅料种类包括：着色剂、增塑剂、发泡剂、表面处理剂、其他。

（7）塑料合成革制造排污单位

原料种类包括：树脂、弹性体、二甲基甲酰胺或其他溶剂、基布、离型纸、其他。

辅料种类包括：着色剂、发泡剂、表面处理剂、其他。

（8）超细纤维合成革制造排污单位

原料种类包括：树脂、二甲基甲酰胺或其他溶剂、其他。

辅料种类包括：开纤溶剂、着色剂、发泡剂、表面处理剂、其他。

（9）塑料包装箱及容器制造排污单位

原料种类包括：树脂、其他。

辅料种类包括：助剂、其他。

（10）日用塑料制品制造排污单位

原料种类包括：树脂、其他。

辅料种类包括：助剂、转印膜、其他。

（11）人造草坪制造排污单位

原料种类包括：树脂、其他。

辅料种类包括：助剂、其他。

（12）塑料零件及其他塑料制品排污单位

原料种类包括：树脂、其他。

辅料种类包括：助剂、其他。

文本摘要：塑料制品行业排污单位主要生产单元、主要工艺及生产设施名称一览表

排污单位类别		主要生产单元名称	生产设施名称	设施参数	单位
塑料人造革制造	直接涂刮法	配料	搅拌机	处理能力	t/h
			研磨机	处理能力	t/h
		涂覆	涂刮机	处理能力	m/min
		塑化发泡	烘箱	处理能力	m/min
		冷却	冷却辊	处理能力	m/min
	转移法	配料	搅拌机	处理能力	t/h
			研磨机	处理能力	t/h
		基布预处理	剖幅上浆机	处理能力	m/min
		涂刮	涂刮机	处理能力	m/min
		塑化发泡/烘干	烘箱	处理能力	m/min
		贴合	贴合机	处理能力	m/min
	压延法	配混料	高速混合机	处理能力	t/h
		预塑化	密炼机	处理能力	t/h
			塑炼机	处理能力	t/h
			混炼挤出机	处理能力	t/h
		基布预处理	基布处理上浆机	处理能力	m/min
		成型	压延机	处理能力	m/min
		贴合	贴合机	处理能力	m/min
		塑化发泡	烘箱	处理能力	m/min
	流延法	挤出	挤出机	处理能力	t/h
		流延	T 型头	处理能力	t/h
		贴合	贴合机	处理能力	m/min
		冷却	冷却装置	处理能力	m/min
	其他	其他	其他	其他	其他
塑料合成革制造	干法	配料	搅拌机	处理能力	t/h
		混合反应(无溶剂型适用)	储料罐、反应器	处理能力	t/h
		涂刮	涂刮机	处理能力	m/min
		贴合	贴合机	处理能力	m/min
		烘干	烘箱	处理能力	m/min
	湿法	配料	搅拌机	处理能力	t/h
		含浸	含浸槽	处理能力	m/min
		涂刮	涂刮机	处理能力	m/min
		凝固	凝固槽	处理能力	m/min
		水洗	水洗槽	处理能力	m/min
		烘干	烘箱	处理能力	m/min

续表

排污单位类别		主要生产单元名称	生产设施名称	设施参数	单位
塑料合成革制造	湿法	冷却	冷却辊	处理能力	m/min
	超细纤维合成革制造	树脂原料配料	搅拌机	处理能力	t/h
		浸渍	含浸槽	处理能力	m/min
		凝固塑化	凝固槽	处理能力	m/min
		水洗	水洗槽	处理能力	m/min
		抽出（甲苯抽出减量/碱减量）	抽出机	处理能力	m/min
		干燥定型	干燥机	处理能力	m/min
	其他	其他	其他	其他	其他
塑料薄膜制造	吹塑膜工艺	挤出吹膜	挤出机/密炼机	处理能力	t/h
	双向拉伸薄膜工艺	挤出成型	挤出机/密炼机	处理能力	t/h
	流延膜工艺	挤出成型	挤出机/密炼机	处理能力	t/h
	压延膜工艺	挤出成型	挤出机/密炼机	处理能力	t/h
	其他	其他	其他	其他	其他
塑料板、管、型材制造		混料	混料机	处理能力	t/h
		挤出成型	挤出机/密炼机	处理能力	t/h
		其他	其他	其他	其他
塑料丝、绳及编织品制造		挤出喷丝	挤出机/密炼机	处理能力	t/h
		其他	其他	其他	其他
泡沫塑料制造	反应发泡	混合发泡	发泡机	处理能力	t/h
		熟化	加热箱	处理能力	t/h
	挤出发泡	混料	混料机	处理能力	t/h
		挤出成型	挤出机/密炼机/塑炼机/混炼机	处理能力	t/h
		发泡			
	模塑发泡	发泡	预发机/开炼机/捏合机/混炼机	处理能力	t/h
		成型	成型机	处理能力	t/h
	涂覆发泡	配料	搅拌机	处理能力	t/h
		涂覆	涂刮机	处理能力	m/min
		塑化发泡	烘箱	处理能力	m/min
	其他	其他	其他	其他	其他
塑料包装箱及容器制造	注塑成型	塑化成型	注塑机/密炼机	处理能力	t/h
	滚塑成型	塑化成型	滚塑机/密炼机	处理能力	t/h
	其他	其他	其他	其他	其他

续表

排污单位类别		主要生产单元名称	生产设施名称	设施参数	单位
日用塑料制品制造	注塑成型	塑化成型	注塑机/密炼机	处理能力	t/h
	吹塑成型	塑化成型	吹塑机/密炼机	处理能力	t/h
	模压成型	模压脱模	模压机/密炼机	处理能力	t/h
	其他	其他	其他	其他	其他
人造草坪制造		挤出喷丝	挤出机/密炼机	处理能力	t/h
		背胶	涂胶机	处理能力	m/min
		烘干	烘干箱	处理能力	m/min
		其他	其他	其他	其他
塑料零件及其他塑料制品制造	注塑成型	塑化成型	注塑机/密炼机	处理能力	t/h
	层压成型	配料	配料罐	处理能力	t/h
		浸渍	上胶机	处理能力	t/h
		烘干	烘箱	处理能力	t/h
		层压脱模	层压机	处理能力	t/h
	其他	其他	其他	其他	其他
生产公用单元		原料预处理	干燥机	排风量	m³/h
	喷涂工序	喷涂(底漆、面漆)、喷涂(粉末)	自动喷漆/喷粉室(段)	尺寸(L×B)	m
			人工喷漆/喷粉室(段)	断面风速	m/s
			流平段	排风量	m³/h
		烘干(底漆、面漆)、烘干(粉末)	烘干室(段)(直接热风烘干、间接热风烘干、自然晾干、辐射烘干)	烘干室温度	℃
				烘干室有效体积	m³
				烘干废气排放量	m³/h
		调漆	调漆间	排风量	m³/h
		漆膜修补	点补间	排风量	m³/h
		加热装置(燃料/电)	烘干加热装置	设计出力	MW
	塑料人造革与合成革制造	后处理	压花机 印花机 磨皮机 揉纹机 抛光机 烫光机 喷涂机 复合机 植绒机	处理能力	m/min
		二甲基甲酰胺回收	二甲基甲酰胺废气喷淋吸收塔	吸收率	%
			二甲基甲酰胺废水精馏回收塔	回收率	%

续表

排污单位类别	主要生产单元名称	生产设施名称	设施参数	单位
辅助公用单元	供热系统	热水、蒸汽锅炉（燃煤、燃气、燃油、燃用生物质、电）	设计出力	t/h 或 MW
	压缩空气系统	空气压缩机	容量	m³/min
	供水系统	供水设施	生产能力	m³/h
		循环冷却水		
	供电系统	变压器	变压器容量	kVA
	储存系统	储罐	储罐容量	m³
	废水处理系统	生活污水处理设施	设计处理能力	m³/d 或 t/d
		厂区综合废水处理设施		
		其他	其他	其他
	废气处理系统	集尘除尘系统	设计处理能力	m³/h
		（多级）喷淋系统		
		活性炭吸附		
		活性炭吸附再生系统		
		吸附浓缩设备		
		催化燃烧设备		
		直接燃烧设备		
		低温等离子体设备		
		UV 光氧化/光催化设备		
		其他	其他	其他

5.5 排放口差异化管理

按照污染程度大小，《排污许可证申请与核发技术规范 总则》要求进行排放口差异化管理，即按照排污许可管理要求，排污单位有组织废气和废水排放口分为主要排放口和一般排放口，对于主要排放口设置许可排放浓度限值和许可排放量"双管控"要求，对于一般排放口仅设置许可排放浓度限值要求。塑料制品行业排放口差异化管理要求如表 5-1 所列。

表 5-1　塑料制品行业排放口差异化管理要求

排放口	类型	划分原则
废气	主要排放口	重点管理排污单位涉及塑料人造革与合成革制造工艺的废气排放口； 重点管理排污单位涉及喷涂工序且年用溶剂型涂料（含稀释剂）量 10t 及以上的喷涂（含喷涂、流平）废气排放口及烘干废气排放口
	一般排放口	重点管理排污单位的水性、无溶剂合成革制造工艺废气排放口； 其他废气排放口
废水	主要排放口	塑料人造革与合成革制造排污单位的厂区综合废水处理设施排放口
	一般排放口	其他废水排放口

文本摘要：排污单位废气产污环节、污染物种类、排放形式及污染防治设施一览表

排污单位类别	生产单元	生产设施	废气产污环节	污染物种类	执行标准	排放形式	污染防治设施名称及工艺	是否为可行技术	排放口类型③
塑料人造革与合成革制造	塑料人造革与合成革制造配料	搅拌机、研磨机、高速混合机	配料废气	二甲基甲酰胺（DMF）①、苯①、甲苯①、二甲苯①、VOCs、颗粒物、臭气浓度②、恶臭特征污染物②	GB 21902 GB 14554	有组织	除尘、喷淋、吸附、热力燃烧、催化燃烧、低温等离子体、UV光氧化、光催化、生物法、以上组合技术	□是 □否 如采用"4.3污染防治技术可行"中的技术，应提供相关证明材料 / 不属于"4.3污染防治技术要求"	主要排放口①、一般排放口①
	塑料人造革生产线（直接涂刮法、转移法、压延法、流延法等）	涂刮机、上浆机、贴合机、密炼机、塑炼机、混练机、压延机、挤出机、T型头、烘箱、冷却辊	挥发废气	苯①、甲苯①、二甲苯①、VOCs、颗粒物、臭气浓度②、恶臭特征污染物②			除尘、喷淋、吸附、热力燃烧、催化燃烧、低温等离子体、UV光氧化、光催化、生物法、以上组合技术		主要排放口①、一般排放口①
	塑料合成革干法工艺生产线	储料罐、反应器、涂刮机、贴合机、烘箱	挥发废气	二甲基甲酰胺（DMF）①、苯①、甲苯①、二甲苯①、VOCs、臭气浓度②、恶臭特征污染物②			喷淋、吸附、热力燃烧、催化燃烧、低温等离子体、UV光氧化、光催化、生物法、以上组合技术		主要排放口①、一般排放口①
	塑料合成革湿法工艺生产线	含浸槽、涂刮机、凝固槽、水洗槽、烘箱、冷却辊	挥发废气	二甲基甲酰胺（DMF）①、苯①、甲苯①、二甲苯①、VOCs、臭气浓度②、恶臭特征污染物②			喷淋、吸附、热力燃烧、催化燃烧、低温等离子体、UV光氧化、光催化、生物法、以上组合技术		主要排放口①
	塑料合成革超细纤维工艺生产线	含浸槽、凝固槽、水洗槽、抽出机、干燥机	挥发废气	二甲基甲酰胺（DMF）①、苯①、甲苯①、二甲苯①、VOCs、臭气浓度②、恶臭特征污染物②			喷淋、吸附、热力燃烧、催化燃烧、低温等离子体、UV光氧化、光催化、生物法、以上组合技术		主要排放口①
	后处理	压花机、印花机、揉纹机、抛光机、磨皮机、烫光机、喷涂机、复合机、植绒机	挥发废气	苯①、甲苯①、二甲苯①、VOCs、臭气浓度②、恶臭特征污染物②			喷淋、吸附、热力燃烧、催化燃烧、低温等离子体、UV光氧化、光催化、生物法、以上组合技术		主要排放口①、一般排放口①
	二甲基甲酰胺回收	喷淋精馏吸收塔、回收塔	喷淋废气	二甲基甲酰胺（DMF）①、臭气浓度②			喷淋、精馏回收、低温催化/光催化、UV光氧化/光催化、生物法、以上组合技术		主要排放口①

续表

排污单位类别	生产单元	生产设施	废气产污环节	污染物种类	执行标准	排放形式	污染防治设施名称及工艺	是否为可行技术⑤	排放口类型⑥
塑料薄膜制造	吹塑膜、双向拉伸薄膜、流延膜、压延膜	挤出机、密炼机	混料废气、挥发废气	使用聚氯乙烯树脂生产塑料薄膜：颗粒物、非甲烷总烃、臭气浓度②、恶臭特征污染物②	GB 16297、GB 14554		除尘、喷淋、吸附、热力燃烧、催化燃烧、低温等离子体、UV光氧化/光催化、生物法、以上组合技术		一般排放口
				使用除聚氯乙烯以外的树脂生产塑料薄膜：颗粒物、非甲烷总烃、臭气浓度②、恶臭特征污染物②	GB 31572④、GB 14554				
塑料板、管、型材制造	混料机、挤出机、密炼机		混料废气、挥发废气	使用聚氯乙烯树脂生产塑料板、管、型材：颗粒物、非甲烷总烃、臭气浓度②、恶臭特征污染物②	GB 16297、GB 14554	有组织	除尘、喷淋、吸附、热力燃烧、催化燃烧、低温等离子体、UV光氧化/光催化、生物法、以上组合技术	□是 □否 如采用于属于"4.3污染防治技术要求"中的技术，应提供相关证明材料	一般排放口
				使用除聚氯乙烯以外的树脂生产塑料板、管、型材：颗粒物、非甲烷总烃、臭气浓度②、恶臭特征污染物②	GB 31572④、GB 14554				
塑料丝、绳及编织品制造	挤出机、密炼机		混料废气、挥发废气	使用聚氯乙烯树脂生产塑料丝、绳及编织物：颗粒物、非甲烷总烃、臭气浓度②、恶臭特征污染物②	GB 16297、GB 14554		除尘、喷淋、吸附、热力燃烧、催化燃烧、低温等离子体、UV光氧化/光催化、生物法、以上组合技术		一般排放口
				使用除聚氯乙烯以外的树脂生产塑料丝、绳及编织品：颗粒物、非甲烷总烃、臭气浓度②、恶臭特征污染物②	GB 31572④、GB 14554				

续表

排污单位类别	生产单元	生产设施	废气产污环节	污染物种类	执行标准	排放形式	污染防治设施名称及工艺	是否为可行技术	排放口类型
泡沫塑料制品制造	反应发泡、模塑发泡、挤出发泡、涂覆发泡	混料机、搅拌机、开炼机、塑炼机、密炼机、混炼机、预发泡机、发泡机、混合机、涂刮机、成型机、加热箱、烘箱	混料废气、挥发废气	使用聚氯乙烯树脂生产泡沫塑料：颗粒物、非甲烷总烃、臭气浓度②、恶臭特征污染物②	GB 16297 GB 14554		除尘、喷淋、吸附、热力燃烧、催化燃烧、低温等离子体、UV光氧化/光催化、生物法、以上组合技术		一般排放口⑤
				使用除聚氯乙烯树脂生产泡沫塑料：颗粒物、非甲烷总烃、臭气浓度②、恶臭特征污染物②	GB 31572④ GB 14554				
塑料包装箱及容器制造	注塑成型、滚塑成型	注塑机、滚塑机、密炼机	混料废气、挥发废气	使用聚氯乙烯树脂生产塑料包装箱及容器：颗粒物、臭气浓度②、恶臭特征污染物②	GB 16297 GB 14554	有组织	除尘、喷淋、吸附、热力燃烧、催化燃烧、低温等离子体、UV光氧化/光催化、生物法、以上组合技术	□是 □否 如采用不属于"4.3 污染防治可行技术要求"中的技术，应提供相关证明材料	一般排放口⑤
				使用除聚氯乙烯以外的树脂生产塑料包装及容器：颗粒物、非甲烷总烃、臭气浓度②	GB 31572④ GB 14554				
日用塑料制品制造	注塑成型、吹塑成型、模压成型	注塑机、吹塑机、密炼机、模压机	混料废气、挥发废气	使用聚氯乙烯树脂生产日用塑料制品：颗粒物、非甲烷总烃、臭气浓度②、恶臭特征污染物②	GB 16297 GB 14554		除尘、喷淋、吸附、热力燃烧、催化燃烧、低温等离子体、UV光氧化/光催化、生物法、以上组合技术		一般排放口⑤
				使用除聚氯乙烯以外的树脂生产日用塑料制品：颗粒物、非甲烷总烃、臭气浓度②、恶臭特征污染物②	GB 31572④ GB 14554				

续表

排污单位类别	生产单元	生产设施	废气产污环节	污染物种类	执行标准	排放形式	污染防治设施名称及工艺	是否为可行技术	排放口类型
塑料零件及其他塑料制品制造	人造草坪制造	挤出机、密炼机、涂胶机、烘干箱	挥发废气	使用聚氯乙烯树脂生产人造草坪制品：颗粒物、非甲烷总烃、臭气浓度、恶臭特征污染物	GB 16297、GB 14554	有组织	除尘、喷淋、吸附、热力燃烧、催化燃烧、低温等离子体、UV光氧化/光催化、生物法、以上组合技术	□是 □否 如采用污染防治技术不属于"4.3可行技术要求"中的技术，应提供相关证明材料	一般排放口
				使用除聚氯乙烯以外的树脂生产人造草坪制品：颗粒物、非甲烷总烃、臭气浓度、恶臭特征污染物	GB 31572、GB 14554				
	注塑成型、层压成型	配料罐、注塑机、密炼机、上胶机、压机、烘箱	混合废气	使用聚氯乙烯塑料零件及其他塑料制品：颗粒物、非甲烷总烃、臭气浓度、恶臭特征污染物	GB 16297、GB 14554		除尘、喷淋、吸附、热力燃烧、催化燃烧、低温等离子体、UV光氧化/光催化、生物法、以上组合技术		一般排放口
				使用除聚氯乙烯以外其他塑料零件及其他塑料制品：颗粒物、非甲烷总烃、臭气浓度、恶臭特征污染物	GB 31572、GB 14554				
生产公用单元	喷涂工序	喷漆/喷粉室（段）、流平段、烘干室（段）	挥发废气	颗粒物、甲苯、二甲苯、恶臭特征污染物、臭气浓度、非甲烷总烃	GB 16297、GB 14554		除尘、喷淋、吸附、热力燃烧、催化燃烧、低温等离子体、UV光氧化/光催化、生物法、以上组合技术		主要排放口
	烘干加热装置（燃料）		燃烧废气	颗粒物、二氧化硫、氮氧化物	GB 16297		除尘、脱硫（半干法、湿法、干法＋湿法）、低氮燃烧、脱硝（SNCR、SCR＋SNCR）		一般排放口
辅助公用单元	废水处理系统	综合废水处理站	废水处理站废气	臭气浓度、恶臭特征污染物	GB 14554		喷淋、吸附、低温等离子体、UV光氧化/光催化、生物法、以上组合技术		一般排放口

续表

排污单位类别	生产单元	生产设施	废气产污环节	污染物种类	执行标准	排放形式	污染防治设施名称及工艺	是否为可行技术	排放口类型
	塑料人造革与合成革制造	搅拌机、研磨机、高速混合机、涂刮机、上浆混合机、斯合机、密炼机、塑炼机、压延机、挤出机、T型头、烘箱、冷却辊反应器、含浸槽、凝固槽、水洗槽、油出机、干燥机、印花机、抛光机、磨皮压花机、揉纹机、复合机、烫光机、喷涂机、喷淋塔、精馏回收塔	配料废气、挥发废气、喷淋废气	厂界：二甲基甲酰胺(DMF)[①]、苯[①]、甲苯[①]、二甲苯[①]、VOCs、颗粒物[②]、臭气浓度[②]、恶臭特征污染物[②]	GB 21902 GB 14554	无组织	—	—	—
				厂区内：非甲烷总烃	GB 37822		—	—	—
	塑料薄膜制造	挤出机、密炼机	混料废气、挥发废气	厂界[③]：颗粒物、非甲烷总烃、总烃、臭气浓度[②]、恶臭特征污染物[②]	GB 16297 GB 31572 GB 14554		—	—	—
				厂区内：非甲烷总烃	GB 37822		—	—	—
	塑料板、管、型材制造	混料机、挤出机、密炼机	混料废气、挥发废气	厂界[③]：颗粒物、非甲烷总烃、总烃、臭气浓度[②]、恶臭特征污染物[②]	GB 16297 GB 31572 GB 14554		—	—	—
				厂区内：非甲烷总烃	GB 37822		—	—	—
	塑料丝、绳及编织品制造	挤出机、密炼机	混料废气、挥发废气	厂界[③]：颗粒物、非甲烷总烃、总烃、臭气浓度[②]、恶臭特征污染物[②]	GB 16297 GB 31572 GB 14554		—	—	—
				厂区内：非甲烷总烃	GB 37822		—	—	—

续表

排污单位类别	生产单元	生产设施	废气产污环节	污染物种类	执行标准	排放形式	污染防治设施名称及工艺	是否为可行技术	排放口类型③
	泡沫塑料制造	混料机、搅拌机、开炼机、塑炼机、密炼机、混炼机、挤出机、发泡机、预发机、配合机、涂料机、成型机、加热箱、烘箱	混料废气、挥发废气	厂界①:颗粒物、非甲烷总烃、臭气浓度②、恶臭特征污染物②	GB 16297 GB 31572 GB 14554	无组织	—	—	—
				厂区内:非甲烷总烃	GB 37822			—	—
	塑料包装箱及容器制造	注塑机、滚塑机、密炼机	混料废气、挥发废气	厂界①:颗粒物、非甲烷总烃、臭气浓度②、恶臭特征污染物②	GB 16297 GB 31572 GB 14554		—	—	—
				厂区内:非甲烷总烃	GB 37822			—	—
	日用塑料制品制造	注塑机、吹塑机、模压机、密炼机	混料废气、挥发废气	厂界①:颗粒物、非甲烷总烃、臭气浓度②、恶臭特征污染物②	GB 16297 GB 31572 GB 14554		—	—	—
				厂区内:非甲烷总烃	GB 37822			—	—
	人造草坪制造	挤出机、密炼机、涂胶机、烘干箱	挥发废气	厂界①:颗粒物、非甲烷总烃、臭气浓度②、恶臭特征污染物②	GB 16297 GB 31572 GB 14554		—	—	—
				厂区内:非甲烷总烃	GB 37822			—	—
	塑料零件及其他塑料制品制造	配料罐、注塑机、密炼机、上胶机、层压机、烘箱	混料废气、挥发废气	厂界①:颗粒物、非甲烷总烃、臭气浓度②、恶臭特征污染物②	GB 16297 GB 31572 GB 14554		—	—	—
				厂区内:非甲烷总烃	GB 37822			—	—

续表

排污单位类别	生产单元	生产设施	废气产污环节	污染物种类	执行标准	排放形式	污染防治设施名称及工艺	是否为可行技术	排放口类型⑧
生产公用单元	喷涂工序	喷漆室（段）、流平段、烘干室（段）、调漆间、漆膜修补	挥发废气	厂界：颗粒物、非甲烷总烃①、甲苯②、二甲苯②、恶臭浓度②、恶臭特征污染物①	GB 16297 GB 14554	无组织	—	—	—
				厂区内：非甲烷总烃①	GB 37822				
辅助公用单元	废水处理系统	综合废水处理站	废水处理站废气	臭气浓度②、恶臭特征污染物①	GB 14554		—	—	—

① 排污单位生产过程中不使用二甲基甲酰胺、苯、甲苯、二甲苯有机溶剂的，大气污染物种类可不包括二甲基甲酰胺、苯、甲苯、二甲苯。

② 恶臭污染物执行 GB 14554。特征污染物种类按环境影响评价文件及审批意见确定的污染物质确定；地方标准有更严格要求的，从其规定。

③ 使用水性、无溶剂生产革与人造革合成革制品排污单位为合成革制品排污单位的废气排放口为一般排放口。

④ 使用除聚氯乙烯以外的树脂原料生产塑料制品的排污单位执行 GB 31572。还应选取适用的合成树脂类型对应的污染物作为特征控制指标。

⑤ 使用聚氯乙烯树脂生产塑料制品的排污单位执行 GB 16297；使用除聚氯乙烯以外的树脂生产塑料制品生产单位执行 GB 31572。还应选取适用的合成树脂类型对应的排污单位的废气排放口为主要排放口。

⑥ 涉及喷涂工序的塑料制品排污单位不使用含苯、甲苯、二甲苯等溶剂型涂料（含稀释剂）的，大气污染物种类可不包括苯、甲苯、二甲苯。

⑦ 重点管理排污单位日年用溶剂型涂料（含稀释剂）量 10t 及以上的喷涂（含喷涂、流平）废气排放口及烘干废气排放口为主要排放口。

⑧ 简化管理排污单位排放口均为一般排放口。

文本摘要：排污单位废水类别、污染物种类及污染防治设施一览表

废水类别	污染物种类	执行标准	污染防治设施		排放去向	排放口类型①
			污染防治设施名称及工艺	是否为可行技术		
喷涂工序生产废水	pH值、悬浮物、化学需氧量、五日生化需氧量、石油类	GB 8978	预处理设施：混凝、沉淀、气浮、过滤、吸附		厂区综合废水处理设施	—
厂区综合废水处理设施排水	塑料人造革与合成革制造排污单位：pH值、色度（稀释倍数）、悬浮物、化学需氧量、氨氮、总氮、总磷、甲苯、二甲基甲酰胺（DMF）	GB 21902	预处理设施：调节、隔油、沉淀；生化处理设施：厌氧、兼性好氧、氧化沟、生物转盘、好氧、氧化、生物深度处理设施：混凝沉淀（或澄清）、过滤、活性炭吸附、超滤、反渗透		市政污水处理厂、工业废水集中处理设施、地表水体	主要排放口
	使用除聚氯乙烯以外的树脂生产塑料制品排污单位：pH值、悬浮物、化学需氧量、氨氮、总氮、总磷、总有机碳、可吸附有机卤化物	GB 31572②		□是 □否 如采用不属于"4.3污染防治技术要求"中的技术，应提供相关证明材料		一般排放口
	使用聚氯乙烯树脂生产塑料制品排污单位：pH值、悬浮物、化学需氧量、五日生化需氧量、氨氮、石油类	GB 8978				一般排放口
生活污水①	塑料人造革与合成革制造排污单位：pH值、色度（稀释倍数）、悬浮物、化学需氧量、氨氮、总氮、总磷、甲苯、二甲基甲酰胺（DMF）	GB 21902	生活污水处理设施：隔油池、化粪池、调节池、好氧生物处理；深度处理设施：过滤、超滤、反渗透		市政污水处理厂、地表水体	一般排放口
	使用除聚氯乙烯以外的树脂生产塑料制品排污单位：pH值、悬浮物、化学需氧量、氨氮、总氮、总磷、总有机碳、可吸附有机卤化物	GB 31572②				
	使用聚氯乙烯树脂生产塑料制品排污单位：pH值、悬浮物、化学需氧量、五日生化需氧量、氨氮、石油类、动植物油	GB 8978				

① 生活污水单独排放口。
② 使用除聚氯乙烯以外的树脂生产塑料制品的排污单位执行 GB 31572，还应选取适用的合成树脂类型对应的污染物作为特征控制指标。
③ 简化管理排放口均为一般排放口。

5.5.1　重点管理排污单位

排污单位中涉及塑料人造革与合成革制造工艺的废气排放口为主要排放口（其中水性、无溶剂合成革制造工艺废气排放口为一般排放口），涉及喷涂工序且年用溶剂型涂料（含稀释剂）量 10t 及以上的喷涂（含喷涂、流平）废气排放口及烘干废气排放口为主要排放口，其他废气排放口均为一般排放口。塑料人造革与合成革制造排污单位的厂区综合废水处理设施排放口为主要排放口，其他废水排放口均为一般排放口。

5.5.2　简化管理排污单位

对于本行业简化管理排污单位，废气、废水排放口均为一般排放口。

5.6　许可排放限值

许可排放限值是指排污许可证中规定的允许排污单位排放污染物的最大排放浓度（或速率）和排放量。现有企业的许可排放限值原则上按排放标准和总量指标来确定，这是因为企业达标排放和满足总量指标控制要求是现有企业污染治理的最基本要求，超标和超总量排放污染物将依法实施处罚。国家层面对于现有企业的许可排放限值按达标排放和总量控制指标来核定，即不会因为实施排污许可制改革而增加企业的额外负担，这有利于排污许可制度与现有环境管理要求相衔接，从而保障排污许可制度的有效推行，以最小的制度改革成本推进制度的快速落地，实现管理效能的提高，同时也有利于实现企业间的公平。塑料制品工业废气和废水的许可排放限值要求和许可排放要求如表5-2、表 5-3 所列。

表 5-2　塑料制品工业废气和废水许可排放限值要求

要求	重点管理排污单位	简化管理排污单位
许可事项	污染物许可排放浓度和许可排放量	污染物许可排放浓度
大气污染物	许可排放浓度：主要排放口、一般排放口、厂区内或厂界无组织排放	
	许可排放量：各主要排放口许可排放量之和	—
水污染物	许可排放浓度：主要排放口、一般排放口 （单独排入市政污水处理厂的生活污水只需要说明排放去向）	
	许可排放量：各主要排放口许可排放量之和	—

5.6.1　许可排放浓度

原则上按排放标准确定许可排放浓度，若执行不同许可排放浓度的生产设施或排放口采用混合方式排放，且选择的监控位置只能监测混合后的污染物浓度时，应根据排放标准要求确定许可排放浓度，若无明确要求的应执行各限值要求中最严格的许可排放浓度。

表 5-3　塑料制品工业废气与废水的许可排放要求

许可要求	具体内容
废气许可排放浓度	依据 GB 21902、GB 31572、GB 16297、GB 37822、GB 14554 确定排污单位有组织和无组织废气许可排放浓度限值。塑料人造革与合成革制造排污单位大气污染物许可排放浓度按照 GB 21902、GB 37822 确定；使用除聚氯乙烯以外的树脂生产塑料制品的排污单位大气污染物许可排放浓度按照 GB 31572、GB 37822 确定；使用聚氯乙烯树脂生产塑料制品的排污单位大气污染物许可排放浓度按照 GB 16297、GB 37822 确定。涉及喷涂工序的塑料制品工业排污单位大气污染物许可排放浓度按照 GB 16297 确定。塑料制品工业排污单位排放恶臭污染物的，许可排放浓度按照 GB 14554 确定。地方污染物排放标准有更严格要求的，从其规定
废水许可排放浓度	依据 GB 21902、GB 31572、GB 8978 确定排污单位水污染物许可排放浓度限值。塑料人造革与合成革制造排污单位水污染物许可排放浓度按照 GB 21902 确定；使用除聚氯乙烯以外的树脂生产塑料制品的排污单位水污染物许可排放浓度按照 GB 31572 确定；使用聚氯乙烯树脂生产塑料制品的排污单位水污染物许可排放浓度按照 GB 8978 确定。涉及喷涂工序的塑料制品工业排污单位水污染物许可排放浓度按照 GB 8978 确定。地方污染物排放标准有更严格要求的，从其规定
废气许可排放量	塑料人造革与合成革制造排污单位废气主要排放口应申请颗粒物、挥发性有机物的许可排放量。塑料制品排污单位中涉及喷涂工序且年使用溶剂型涂料（含稀释剂）量 10t 及以上的喷涂（含喷涂、流平）废气、烘干废气排放口应申请颗粒物、挥发性有机物的许可排放量。排污单位的废气许可排放量为各废气主要排放口许可排放量之和
废水许可排放量	塑料人造革与合成革制造排污单位废水总排放口应申请化学需氧量、氨氮的许可排放量。对位于国家正式发布文件中规定的总磷总氮总量控制区内的排污单位还应分别申请总磷、总氮许可排放量
无组织废气管控要求	《技术规范》对塑料制品制造排污单位无组织废气提出了详细的措施管理要求，另外还需要满足《国务院关于印发打赢蓝天保卫战三年行动计划的通知》《重点行业挥发性有机物综合治理方案》等文件的相关要求。地方有更严格的无组织排放控制管理要求的，从其规定

5.6.2　许可排放量

许可排放量主要包括年许可排放量和特殊时段许可排放量，年许可排放量是指允许排污单位连续 12 个月排放的污染物最大排放量，同时适用于考核自然年的实际排放量。此外，年许可排放量也可以按照季、月进行细化。对于废气，通常对颗粒物、二氧化硫、氮氧化物、挥发性有机物（石化、化工、包装印刷、工业涂装等重点行业）、重金属（有色冶炼等重点行业）等污染物许可排放量。对于废水，一般对化学需氧量、氨氮以及受纳水体环境质量超标且列入相关污染物排放标准的污染物许可排放量；对于设立在总氮、总磷控制区域内的排污单位，废水主要排放口还需要申请总氮、总磷的许可排放量。

文本摘要：许可排放限值

1. 一般原则

《技术规范》许可排放限值包括污染物许可排放浓度和许可排放量，许可排放量包括年许可排放量和特殊时段许可排放量。年许可排放量是指允许排污单位连续 12 个月排放的污染物最大排放量。同时适用于考核自然年的实际排放量。有核发权的地方生态环境主管部门根据环境管理要求（如枯水期等），可将年许可排放量按季、月进行细化。

对于大气污染物，以排放口为单位确定有组织主要排放口和一般排放口的许可排放浓度，以厂区内或厂界监控点确定无组织许可排放浓度。废气主要排放口应许可排放量，各主要排放口许可排放量之和为排污单位的许可排放量。一般排放口和无组织废气不许可排放量。

对于水污染物，以排放口为单位确定主要排放口的许可排放浓度和许可排放量，各主要排放口许可排放量之和为排污单位的许可排放量。一般排放口仅许可排放浓度。单独排入市政污水处理厂的生活污水仅说明排放去向。

根据国家或地方污染物排放标准，按照从严原则确定许可排放浓度。按照《技术规范》4.2.2.3 规定的许可排放量核算方法和依法分解落实到排污单位的重点污染物排放总量控制指标，从严确定许可排放量。2015 年 1 月 1 日（含）后取得环境影响评价审批意见的排污单位，许可排放量还应满足环境影响评价文件和审批意见要求。

排污单位填报许可排放量时，应在全国排污许可证管理信息平台申报系统中写明许可排放量计算过程。排污单位申请的许可排放限值严于《技术规范》规定的，应在排污许可证中载明。

2. 许可排放浓度

（1）废气

依据 GB 21902、GB 31572、GB 16297、GB 37822、GB 14554 确定排污单位有组织和无组织废气许可排放浓度限值。

塑料人造革与合成革制造排污单位大气污染物许可排放浓度按照 GB 21902、GB 37822 确定；使用除聚氯乙烯以外的树脂生产塑料制品的排污单位大气污染物许可排放浓度按照 GB 31572、GB 37822 确定；使用聚氯乙烯树脂生产塑料制品的排污单位大气污染物许可排放浓度按照 GB 16297、GB 37822 确定。涉及喷涂工序的塑料制品工业排污单位大气污染物许可排放浓度按照 GB 16297 确定。塑料制品工业排污单位排放恶臭污染物的，许可排放浓度按照 GB 14554 确定。地方污染物排放标准有更严格要求的，从其规定。

大气污染防治重点控制区按照《关于执行大气污染物特别排放限值的公告》（环境保护部公告 2013 年第 14 号）、《关于京津冀大气污染传输通道城市执行大气污染物特别排放限值的公告》（环境保护部公告 2018 年第 9 号）、《关于执行大气污染物特别排放限值有关问题的复函》（环办大气函〔2016〕1087 号）的要求执行，其他执行大气污染物特别排放限值及其他污染控制要求的地域范围和时间由国务院生态环境主管部门或省级人民政府规定。

若执行不同排放控制要求的废气合并排气筒排放时，应在废气混合前分别对废气进行监测，并执行相应的排放控制要求；若可选择的监控位置只能对混合后的废气进行监测，则应执行各许可排放限值中最严格的许可排放浓度。

（2）废水

依据 GB 21902、GB 31572、GB 8978 确定排污单位水污染物许可排放浓度。

塑料人造革与合成革制造排污单位水污染物许可排放浓度按照 GB 21902 确定；使用除聚氯乙烯以外的树脂生产塑料制品的排污单位水污染物许可排放浓度按照 GB 31572 确定；使用聚氯乙烯树脂生产塑料制品的排污单位水污染物许可排放浓度按照 GB 8978 确定。涉及喷涂工序的塑料制品工业排污单位水污染物许可排放浓度按照 GB 8978 确定。地方污染物排放标准有更严格要求的，从其规定。

《关于太湖流域执行国家排放标准水污染特别排放限值的公告》（环境保护部公告 2008 年第 28 号）和《关于太湖流域执行国家污染物排放标准水污染排放限值行政区域范围的公告》（环境保护部公告 2008 年第 30 号）中所涉及行政区域的水污染物特别排放限值按照其要求执行，其他依法执行特别排放限值的应从其规定。

若排污单位的生产设施同时适用不同排放控制要求或者执行不同的废水处理排放标准，且生产设施产生的废水混合处理排放的情况下，应执行排放标准中最严格的浓度限值。

3. 许可排放量

（1）废气

许可排放量包括年许可排放量和特殊时段许可排放量。废气许可排放量的核算方法见公式（1）~公式（3）。塑料人造革与合成革制造排污单位废气处理设施排放口应申请颗粒物、挥发性有机物的年许可排放量。塑料制品排污单位中涉及喷涂工序且年用溶剂型涂料（含稀释剂）量 10t 及以上的喷涂（含喷涂、流平）废气、烘干废气排放口应申请颗粒物、挥发性有机物的年许可排放量。排污单位的废气年许可排放量为各废气主要排放口年许可排放量之和。

年许可排放量按照许可排放浓度、风量、年生产时间确定，核算方法见公式（1）和公式（2）。

1）年许可排放量

$$M_i = CQ_i T_i \times 10^{-9} \tag{1}$$

$$E_{年许可} = \sum_{i=1}^{n} M_i \tag{2}$$

式中　M_i——第 i 个主要排放口某项大气污染物年许可排放量，t/a；

　　　C——某项大气污染物许可排放浓度限值，mg/m³；

　　　Q_i——第 i 个主要排放口风量（标态），m³/h；排放口的排气量以近三年实际排气量均值进行核算；未满三年的以实际生产周期的实际排气量均值进行核算；投运满三年，但近三年实际排气量波动较大，可选取正常运行的一年实际排气量均值进行核算；未投运或投运未满一年的取设计排气量；排气量不得超过设计排气量；

　　　T_i——第 i 个主要排放口对应生产单元设计年生产时间，h/a；

$E_{年许可}$——某项大气污染物年许可排放量，t/a。

2）特殊时段许可排放量

排污单位应按照国家或所在地区人民政府制定的重污染天气应急预案等文件，根据停产、减产、减排等要求，确定特殊时段许可排放量。国家和地方生态环境主管部门依法规定的其他特殊时段短期许可排放量应当在排污许可证中明确。地方制定的相关法规中对特殊时段许可排放量有明确规定的，从其规定。

特殊时段许可排放量按日均许可排放量进行核算，核算方法见公式（3）。

$$E_{i日许可} = E_{i日均排放量}(1-\alpha) \tag{3}$$

式中　$E_{i日许可}$——排污单位重污染天气应对期间第 i 项大气污染物日许可排放量，kg/d；

　　　$E_{i日均排放量}$——排污单位废气第 i 项大气污染物日均排放量，kg/d；对于现有排污单位，优先用前一年环境统计实际排放量和相应设施运行天数折算的日均值；若无前一年环境统计数据，则用实际排放量和相应设施运行天数折算的日均值；对于新建排污单位，则用许可排放量和相应设施运行天数折算的日均值；

　　　α——重污染天气应对期间或冬防阶段日产量或日排放量的削减比例。

基于生产组织等考虑，地方生态环境主管部门可以按其他方式（如按月或按周等）核准特殊时段许可排放量。

（2）废水

许可排放量包括年许可排放量和特殊时段许可排放量。废水许可排放量的核算方法见公式（4）、公式（5）。塑料人造革与合成革制造排污单位废水总排放口应申请化学需氧量、氨氮的年许可排放量。对位于国家正式发布文件中规定的总磷、总氮总量控制区内的排污单位还应分别申请总磷、总氮年许可排放量。

年许可排放量按照许可排放浓度、单位产品基准排水量、主要产品产能确定，核算方法见公式（4）。

1）年许可排放量

$$E_{许可} = \sum_{i=1}^{n}(cQ_it_i) \times 10^{-6} \tag{4}$$

式中　$E_{许可}$——某项水污染物年许可排放量，t/a；

　　　n——产品种类数，无量纲，当只生产一种产品时，$n=1$；

　　　c——某项水污染物许可排放浓度限值，mg/L；

　　　Q_i——第 i 种产品单位产品（产品面积）基准排水量，参照 GB 21902 计算，$m^3/10^4 m^2$；

t_i——第 i 种产品年产量（产品面积），$10^4\,\mathrm{m}^2/\mathrm{a}$，产品产量兼顾近三年实际产量平均值，未投运或投运未满一年的按产能计算，投运满一年但未满三年的取周期实际产量平均值。当实际产量平均值超过产能设计值时，按产能计算。

2）特殊时段许可排放量

特殊时段许可排放量按日均许可排放量进行核算，核算方法见公式（5）。

$$E_{i\text{日许可}}=E_{i\text{日均排放量}}(1-\alpha) \tag{5}$$

式中　$E_{i\text{日许可}}$——排污单位特殊时段第 i 项水污染物日许可排放量，$\mathrm{kg/d}$；

$E_{i\text{日均排放量}}$——排污单位废水第 i 项水污染物日均排放量，$\mathrm{kg/d}$；对于现有排污单位，优先用前一年环境统计实际排放量和相应设施运行天数折算的日均值；若无前一年环境统计数据，则用实际排放量和相应设施运行天数折算的日均值；对于新建排污单位，则用许可排放量和相应设施运行天数折算的日均值；

α——特殊时段日产量或日排放量的削减比例。

基于生产组织等考虑，地方生态环境主管部门可以按其他方式（如按月或按周等）核准特殊时段许可排放量。

5.7　污染防治可行技术要求

5.7.1　污染防治可行技术

《技术规范》中所列污染防治可行技术及运行管理要求可作为生态环境主管部门对排污单位排污许可证申请材料审核的参考。对于排污单位采用《技术规范》所列可行技术的，原则上认为具备符合规定的防治污染设施或污染物处理能力。

对于未采用《技术规范》所列可行技术的，排污单位应当在申请时提供相关证明材料（如提供半年以内的污染物排放监测数据、采用技术的可行性论证材料等）；对于国内外首次采用的污染防治技术，还应当提供中试数据等说明材料，证明可达到与污染防治可行技术相当的处理能力。对于不属于可行技术的污染防治技术，排污单位应当加强自行监测、台账记录，评估达标可行性。对于废气、废水执行特别排放限值的，排污单位自行填报可行的污染防治技术及管理要求。

5.7.2　运行管理要求

排污单位应当按照相关法律法规、标准和技术规范等要求运行废气、废水污染防治设施，并进行维护和管理，保证设施正常运行。对于特殊时段，排污单位应满足重污染天气应急预案、各地人民政府制定的冬防措施等文件规定的污染防治要求。

　　排污单位应采用低挥发性有机物含量、低反应活性的原辅材料，减少反应活性强的物质以及有毒、有害原辅材料的使用。优化产品或工艺结构，积极推广清洁生产新技术，采用先进的生产工艺和设备，提升污染防治水平，加强生产管理，减少跑、冒、滴、漏情况。含挥发性有机物的原辅材料集中存放并设置专门管理人员，根据日生产量配发并做好相应台账记录。废水处理站应加强源头管理、加强对工艺废水来水的监测，并通过管理手段控制工艺废水来水水质，满足废水处理站的进水要求。

　　运行管理执行 GB 21902、GB 16297、GB 31572、GB 14554、GB 37822、GB 8978等国家污染物排放标准的规定，地方人民政府有更严格要求的，从其规定。环境影响评价文件或地方相关规定中有针对原辅材料、生产过程等其他污染防治强制要求的，还应根据环境影响评价文件或地方相关规定，明确相应污染防治要求。

文本摘要：污染防治可行技术

1. 废气

产排污环节	污染物种类	过程控制技术	可行技术
塑料人造革与合成革制造废气	颗粒物	溶剂替代 密闭过程 密闭场所 局部收集	袋式除尘；滤筒/滤芯除尘
	二甲基甲酰胺（DMF）、苯、甲苯、二甲苯、VOCs		多级喷淋吸收＋精馏回收；冷凝回收＋热力燃烧/催化燃烧；吸附浓缩＋热力燃烧/催化燃烧
	臭气浓度、恶臭特征物质		喷淋、吸附、低温等离子体、UV 光氧化/光催化、生物法两种及以上组合技术
塑料薄膜制造，塑料板、管、型材制造，塑料丝、绳及编织品制造，泡沫塑料制造，塑料包装箱及容器制造，日用塑料制品制造，人造草坪制造，塑料零件及其他塑料制品制造废气	颗粒物		袋式除尘；滤筒/滤芯除尘
	非甲烷总烃		喷淋、吸附；吸附浓缩＋热力燃烧/催化燃烧
	臭气浓度、恶臭特征物质		喷淋、吸附、低温等离子体、UV 光氧化/光催化、生物法两种及以上组合技术
喷涂工序废气	颗粒物、非甲烷总烃、苯、甲苯、二甲苯	密闭过程 密闭场所 局部收集	袋式除尘；滤筒/滤芯除尘；喷淋；吸附；吸附浓缩＋热力燃烧/催化燃烧
	臭气浓度、恶臭特征污染物		喷淋、吸附、低温等离子体、UV 光氧化/光催化、生物法两种及以上组合技术
	颗粒物、二氧化硫、氮氧化物	密闭过程 密闭场所	袋式除尘、滤筒/滤芯除尘；半干法脱硫、湿法脱硫、干法＋湿法脱硫、半干法＋湿法脱硫；低氮燃烧、SNCR、SCR、SCR＋SNCR

续表

产排污环节	污染物种类	过程控制技术	可行技术
废水处理站废气	臭气浓度、恶臭特征物质	密闭过程密闭场所局部收集	喷淋、吸附、生物法两种及以上组合技术

2. 废水

废水类别	污染物种类	可行技术
喷涂工序生产废水	pH 值、悬浮物、化学需氧量、五日生化需氧量、石油类	预处理设施:混凝、沉淀/气浮、过滤、吸附
厂区综合废水处理设施排水	塑料人造革与合成革制品:pH 值、色度(稀释倍数)、悬浮物、化学需氧量、氨氮、总氮、总磷、甲苯、二甲基甲酰胺(DMF)	预处理设施:调节、隔油、沉淀 生化处理设施:厌氧、厌氧-好氧、兼性-好氧、氧化沟、生物转盘 深度处理设施:高级氧化、生物滤池、混凝沉淀(或澄清)、过滤、活性炭吸附、超滤、反渗透
	使用除聚氯乙烯以外的树脂生产塑料制品:pH 值、悬浮物、化学需氧量、五日生化需氧量、氨氮、总氮、总磷、总有机碳、可吸附有机卤化物	
	使用聚氯乙烯树脂生产塑料制品:pH 值、悬浮物、化学需氧量、五日生化需氧量、氨氮、石油类	
生活污水(单独排放)	塑料人造革与合成革制品:pH 值、色度(稀释倍数)、悬浮物、化学需氧量、氨氮、总氮、总磷、甲苯、二甲基甲酰胺(DMF)	生活污水处理设施:隔油池、化粪池、调节池、厌氧-好氧、兼性-好氧、好氧生物处理 深度处理设施:过滤、活性炭吸附、超滤、反渗透
	使用除聚氯乙烯以外的树脂生产塑料制品:pH 值、悬浮物、化学需氧量、五日生化需氧量、氨氮、总氮、总磷、总有机碳、可吸附有机卤化物	
	使用聚氯乙烯树脂生产塑料制品:pH 值、悬浮物、化学需氧量、五日生化需氧量、氨氮、石油类、动植物油	

文本摘要：运行管理要求

1. 废气

（1）有组织排放

① 企业应考虑生产工艺、操作方式、废气性质、处理方法等因素，对工艺废气进

行分类收集、分类处理或预处理，严禁经污染控制设施处理后的废气与锅炉排放烟气及其他未经处理的废气混合后直接排放，严禁经污染控制设施处理后的废气与空气混合后稀释排放。

② 环保设施应先于其对应的生产设施运转，后于对应设施关闭，保证在生产设施运行波动情况下仍能正常运转，实现达标排放。产生大气污染物的生产工艺和装置需设立局部或整体气体收集系统和净化处理装置，集气方向应与污染气流运动方向一致。

③ 废气收集系统的输送管道应密闭，在负压下运行。废气收集系统排风罩（集气罩）的设置应符合 GB/T 16758 的规定。采用外部排风罩的，应按 GB/T 16758、AQ/T 4274 规定的方法测量控制风速。

④ 废气收集处理系统应与生产工艺设备同步运行。废气收集处理系统发生故障或检修时，对应的生产工艺设备应停止运行，待检修完毕后同步投入使用；生产工艺设备不能停止运行或不能及时停止运行的，应设置废气应急处理设施或采取其他替代措施。

⑤ 所有治理设施应制定操作规程，明确各项运行参数，实际运行参数应与操作规程一致。使用吸附技术治理挥发性有机物时，应记录吸附剂的使用/更换量、更换/再生周期，操作温度应满足设计参数的要求，更换的吸附材料按危险废物处置；采用废气燃烧设施治理挥发性有机物时，应按设计温度运行，并安装燃烧温度连续监控系统；使用催化氧化设施治理挥发性有机物时，应记录催化氧化温度、催化剂用量、催化剂种类、更换周期。

⑥ 排污单位如果安装了自动监控设备，需要定期对自动监控设备进行比对校核。

⑦ 对于使用发泡剂、溶剂、助剂等消耗臭氧层物质的，应当按照《消耗臭氧层物质管理条例》的要求对消耗臭氧层物质采取必要措施，防止或减少消耗臭氧层物质的泄漏和排放。

（2）无组织排放

无组织排放运行管理要求按照 GB 21902、GB 16297、GB 31572、GB 14554、GB 37822 中的要求执行。地方污染物排放标准有更严格要求的，从其规定。

① 大气污染防治重点控制区按照《关于执行大气污染物特别排放限值的公告》（环境保护部公告 2013 年第 14 号）、《关于京津冀大气污染传输通道城市执行大气污染物特别排放限值的公告》（环境保护部公告 2018 年第 9 号）、《关于执行大气污染物特别排放限值有关问题的复函》（环办大气函〔2016〕1087 号）的要求执行，其他执行大气污染物特别排放限值及其他污染控制要求的地域范围和时间由国务院生态环境主管部门或省级人民政府规定。

② 挥发性有机物物料储存无组织排放控制要求

a. 挥发性有机物物料应储存于密闭的容器、包装袋、储库、料仓中。盛装挥发性有机物物料的容器或包装袋应存放于室内，或存放于设置有雨棚、遮阳和防渗设施的专用场地。盛装挥发性有机物物料的容器或包装袋在非取用状态时应加盖、封口，保持密闭。

b. 挥发性有机物物料使用过程无法密闭的，应采取局部气体收集措施，废气应排放至挥发性有机物废气收集处理系统。

c. 液态挥发性有机物物料应采用密闭管道输送。采用非管道输送方式转移液态挥发性有机物物料时，应采用密闭容器。粉状、粒状挥发性有机物物料应采用气力输送设备、管状带式输送机、螺旋输送机等密闭输送方式，或者采用密闭的包装袋、容器进行物料转移。

③ 挥发性有机物质量占比大于等于10％的含挥发性有机物原辅材料使用过程无法密闭的，应采取局部气体收集措施，废气应排放至挥发性有机物废气收集处理系统。

④ 对无组织排放设施应实现废气源密闭化，将其变为有组织排放；建筑物内废气无组织排放源应采用全空间或局部空间有组织强制通风收集系统；对敞开式恶臭排放源（废水治理设施的调节池、酸化池、好氧池、污泥浓缩池等），应采取覆盖方式进行密闭收集。收集系统在设计时，对高浓度挥发性有机物区域应考虑防爆和安全要求。根据恶臭控制要求，按照不同构筑物种类和池型设置密闭系统抽风口和补风口，并配备风阀进行控制。

⑤ 所有废气收集系统应采用技术经济合理的密闭方式，具有耐腐、气密性好的特性，同时考虑具备阻燃和抗静电等性能，并结合其他专业设备的运行、维护需要，设置观察口、呼吸阀等设施。

⑥ 载有挥发性有机物物料的设备及其管道在开停工（车）、检维修和清洗时，应在退料阶段将残存物料退净，并用密闭容器盛装，退料过程废气应排至挥发性有机物废气收集处理系统；清洗及吹扫过程排气应排至挥发性有机物废气收集处理系统。

2. 废水

a. 应当按照相关法律法规、标准和技术规范等要求运行废水治理设施并进行维护和管理，保证设施运行正常，处理、排放水污染物符合国家或地方污染物排放标准的规定。

b. 应进行雨污分流、清污分流、冷热分流，分类收集、分质处理，循环利用，污染物稳定达到排放标准要求。

c. 高浓度有机/无机废水宜单独收集进行综合利用或预处理，再与中低浓度工艺废水（冲洗水、洗涤水等）混合处理。

d. 生产设施、废水收集系统以及废水治理设施应同步运行。废水收集系统或废水治理设施发生故障或检修时，应停止运转对应的生产设施，报告当地生态环境主管部门，待检修完毕后同时投入使用。

　　e. 废水治理设施应在满足设计工况的条件下运行，并根据工艺要求，定期对设备、电气、自控仪表及构筑物进行检查维护，确保废水治理设施可靠运行。

　　f. 做好排放口管控，正常情况下，厂区内除雨水排放口、生活污水排放口和废水总排放口外，不得设置其他未纳入监管的排放口。

3. 固体废物

　　a. 加强固体废物收集、贮存、利用、处置等各环节的环境管理，一般工业固体废物和危险废物暂存应采取措施有效防止有毒有害物质渗漏、流失和扬散。

　　b. 生产过程中产生的可自行利用的固体废物应尽可能进行综合利用，不能利用的固体废物按照法规标准进行处理处置。

　　c. 固体废物自行综合利用时，应采取有效措施防治二次污染。

　　d. 危险废物应按照相关规定严格执行危险废物转移联单制度。

4. 地下水和土壤污染

　　a. 源头控制：对有毒有害物质特别是液体或者粉状固体物质的储存及输送、生产加工、废水治理、固体废物堆放时，采取相应的防渗漏、泄漏措施。

　　b. 分区防控：原辅料及燃料储存区、输送管道、废水治理设施、固体废物堆存区的防渗要求，应满足国家和地方标准、防渗技术规范要求。

　　列入设区的市级以上地方人民政府生态环境主管部门制定的土壤污染重点监管单位名录的排污单位，应当履行下列义务并在排污许可证中载明：

　　a. 严格控制有毒有害物质排放，并按年度向生态环境主管部门报告排放情况。

　　b. 建立土壤污染隐患排查制度，保证持续有效防止有毒有害物质渗漏、流失、扬散。

　　c. 制定、实施自行监测方案，并将监测数据报生态环境主管部门。

5.8　自行监测要求

　　排污单位在申请排污许可证时，应按照相关规定提出的产排污环节、排放口、污染物种类及排放限值等要求制定自行监测方案，并在全国排污许可证管理信息平台中明确。随着《排污单位自行监测技术指南 橡胶和塑料制品》（HJ 1207）的发布实施，塑料制品工业企业自行监测的相关要求按照该技术指南执行。

5.8.1　重点管理排污单位

5.8.1.1　废气

（1）主要排放口

主要排放口的颗粒物实施自动监测，实施手工监测的二甲基甲酰胺、苯、甲苯、二甲苯、VOCs、臭气浓度和恶臭特征污染物最低监测频次执行 1 次/季度。

（2）一般排放口

一般排放口涉及流延膜工艺废气的非甲烷总烃、颗粒物、氯乙烯、臭气浓度和恶臭特征污染物最低监测频次执行 1 次/季度，其他工艺废气一般排放口最低监测频次执行 1 次/半年。

（3）无组织排放

厂界监测点位最低监测频次执行 1 次/半年；厂区内挥发性有机物无组织排放监测，可根据 GB 37822 及地方生态环境管理要求确定。

5.8.1.2　废水

（1）废水总排放口

塑料人造革与合成革制造排污单位综合废水总排放口的流量、pH 值、化学需氧量、氨氮实施自动监测，塑料制品制造排污单位未纳入自动监测指标的直接排放和间接排放的其他监测指标最低监测频次执行 1 次/季度和 1 次/半年。

（2）生活污水

直接排放的生活污水单独排放口最低监测频次执行 1 次/季度，间接排放的生活污水单独排放口不需监测。

（3）雨水排放口

所有类别的塑料制品制造排污单位直接排放的雨水排放口的化学需氧量、石油类最低监测频次执行 1 次/月或 1 次/季度。其中，雨水排放口有流动水排放时按月监测，若监测一年无异常情况的，可放宽至每季度开展一次监测，具体情况按照地方管理部门要求执行。

5.8.2　简化管理排污单位

5.8.2.1　废气

（1）有组织排放

有组织排放的非甲烷总烃最低监测频次执行 1 次/半年，其他指标执行 1 次/年。

（2）无组织排放

厂界监测点最低监测频次执行 1 次/年；厂区内挥发性有机物无组织排放监测，可根据 GB 37822 及地方生态环境管理部门要求确定。

5.8.2.2　废水

直接排放的废水总排放口和生活污水排放口最低监测频次执行 1 次/半年；间接排放的废水总排放口最低监测频次执行 1 次/年，间接排放的生活污水单独排放口和雨水排放口不需要监测。

HJ 1207 文本摘要：塑料制品工业排污单位废气监测点位、监测指标及最低监测频次

类别	监测点位	监测指标	重点排污单位		非重点排污单位
			主要排放口	一般排放口	
塑料人造革制造	配料、涂覆、塑化发泡、冷却、涂刮、烘干、贴合、预塑化、压延成型、挤出、流延排气筒	二甲基甲酰胺①、苯①、甲苯①、二甲苯①、VOCs②、臭气浓度③、恶臭特征污染物③	季度	半年	年
		颗粒物④	自动监测	半年	年
塑料合成革制造（干法工艺）	配料、涂刮、贴合、烘干排气筒	二甲基甲酰胺①、苯①、甲苯①、二甲苯①、VOCs②、臭气浓度③、恶臭特征污染物③	季度	半年	年
		颗粒物④	自动监测	半年	年
塑料合成革制造（湿法工艺）	配料、含浸、涂刮、凝固、水洗、烘干、冷却排气筒	二甲基甲酰胺①、臭气浓度③、恶臭特征污染物③	季度	半年	年
塑料合成革制造（超细纤维工艺）	配料、含浸、凝固、水洗、抽出、干燥排气筒	二甲基甲酰胺①、苯①、甲苯①、二甲苯①、VOCs②、臭气浓度③、恶臭特征污染物③	季度	半年	年
塑料人造革合成革制造	二甲基甲酰胺回收精馏塔排气筒	二甲基甲酰胺、臭气浓度	季度	半年	年
	后处理排气筒	苯①、甲苯①、二甲苯①、VOCs②、臭气浓度③、恶臭特征污染物③	季度	半年	年
使用聚氯乙烯树脂生产的塑料薄膜制造	混料、挤出、吹膜、成型排气筒	非甲烷总烃	—	半年（季度⑤）	半年
		颗粒物、氯乙烯、臭气浓度③、恶臭特征污染物③	—	半年（季度⑤）	年
使用除聚氯乙烯以外的树脂生产的塑料薄膜制造		非甲烷总烃	—	半年（季度⑤）	半年
		颗粒物、特征污染物⑥、臭气浓度③、恶臭特征污染物③	—	半年（季度⑤）	年

表头说明：有组织废气排放监测；监测频次。

续表

有组织废气排放监测					
类别	监测点位	监测指标	监测频次		
			重点排污单位		非重点排污单位
			主要排放口	一般排放口	
使用聚氯乙烯树脂生产的塑料板管型材制造	混料、挤出、成型排气筒	非甲烷总烃	—		半年
		颗粒物、氯乙烯、臭气浓度③、恶臭特征污染物③	—	半年	年
使用除聚氯乙烯以外的树脂生产的塑料板管型材制造		非甲烷总烃	—		半年
		颗粒物、特征污染物⑥、臭气浓度③、恶臭特征污染物③	—	半年	年
使用聚氯乙烯树脂生产的塑料丝绳及编织品制造	混料、挤出、喷丝排气筒	非甲烷总烃	—		半年
		颗粒物、氯乙烯、臭气浓度③、恶臭特征污染物③	—	半年	年
使用除聚氯乙烯以外的树脂生产的塑料丝绳及编织品制造		非甲烷总烃	—		半年
		颗粒物、特征污染物⑥、臭气浓度③、恶臭特征污染物③	—	半年	年
使用聚氯乙烯树脂生产的泡沫塑料制造	配料、涂覆、发泡、挤出、成型、熟化排气筒	非甲烷总烃	—		半年
		颗粒物、氯乙烯、臭气浓度③、恶臭特征污染物③	—	半年	年
使用除聚氯乙烯以外的树脂生产的泡沫塑料制造		非甲烷总烃	—		半年
		颗粒物、特征污染物⑥、臭气浓度③、恶臭特征污染物③	—	半年	年
使用聚氯乙烯树脂生产的塑料包装箱及容器制造	塑化、成型排气筒	非甲烷总烃	—		半年
		颗粒物、氯乙烯、臭气浓度③、恶臭特征污染物③	—	半年	年
使用除聚氯乙烯以外的树脂生产的塑料包装箱及容器制造		非甲烷总烃	—		半年
		颗粒物、特征污染物⑥、臭气浓度③、恶臭特征污染物③	—	半年	年
使用聚氯乙烯树脂生产的日用塑料制品制造	塑化、成型、模压排气筒	非甲烷总烃	—		半年
		颗粒物、氯乙烯、臭气浓度③、恶臭特征污染物③	—	半年	年
使用除聚氯乙烯以外的树脂生产的日用塑料制品制造		非甲烷总烃	—		半年
		颗粒物、特征污染物⑥、臭气浓度③、恶臭特征污染物③	—	半年	年
使用聚氯乙烯树脂生产的人造草坪制造	挤出、喷丝、背胶、烘干排气筒	非甲烷总烃	—		半年
		颗粒物、氯乙烯、臭气浓度③、恶臭特征污染物③	—	半年	年

续表

有组织废气排放监测					
类别	监测点位	监测指标	监测频次		
			重点排污单位		非重点排污单位
			主要排放口	一般排放口	
使用除聚氯乙烯以外的树脂生产的人造草坪制造	挤出、喷丝、背胶、烘干排气筒	非甲烷总烃	—		半年
		颗粒物、特征污染物⑥、臭气浓度③、恶臭特征污染物③	—	半年	年
使用聚氯乙烯树脂生产的塑料零件及其他塑料制品制造	配料、塑化、成型、浸渍、烘干、层压排气筒	非甲烷总烃			半年
		颗粒物、氯乙烯、臭气浓度③、恶臭特征污染物③	—	半年	年
使用除聚氯乙烯以外的树脂生产的塑料零件及其他塑料制品制造		非甲烷总烃			半年
		颗粒物、特征污染物⑥、臭气浓度③、恶臭特征污染物③		半年	年
所有类别的塑料制品制造	印刷排气筒	挥发性有机物⑦、苯①、甲苯①、二甲苯①	—		半年
	有机废气治理设施(燃烧法)排气筒	二氧化硫⑧、氮氧化物⑧	季度	半年	年
	综合废水处理站排气筒	臭气浓度③、恶臭特征污染物③	—	半年	年

①排污单位生产过程中不使用含二甲基甲酰胺、苯、甲苯、二甲苯有机溶剂的,监测指标可不包括二甲基甲酰胺、苯、甲苯、二甲苯。

②塑料人造革合成革工业排污单位执行 GB 21902,以 VOCs 作为挥发性有机物排放的综合控制指标;地方标准中以非甲烷总烃作为管控指标的,从其规定。

③环境影响评价文件及其审批意见确定需要监测臭气浓度、恶臭特征污染物的,应监测臭气浓度、恶臭特征污染物,臭气浓度、恶臭特征污染物执行 GB 14554,恶臭特征污染物种类按环境影响评价文件及其审批意见确定;地方标准有更严格要求的,从其规定。

④使用聚氯乙烯树脂生产的,应对颗粒物进行监测。

⑤采用流延膜工艺的废气最低监测频次为季度,采用其他工艺的废气最低监测频次为半年。

⑥特征污染物执行 GB 31572,污染物种类按使用的合成树脂类型确定。

⑦《技术规范》使用非甲烷总烃作为挥发性有机物排放的综合管控指标,待印刷工业相关污染物排放标准实施后,从其规定。

⑧若生产过程中产生的有机废气采用燃烧法进行治理,除监测生产工艺废气排放口对应的监测指标外,增加监测二氧化硫、氮氧化物。

注:1.废气监测须按照相应监测分析方法、技术规范同步监测废气参数。

2.根据环境影响评价文件及其审批意见,结合项目工艺及产排污特点,选择项目所包含监测点位进行监测。

3.设区的市级及以上生态环境主管部门明确要求安装自动监测设备的污染物指标,必须采取自动监测。

文本摘要：塑料制品工业排污单位无组织废气排放监测点位、监测指标及最低监测频次

无组织废气监测				
类别	监测点位	监测指标	监测频次	
			重点排污单位	非重点排污单位
塑料人造革合成革制造	厂界	二甲基甲酰胺[①]、苯[①]、甲苯[①]、二甲苯[①]、VOCs[②]、臭气浓度[③]、恶臭特征污染物[③]	半年	年
使用聚氯乙烯树脂生产的塑料制品制造（除塑料人造革合成革制造外）	厂界	非甲烷总烃、臭气浓度[③]、恶臭特征污染物[③]	半年	年
使用除聚氯乙烯以外的树脂生产的塑料制品制造（除塑料人造革合成革制造外）	厂界	氯化氢、苯[①]、甲苯[①]、非甲烷总烃、臭气浓度[③]、恶臭特征污染物[③]	半年	年

① 排污单位生产过程中不使用含二甲基甲酰胺、苯、甲苯、二甲苯有机溶剂的，监测指标可不包括二甲基甲酰胺、苯、甲苯、二甲苯。

② 塑料人造革合成革工业排污单位执行 GB 21902，以 VOCs 作为挥发性有机物排放的综合控制指标。

③ 环境影响评价文件及其批复确定需要监测臭气浓度、恶臭特征污染物的，应监测臭气浓度、恶臭特征污染物，臭气浓度、恶臭特征污染物执行 GB 14554 恶臭特征污染物种类按环境影响评价文件及其批复确定。

注：1. 无组织废气排放监测应同步监测气象参数。

2. 塑料人造革合成革制造、使用聚氯乙烯树脂生产的塑料制品制造排污单位厂区内 VOCs 无组织排放监测要求按 GB 37822 规定执行；使用除聚氯乙烯以外的树脂生产的塑料制品制造（除塑料人造革合成革制造外）排污单位厂区内 VOCs 无组织排放监测要求按 GB 31572 规定执行。

文本摘要：塑料制品工业排污单位废水排放口监测指标及最低监测频次

类别	监测点位	监测指标	监测频次			
			重点排污单位		非重点排污单位	
			直接排放	间接排放	直接排放	间接排放
塑料人造革合成革制造	废水总排放口	流量、pH 值、化学需氧量、氨氮	自动监测		半年	年
		色度、悬浮物、总氮、总磷、甲苯[①]、二甲基甲酰胺[①]	季度	半年	半年	年
使用聚氯乙烯树脂生产的塑料制品制造（除塑料人造革合成革制造外）		流量、pH 值、悬浮物、化学需氧量、五日生化需氧量、氨氮、石油类	季度	半年	半年	年
使用除聚氯乙烯以外的树脂生产的塑料制品制造（除塑料人造革合成革制造外）		流量、pH 值、悬浮物、化学需氧量、五日生化需氧量、氨氮、总氮、总磷、总有机碳、可吸附有机卤化物、特征污染物[②]	季度	半年	半年	年

续表

类别	监测点位	监测指标	监测频次			
			重点排污单位		非重点排污单位	
			直接排放	间接排放	直接排放	间接排放
塑料人造革合成革制造	生活污水排放口	流量、pH 值、化学需氧量、氨氮、色度、悬浮物、总氮、总磷、甲苯[①]、二甲基甲酰胺[①]	季度	—	半年	—
使用聚氯乙烯树脂生产的塑料制品制造（除塑料人造革合成革制造外）		流量、pH 值、悬浮物、化学需氧量、五日生化需氧量、氨氮、石油类、动植物油	季度	—	半年	—
使用除聚氯乙烯以外的树脂生产的塑料制品制造（除塑料人造革合成革制造外）		流量、pH 值、悬浮物、化学需氧量、五日生化需氧量、氨氮、总氮、总磷、总有机碳、可吸附有机卤化物、特征污染物[②]	季度	—	半年	—
所有类别的塑料制品制造	雨水排放口	化学需氧量、石油类	月（季度[③]）	—	—	—

① 排污单位生产过程中不使用含甲苯、二甲基甲酰胺有机溶剂的，监测指标可不包括甲苯、二甲基甲酰胺。
② 特征污染物执行 GB 31572，污染物种类按使用的合成树脂类型确定。
③ 雨水排放口有流动水排放时按月监测。若监测一年无异常情况，可放宽至每季度开展一次监测。
注：设区的市级及以上生态环境主管部门明确要求安装自动监测设备的污染物指标，应采取自动监测。

5.9 实际排放量核算

《技术规范》规定排污单位的大气、水污染物在核算时段内的实际排放量等于正常情况与非正常情况实际排放量之和，核算时段可以为季度、年或者特殊时段。其中，非正常情况包括生产设施非正常工况（如设施启停机、设备故障、设备检修等）及污染防治（控制）设施非正常状况（如故障等引起的达不到应有治理效果或同步运转率）等。

《技术规范》要求本行业采用实测法和产污系数法进行实际排放量核算，其中实测法包括自动监测法和手工监测法。正常情况下可采用实测法或产污系数法进行核算，非正常情况下无法采用实测法核算的，采用产污系数法核算污染物实际排放量，且按照直接排放计算。

正常情况，对于排污许可证中要求采用自动监测的排放口和污染物，应根据符合监测规范的有效自动监测数据核算污染物实际排放量；未采用的，则使用产污系数法且按直接排放进行核算。对于未要求采用自动监测的，按照优先顺序选取自动监测数据、手工监测数据核算污染物实际排放量。对于采用自动监测但手工监测数据和自动监测数据不一致的，手工监测数据符合法定监测标准和监测方法要求的，以手工监测数据为准。

具体而言，对于废气，计算塑料人造革与合成革制造排污单位废气处理设施排放口颗粒物、挥发性有机物的实际排放量；塑料制品排污单位中涉及喷涂工序且年用溶剂型涂料（含稀释剂）量 10t 及以上的喷涂（含喷涂、流平）废气、烘干废气排放口计算颗粒物、挥发性有机物的实际排放量。对于废水，计算塑料人造革与合成革制造排污单位废气总排放口化学需氧量、氨氮的实际排放量；位于国家正式发布文件中规定的总磷、总氮总量控制区的排污单位还应计算其总氮、总磷的实际排放量。

文本摘要：废气污染物实际排放量核算方法

1. 正常情况

（1）实测法

1）采用自动监测数据核算

废气自动监测实测法是指根据符合监测规范的有效自动监测数据污染物的小时平均排放浓度、小时排气量、运行时间核算污染物实际排放量。排污单位某项大气污染物实际排放量，按公式（1）、公式（2）进行核算。

$$E_i = \sum_{j=1}^{T}(C_{i,j}Q_{i,j} \times 10^{-9}) \tag{1}$$

$$E_z = \sum_{i=1}^{m}E_i \tag{2}$$

式中　E_i——核算时段内第 i 个主要排放口某项污染物的实际排放量，t；

　　　E_z——排污单位核算时段内某项污染物的实际排放量，t；

　　　m——主要排放口数量，个；

　　　$C_{i,j}$——第 i 个主要排放口某项污染物在第 j 小时的自动实测平均排放浓度（标态），mg/m³；

　　　$Q_{i,j}$——第 i 个主要排放口某项污染物在第 j 小时的排气量（标态），m³/h；

　　　T——核算时段内的污染物排放时间，h。

对于因自动监控设施发生故障以及其他情况导致监测数据缺失的，按 HJ 75 进行补遗。二氧化硫、氮氧化物、颗粒物在线监测数据缺失时段超过 25% 的自动监测数据不能作为核算实际排放量的依据，实际排放量按照"要求采用自动监测而未采用的排放口或污染物"的相关规定进行计算。其他污染物在线监测数据缺失情形可参照核算，生态环境部另有规定的从其规定。

对于出现自动监测数据缺失或数据异常等情况的排污单位，若排污单位能提供材料充分证明不是其责任的，可按照排污单位提供的手工监测数据核算实际排放量，或者按照上一个半年申报期间的稳定运行期间自动监测数据的小时浓度均值和半年平均烟气量，核算数据缺失时段的实际排放量。

2）采用手工监测数据核算

废气手工监测实测法是指采用每次手工监测时段内污染物的小时平均排放浓度、小时排气量、运行时间核算污染物实际排放量，核算方法见公式（3）和公式（4）。排污单位应将手工监测时段内生产负荷与核算时段内的平均生产负荷进行对比，并给出对比结果。

$$E_i = \sum_{j=1}^{m} (C_j Q_j T_j \times 10^{-9}) \tag{3}$$

式中 E_i——核算时段内第 i 个主要排放口某项污染物的实际排放量，t；

m——核算时段内某项污染物的监测时段数量，个；

C_j——第 i 个主要排放口某项污染物在第 j 个监测时段的实测小时平均排放浓度（标态），mg/m³；

Q_j——第 i 个主要排放口某项污染物在第 j 个监测时段的平均排气量（标态），m³/h；

T_j——第 i 个主要排放口第 j 个监测时段的累计运行时间，h。

$$C_j = \frac{\sum_{k=1}^{n} (C_k Q_k)}{\sum_{k=1}^{n} Q_k}, \quad Q_j = \frac{\sum_{k=1}^{n} Q_k}{n} \tag{4}$$

式中 C_k——核算时段内某项污染物第 k 次监测的小时平均浓度（标态），mg/m³；

Q_k——核算时段内某项污染物第 k 次监测的排气量（标态），m³/h；

n——核算时段内取样监测次数，无量纲。

（2）产污系数法

采用产污系数法核算实际排放量的污染物，按公式（5）核算。

$$E = M\beta \times 10^{-3} \tag{5}$$

式中 E——核算时段内主要排放口某项大气污染物的实际排放量，t；

M——核算时段内产品产量，10^4 m² 革；

β——产污系数，污染物/产品，kg/10^4 m² 革，推荐取值参见《技术规范》附录表 G.2；待第二次全国污染源普查核算的塑料制品工业产污系数发布后，参照取值。

2. 非正常情况

生产过程中开停车（工、炉）、设备检修、工艺设备运转异常等非正常工况下的污染物排放，以及污染物排放控制措施达不到应有效率等情况下的排放，大气污染物实际排放量优先采用实测法核算，无法采用实测法核算的采用产污系数法核算污染物实际排放量，且按直接排放进行核算。核算时段为非正常运行时段。

文本摘要：废水污染物实际排放量核算方法

1. 正常情况

（1）实测法

1）采用自动监测数据核算

废水自动监测实测法是指根据符合监测规范的有效自动监测数据，按照公式（1）核算污染物实际排放量。

$$E_j = \sum_{i=1}^{T}(c_{i,j}Q_i \times 10^{-6}) \tag{1}$$

式中　E_j——核算时段内主要排放口第 j 项污染物的实际排放量，t；

　　　$c_{i,j}$——第 j 项污染物在第 i 日的实际平均排放浓度，mg/L；

　　　Q_i——第 i 日的流量，m^3/d；

　　　T——核算时段内的污染物排放时间，d。

在自动监测数据由于某种原因出现中断或其他情况时，可根据 HJ 356 进行排放量补遗。

2）采用手工监测数据核算

废水手工监测实测法是指根据每次手工监测时段内监测数据，按照公式（2）、公式（3）核算污染物实际排放量。排污单位应将手工监测时段内生产负荷与核算时段内平均生产负荷进行对比，并给出对比结果。

$$E = cqh \times 10^{-6} \tag{2}$$

$$c = \frac{\sum_{i=1}^{n}(c_iq_i)}{\sum_{i=1}^{n}q_i}, \quad q = \frac{\sum_{i=1}^{n}q_i}{n} \tag{3}$$

式中　E——核算时段内主要排放口某项水污染物的实际排放量，t；

　　　c——核算时段内主要排放口某项水污染物的实测日加权平均排放浓度，mg/L；

　　　q——核算时段内主要排放口的日平均排水量，m^3/d；

　　　c_i——核算时段内某项水污染物第 i 次监测的日监测浓度，mg/L；

　　　q_i——核算时段内第 i 次监测的日排水量，m^3/d；

　　　n——核算时段内取样监测次数，无量纲；

　　　h——核算时段内主要排放口的水污染物排放时间，d。

（2）产污系数法

采用产污系数法核算污染物实际排放量的，按照公式（4）进行核算。

$$E = P\beta_\varepsilon 10^{-3} \tag{4}$$

式中　E——核算时段内主要排放口某项水污染物的实际排放量，t；

　　　　P——核算时段内产品产量，$10^4 \mathrm{m}^2$ 革；

　　　　β_ε——产污系数，污染物/产品，$\mathrm{kg}/10^4\mathrm{m}^2$ 革，推荐取值参见《技术规范》附录表 G.2；待第二次全国污染源普查核算的塑料制品工业产污系数发布后，参照取值。

2. 非正常情况

废水处理设施非正常情况下的排水，如无法满足排放标准要求时，不应直接排入外环境，待废水处理设施恢复正常运行且满足排放标准要求后方可排放。如因特殊原因造成废水处理设施未正常运行而超标排放污染物的或其他情况外排的，采用产污系数法核算污染物实际排放量，且按直接排放进行核算，核算时段为非正常运行时段。

5.10　环境管理台账记录要求

台账记录内容主要包括与污染物排放相关的主要生产设施运行情况，发生异常情况的应记录原因和采取的措施；污染防治设施运行情况及管理信息，发生异常情况的应记录原因和采取的措施；污染物实际排放浓度和排放量，发生超标情况的应当记录超标原因和采取的措施；其他要求等。台账记录方式可以是电子台账也可以是纸质台账，保存期限不少于 3 年。地方管理部门有更严格要求的，从其规定。需要特别说明的是，《技术规范》发布后，国务院于 2021 年 1 月发布的《排污许可管理条例》（国令 第 736 号）加强了对环境台账保存期限的要求，其中第二十一条规定，环境管理台账记录保存期限不得少于 5 年。

文本摘要：台账记录内容

1. 基本信息

基本信息主要包括企业排污单位基本信息、生产设施基本信息、污染治理设施基本信息。如排污单位工艺、设施调整等发生变化的，应在基本信息台账记录表中进行相应修改，并将变化内容进行说明同时纳入执行报告中。

① 排污单位基本信息：单位名称、生产经营场所地址、行业类别、法定代表人、统一社会信用代码、产品名称、生产工艺、生产规模、环保投资、环评批复文号、排污权交易文件及排污许可证编号等。

② 生产设施基本信息：生产设施（设备）名称、编码、型号、规格参数、设计生产能力等。

③ 污染治理设施基本信息：治理设施名称、编码、型号、规格参数等。

2. 生产设施运行管理信息

排污单位应定期记录生产设施运行状况并留档保存，应按班次至少记录以下内容：

① 生产运行情况包括生产设施（设备）、公用单元和全厂运行情况，重点记录排污许可证中相关信息的实际情况及与污染物治理、排放相关的主要运行参数，以及正常情况各生产单元主要生产设施（设备）的累计生产时间、主要产品产量、原辅材料使用情况等数据。

② 产品产量：记录统计时段内主要产品产量。

③ 原辅材料：记录名称、用量单位、密度、主要成分含量、含水率、挥发性有机物含量、用量、品牌。

④ 燃料：记录种类、用量、成分、热值、品质。涉及二次能源的需建立能源平衡报表，应填报一次购入能源和二次转化能源。

3. 污染防治设施运行管理信息

① 正常情况：污染防治设施运行信息应按照设施类别分别记录设施的实际运行相关参数和维护记录。

a. 有组织废气治理设施记录设施运行时间、运行参数、污染排放情况等。

b. 无组织废气排放控制记录措施执行情况。

c. 废水处理设施应记录废水类别、处理能力、运行状态、污染排放情况、药剂名称及使用量、投放时间、电耗、污泥产生量及污泥处理处置去向等。

② 非正常情况：污染防治设施非正常情况信息按工况记录，每工况记录一次，内容应记录设施名称和编号、非正常起始时刻、非正常终止时刻、污染物排放量、排放浓度、事件原因、是否报告、应对措施等。

4. 其他环境管理信息

排污单位在特殊时段应记录管理要求、执行情况（包括特殊时段生产设施运行管理信息和污染防治设施运行管理信息）。排污单位还应根据环境管理要求和排污单位自行监测内容需求，自行增补记录。

5. 监测记录信息

排污单位应建立污染防治设施运行管理监测记录，记录、台账的形式和质量控制参照 HJ/T 373、HJ 819 等相关要求执行。《排污单位自行监测技术指南　橡胶和塑料制品》发布后，从其规定。

文本摘要：台账记录频次

1. 基本信息

对于未发生变化的基本信息，按年记录，1 次/年；对于发生变化的基本信息，在发生变化时记录 1 次。

2. 生产设施运行管理信息

1）正常工况

① 生产运行状况：按照排污单位生产批次记录，每批次记录 1 次。

② 产品产量：连续性生产的排污单位产品产量按照批次记录，每批次记录 1 次。周期性生产的设施按照一个周期进行记录，周期小于 1 日的按照 1 日记录。

③ 原辅料、燃料用量：按照批次记录，每批次记录 1 次。

2）非正常工况

按照工况期记录，每工况期记录 1 次。

3. 污染防治设施运行管理信息

1）正常情况

① 污染防治设施运行状况：每日记录 1 次。

② 采取无组织废气污染控制措施的信息记录频次原则上不小于 1 日。

③ 污染物产排污情况：连续排放污染物的，按照日记录，每日记录 1 次。非连续排放污染物的，按照产排污阶段记录，每个产排污阶段记录 1 次。安装自动监测设施的按照自动监测频率记录，DCS 原则上以 7 日为周期截屏。

④ 药剂添加情况：采用批次投放的，按照投放批次记录，每投放批次记录 1 次。采用连续加药方式的，每班次记录 1 次。

2）非正常情况：按照非正常情况期记录，每非正常情况期记录 1 次，包括起止时间、污染物排放浓度、非正常原因、应对措施、是否报告等。

4. 监测记录信息

按照《技术规范》4.4.3 中所确定的监测频次要求记录。

5. 其他环境管理信息

重污染天气和应对期间特殊时段的台账记录频次原则上与正常生产记录频次一致，涉及特殊时段停产的排污单位或生产工序，期间原则上仅对起始和结束当天进行 1 次记录，地方生态环境主管部门有特殊要求的，从其规定。

5.11　排污单位执行报告编制要求

重点管理排污单位需要提交年度和季度（月）执行报告，简化管理排污单位只提交年度执行报告。

季度执行报告应包括污染物实际排放浓度和排放量、合规判定分析、超标排放或污染防治设施异常情况说明等内容，以及各月度生产小时数、主要产品及其产量、主要原辅料及燃料消耗量、新水用量及废水排放量等信息。

年度执行报告不仅包含季度报告内容，还需增加排污单位基本生产信息、污染防治设施运行情况、自行监测执行情况、环境管理台账记录执行情况、信息公开情况、排污单位内部环境管理体系建设与运行情况、其他排污许可证规定的内容执行情况、其他需要说明的问题、结论、附图附件等。

文本摘要：执行报告分类、周期、编制流程

1. 报告分类及周期

（1）报告分类

排污许可证执行报告按报告周期分为年度执行报告、季度执行报告。排污单位应当按照排污许可证规定的时间提交执行报告。实行重点管理的排污单位应提交年度执行报告和季度执行报告。

（2）报告周期

1）年度执行报告

对于持证时间超过 3 个月的年度，报告周期为当年全年（自然年）；对于持证时间不足 3 个月的年度，当年可不提交年度执行报告，排污许可执行情况纳入下一年度执行报告。

2）季度执行报告

对于持证时间超过 1 个月的季度，报告周期为当季全季（自然季度）；对于持证时间不足 1 个月的季度，该报告周期内可不提交季度执行报告，排污许可执行情况纳入下一季度执行报告。

2. 编制流程

流程包括资料收集与分析、编制、质量控制、提交四个阶段，具体要求按照 HJ 944 执行。

文本摘要：报告编制内容

1. 年度执行报告

年度执行报告编制内容如下，具体内容可根据排污单位的管理要求选择，重点管理排污单位根据《技术规范》附录 E 编制。

① 排污单位基本情况；

② 污染防治设施运行情况；

③ 自行监测执行情况；

④ 环境管理台账执行情况；

⑤ 实际排放情况及合规判定分析；

⑥ 信息公开情况；

⑦ 排污单位内部环境管理体系建设与运行情况；

⑧ 其他排污许可证规定的内容执行情况；

⑨ 其他需要说明的问题；

⑩ 结论；

⑪ 附图附件。

2. 季度执行报告

季度执行报告应包括污染物实际排放浓度和排放量、合规判定分析、超标排放或污染防治设施非正常情况说明等内容，以及各月度生产小时数、主要产品及其产量、主要原辅料及燃料消耗量、新水用量及废水排放量等信息。

5.12　合规判定方法

许可事项合规是指排污单位排放口位置和数量、排放方式、排放去向、排放污染物种类、排放限值、环境管理要求符合排污许可证规定。

① 排放限值合规是指排污单位污染物实际排放浓度和排放量（不含简化管理）满足许可排放限值要求；环境管理要求合规是指排污单位按排污许可证规定落实自行监测、台账记录、执行报告、信息公开等环境管理要求。

② 生态环境主管部门可依据排污单位环境管理台账、执行报告、自行监测记录中的内容，判断其污染物排放浓度和排放量（不含简化管理）是否满足许可排放限值要求，无组织管控措施是否满足许可要求，也可通过执法监测判断其污染物排放浓度是否满足许可排放限值要求。

文本摘要：废气合规判定

1. 排放浓度合规判定

排污单位废气排放浓度合规是指各有组织排放口和排污单位厂界无组织污染物排放浓度满足相关标准要求。

排污单位各废气排放口的排放浓度合规是指"任一小时浓度均值均满足许可排放浓度要求"。小时浓度均值根据排污单位自行监测（包括自动监测和手工监测）、执法监测进行确定。排放标准中浓度限值非小时均值的污染物，其排放浓度达标是指按照相关监测要求测定的排放浓度满足许可排放浓度要求。生态环境部发布自动监测数据达标判定方法的，从其规定。

（1）执法监测

按照 GB/T 16157、HJ/T 397、HJ/T 55、HJ 905 等监测规范要求获取的执法监

测数据超过许可排放浓度限值的，即视为不合规。相关标准中对采样频次和采样时间有规定的，按相关标准的规定执行。

（2）排污单位自行监测

1）自动监测

将按照监测规范要求获取的有效自动监测数据计算得到的有效小时浓度均值与许可排放浓度对比，超过许可排放浓度的，即视为不合规。对于应当采用自动监测而未采用的排放口或污染物，即认为不合规。

2）手工监测

对于未要求采用自动监测的排放口或污染物，应进行手工监测，按照自行监测方案、监测规范要求获取的监测数据计算得到的有效小时浓度均值超过许可排放浓度的，即视为不合规。

对于连续生产设施，手工监测应在生产稳定状态下进行；对于间歇生产设施，手工监测至少应包括一个完整的生产周期。

2. 排放量合规判定

排污单位有组织排放源主要排放口的大气污染物年实际排放量之和不超过主要排放口污染物年许可排放量之和，即视为合规。有特殊时段许可排放量要求的，实际排放量不得超过特殊时段许可排放量。

3. 无组织排放控制要求合规判定

无组织排放合规以现场检查《技术规范》4.3.3.2.2无组织排放控制要求落实情况为主，必要时辅以现场监测方式判定排污单位无组织排放合规性。

未按照《消耗臭氧层物质管理条例》的要求对消耗臭氧层物质采取必要措施的，即视为不合规。

文本摘要：废水合规判定

1. 排放浓度合规判定

排污单位各废水排放口污染物的排放浓度合规是指任一有效日均值［pH值、色度（稀释倍数）除外］满足许可排放浓度要求。排放标准中浓度限值非日均值的污染物，其排放浓度达标是指按相关监测规范要求测定的排放浓度满足许可排放浓度要求。生态环境部发布自动监测数据达标判定方法的，从其规定。

（1）执法监测

按照HJ 91.1监测规范要求获取的执法监测数据超过许可排放浓度限值的，即视为不合规。相关标准中对采样频次和采样时间有规定的，按相关标准的规定执行。

（2）排污单位自行监测

1）自动监测

按照监测规范要求获取的自动监测数据计算得到的有效日均浓度值［pH 值、色度（稀释倍数）除外］不超过许可排放浓度限值的，即视为合规。对于应当采用自动监测而未采用的排放口或污染物，即视为不合规。

有效日均浓度值的计算按照 HJ 355、HJ 356 等相关文件要求执行。

2）手工监测

按照 HJ 494、HJ 495、HJ 91.1 等开展手工监测，计算得到的有效日均浓度值不超过许可排放浓度的，即视为合规。

2. 排放量合规判定

废水排放口污染物排放量合规指排污单位主要排放口污染物年实际排放量之和不超过相应污染物的年许可排放量。

文本摘要：管理要求合规判定

生态环境主管部门依据排污许可证中的管理要求，以及塑料制品工业相关技术规范，审核环境管理台账记录和许可证执行报告；检查排污单位是否按照自行监测方案开展自行监测；是否按照排污许可证中环境管理台账记录要求记录相关内容，记录频次、形式等是否满足许可证要求；是否按照许可证中执行报告要求定期报告，报告内容是否符合要求等；是否按照许可证要求定期开展信息公开；是否满足特殊时段污染防治要求；是否满足污染防治运行管理要求。

第6章

行业排污许可证申请要点与典型案例分析

6.1 申请要点

6.1.1 排污许可证申报材料准备

6.1.1.1 材料收集必要性

根据目前排污许可的管理要求，为落实"自证守法"，企业要确保填报内容的全面、合理、真实、有效。塑料制品排污单位在排污许可证申报过程中主要存在以下难点。

① 相关资料需要整理汇总。申报时需要从设计文件、环评文件、总量指标控制文件、执行标准文件、行业相关技术规范、生产统计报表、各类证件等材料中获取资料。

② 环保管理信息较为分散。塑料制品工业的生产工艺流程繁多，环保管理信息依照生产工艺流程的职责分工散落于排污单位内部的不同部门之中。

③ 填报信息涵盖专业较多。塑料制品排污单位在申报排污许可证时，填报的信息涵盖多个专业。

因此，为了满足排污许可证申报要求，排污单位应在申报前做好申报信息的收集、整理，同时要求排污单位内部各相关部门予以配合，严格遵守《排污许可管理条例》《排污许可管理办法（试行）》等政策文件。

6.1.1.2 平台填报流程与填报内容

排污许可证申请表填报包括表1～表16，分别如下。

① 排污单位基本情况（表1）；

② 排污单位登记信息—主要产品及产能（表2）；

③ 排污单位登记信息—主要原辅材料及燃料（表3）；

④ 排污单位登记信息—排污节点及污染治理设施（表4）；

⑤ 大气污染物排放信息—排放口（表5）；

⑥ 大气污染物排放信息—有组织排放信息（表6）；

⑦ 大气污染物排放信息—无组织排放信息（表7）；

⑧ 大气污染物排放信息—企业大气排放总许可量（表8）；

⑨ 水污染物排放信息—排放口（表9）；

⑩ 水污染物排放信息—申请排放信息（表10）；

⑪ 固体废物管理信息（表11）；

⑫ 环境管理要求—自行监测要求（表12）；

⑬ 环境管理要求—环境管理台账记录要求（表13）；

⑭ 补充登记信息（表14）；

⑮ 地方生态环境主管部门依法增加的内容（表15）；

⑯ 相关附件（表16）。

排污单位应按照表1～表16的顺序依次填写。由于各填报信息的表格之间有逻辑性和关联性，排污单位在填报时应确保每一步填报信息的准确性和完整性。

6.1.1.3　平台填报材料梳理

填报各申请表所需的资料/数据清单见表6-1。

表6-1　填报各申请表所需资料/数据清单

申报表名称	所需资料/数据清单
排污单位基本情况	营业执照；统一社会信用代码；全部环评及批复文件；全部验收文件；地方政府对违规项目的认定或备案文件(如有)；主要污染物总量分配计划文件(如有)
排污单位登记信息—主要产品及产能	主要产品及产能设计信息；全部生产设施清单及设计参数信息
排污单位登记信息—主要原辅材料及燃料	全厂设计使用原辅材料、燃料信息；生产工艺流程图；厂区总平面布置图
排污单位登记信息—排污节点及污染治理设施	有组织排放口编号；污染治理设施；是否为可行技术(若非可行技术需提供说明材料)
大气污染物排放信息	排放口地理坐标；排气筒高度、排气筒出口内径、排气温度；污染物种类及执行的排放标准；污染物许可排放量计算过程；无组织排放源管控措施
水污染物排放信息	排放口地理坐标；排放去向；排放规律；受纳污水处理厂/自然水体信息；污染物种类及执行的排放标准；污染物许可排放量计算过程
固体废物管理信息	固体废物来源、种类、类别、处理方式；固体废物产生量、贮存量、利用量、处置量、排放量
环境管理要求	自行监测方案；监测点位示意图；环境管理台账记录要求
补充登记信息	主要产品、燃料使用、涉VOCs辅料使用、废气排放、废水排放、工业固体废物排放、其他需要说明的信息
地方生态环境主管部门依法增加的内容	有核发权的地方生态环境主管部门依法要求排污单位增加的内容
相关附件	守法承诺书；排污许可证申领信息公开情况说明表；通过排污权交易获取排污权指标的证明材料；地方规定的排污许可证申请表文件等

6.1.2　全国排污许可证管理信息平台账号注册及注意事项

6.1.2.1　账号注册流程及注意事项

信息填报系统的网址为 http：//permit. mee. gov. cn。也可以通过生态环境部官网

http：//www.mee.gov.cn进入，然后点击左上方"业务工作"→"排污许可"模块，点击"全国排污许可证管理信息平台"模块，进入信息平台公开端，界面如图 6-1 所示。对于初次申请排污许可证的单位，应首先打开网址，点击网上申报后进行注册，界面如图 6-2 所示。

图 6-1　全国排污许可证管理信息平台公开端界面

图 6-2　企业账号注册界面

注意事项：关于浏览器，建议优先采用 IE9 及以上 IE 浏览器，并将浏览器设为兼容模式。若发现仍无法正常使用，建议尝试其他浏览器；若登录不正常，请公司网管协助解决登录权限，确保网络正常。

6.1.2.2　注册信息填报内容及注意事项

（1）填报内容

申报单位名称、总公司单位名称、注册地址、生产经营场所地址、邮编、省份、城市、区县、流域、行业类别、其他行业类别、是否有统一社会信用代码或组织机构代码/营业执照注册号、统一社会信用代码、总公司统一社会信用代码、用户名、密码、手机号、电子邮箱、统一社会信用代码或组织机构代码或营业执照注册号复印件，见图 6-3 和图 6-4。

图 6-3　注册信息填报界面 1

（2）注意事项

① 填报时应对照注册说明进行填报，确保填报信息准确。

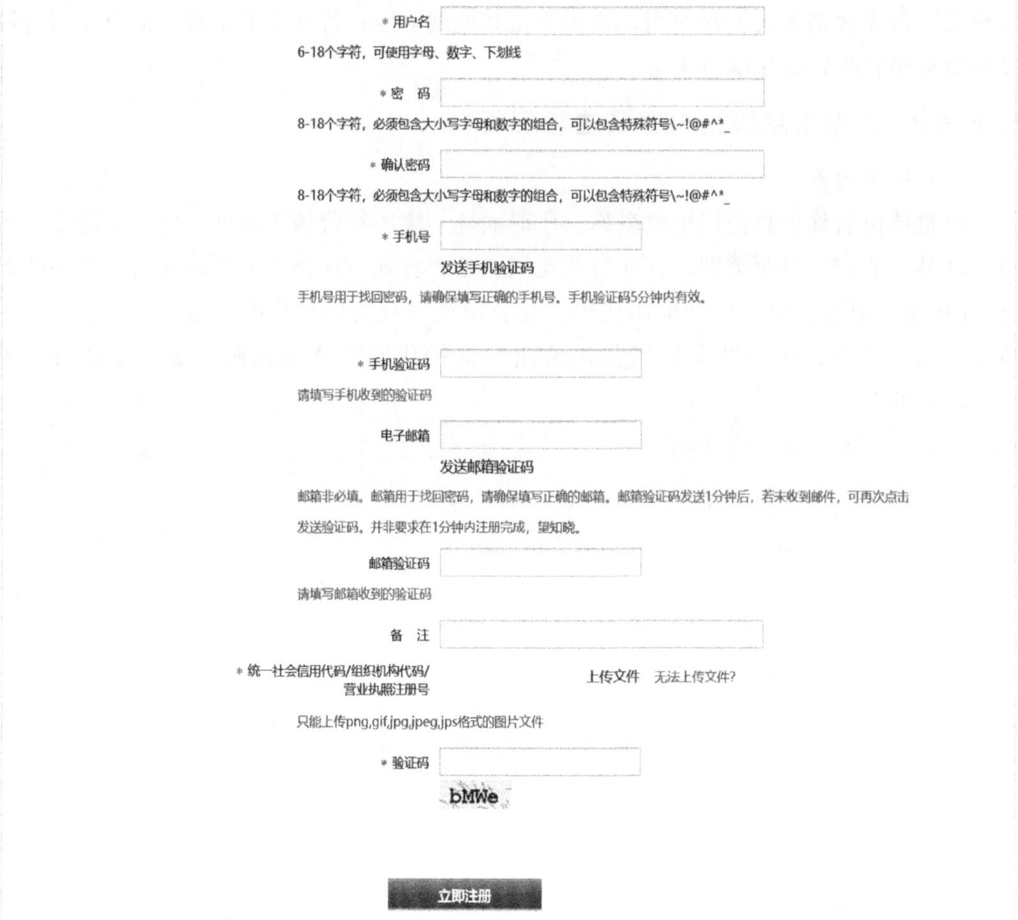

图 6-4 注册信息填报界面 2

② 本系统所有带"＊"项皆为必填项，有信息的按照要求填报，无信息的填报"/"，不能为空。

③ 申报单位名称注册后无法修改。

④ 注册地址及生产经营场所地址应与排污单位营业执照上信息保持一致。

⑤ 总公司单位名称需与统一社会信用代码对应的单位名称一致，申报单位名称可以是分厂名称或所在部门名称。

⑥ 涉及多个行业的排污单位，填报主行业类别后，还应填报其他附属行业类别。例如既有塑料薄膜制造，还涉及废塑料加工再生塑料原料、锅炉的，应该填报 3 个行业类别，主行业类别为塑料薄膜制造，其他行业类别为非金属废料和碎屑加工处理、锅炉热力生产和供应。

⑦ 塑料制品行业类别应选择编码为"C292 塑料制品业"栏目下的小类。点击"选择行业"后在搜索栏输入 C292（塑料制品业）、C4220（非金属废料和碎屑加工处理）、TY 01（锅炉）。

⑧ 一定要妥善保存用户名和密码，用户名建议使用公司名称的缩写，防止遗忘及人员调动造成的不便。

⑨ 手机号、企业邮箱等信息建议采用排污单位负责人手机号码，以减少人员变动产生的影响。

6.1.2.3 系统登录流程及注意事项

信息申报系统的登录流程见图 6-5～图 6-12。

图 6-5 为平台主页界面，上端包括"申请前信息公开""许可信息公开""限期整改""登记信息公开""许可注销公告""许可撤销公告""许可遗失声明""重要通知""法规标准""网上申报""更多"等栏目。其中"申请前信息公开"为企业申领排污许可证之前进行的信息公开，"许可信息公开""限期整改""登记信息公开""许可注销公告""许可撤销公告""许可遗失声明"为申领排污许可证之后可使用的功能模块，"重要通知""法规标准"为平台功能性模块。点击"网上申报"即可进入登录界面。

图 6-5 平台主页界面

申报流程界面如图 6-6 所示。

主页下端为技术支持相关文件，包括平台系统技术支持端联系方式、各技术规范编制组建立的 QQ 交流群号码以及相关的附件资料，如图 6-7 所示。企业可在此下载排污许可证申领信息公开情况说明表（样本）、承诺书（样本），需填写并盖章上传，还有各行业排污许可技术规范培训材料等均可自行下载查阅。

点击"网上申报"，进入登录页面，填入已申请的账号，如图 6-8 所示。

图 6-6 申报流程界面

联系方式：

为规范排污许可答疑工作，现停止使用原平台系统技术支持电话、名录和技术规范技术支持电话答疑渠道。

开通邮箱答疑渠道，平台系统技术支持邮箱：pwxkpt@acee.org.cn，

名录和技术规范技术支持邮箱：pwxk@acee.org.cn

技术规范交流（QQ群）：

管理部门：167487301、445642952

火电工业：210890523、362539120

钢铁工业：423554111、665866519

水泥工业：632416722、544104053、325878291

造纸工业：274640434	玻璃工业-平板玻璃：615560668、616708158
石化工业：669595334	制药工业-原料药：641913633
电镀工业：198150383、369703834	化肥工业-氮肥：392128628
制糖工业：398155591	纺织印染工业：620069178
农药工业：345589457	有色金属工业：672979912
制革工业：206584665	炼焦化学工业：636041548、669598449
淀粉工业：195020875	屠宰及肉类加工工业：209733304
锅炉工业：826110227、160604715	陶瓷砖瓦工业：859180380、913839878
汽车工业：776709969	水处理行业：809903604
畜禽养殖：868028965	乳制品行业：784374585
家具行业：690231343	酒、饮料行业：204304322
电池行业：697993581	调味品行业：754901392
电子行业：881943332	人造板行业：704282835、946086848
无机化学工业：786936787	废物治理工业：892490442
聚氯乙烯工业：755638665	方便食品、添加剂工业：81523718
废弃资源加工工业：673954044	危废焚烧工业：560811151
生活垃圾焚烧：948048707	毛皮加工工业：985405184
印刷工业：111409951	制药行业：824017167
金属铸造：1031732303、961560987	涂料油墨：1078751615
铁合金电解锰：1046542715	储油库加油站：846104709
石墨非金属：973060368	煤炭加工-合成气和液体燃料生产：1079513306
化学纤维制造业：1080056410	专用化学品制造工业：1045384551
医疗机构：929988165	日用化学产品制造工业：731969456
环境卫生管理业：1071141192	码头：1079815018
羽毛绒加工工业：1080893294	农副食品加工（水产加工和饲料加工、植物油加工）：1081072201
稀土工业：754337412	橡胶工业：729545761
塑料工业：863518750	海陆空行业：827920073
制鞋工业：297579029	水处理通用工序：1040958918
工业炉窑：1072279880、1084625906	

附件资料：

- 排污许可证申领信息公开情况说明表（样本）
- 承诺书(样本)-20180824新
- 各行业申请表样本
- 控制污染物排放许可制实施方案、管理暂行规定、通知
- 火电行业排污许可技术规范讲解课件
- 造纸行业排污许可技术规范课件
- 国家排污许可申请核发系统信息公开系统功能介绍
- 排污许可制地方培训班学习材料
- 各行业排污许可技术规范培训视频汇总
- 无法上传附件或图片解决方案
- 2020年度温室气体排放报告补充数据表

图 6-7 联系方式与相关附件下载区界面

版本说明：全国排污许可证管理信息平台-企业端V2.0版本
版权所有：中华人民共和国生态环境部

图 6-8　企业登录界面

　　登录后为企业端业务办理主界面，如图 6-9 所示，包括四个部分，分别为"环境影响评价""许可证业务""许可证执行记录""碳排放情况"，右侧为个人信息栏，可以操作修改部分企业基本信息、密码、手机号等；下端显示正在进行步骤的情况，点击"许可证申请"模块进行填报。

图 6-9　企业端业务办理主界面

点击"许可证申请"模块后，显示 3 个选项，对于初次申领的企业选择"首次申请"，涉及增加、扩展、改建的或者已取得排污许可证的其他行业配套"塑料制品工业"行业的，应选择"补充申请"，对于已发放整改通知书但未核发许可证的企业选择"整改后申请"，如图 6-10 所示。

图 6-10　企业排污许可证申请界面

如图 6-11 所示首次填报申请排污许可证，应选择"我要申报"；已填报过数据继续填报的，应选择"继续申报"。

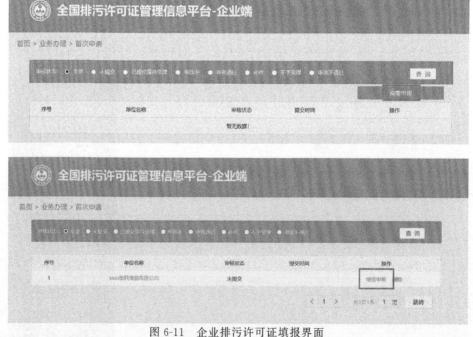

图 6-11　企业排污许可证填报界面

图 6-12 显示的界面即为企业填报信息正式填报界面。各企业在填报前需仔细阅读填报指南，根据《技术规范》要求逐项填报 18 类信息，填报完全后提交申请等待相关部门审批。

图 6-12 企业排污许可证填报完成界面

6.2 典型案例1：简化管理企业排污许可证申请填报

6.2.1 企业基本情况

案例企业属于薄膜制造行业，共有 1 条生产线，主要产品有塑料薄膜，年产量20000t，主要原料为树脂，辅料包括助剂等，同时配套建设余热发电、烟气脱硫脱硝除尘设施，配套水、电、气及环保、安全等设施。该简化管理企业基本信息如表 6-2 所列。

表 6-2 某简化管理企业基本信息

企业名称	××××塑料薄膜有限公司
行业类别	C2921 塑料薄膜制造 TY01 锅炉 C4220 非金属废料和碎屑处理加工
投产日期	2010 年 5 月 8 日
主要产品及产能	塑料薄膜 20000 吨/年
主要生产单元及工艺	挤出成型
共用单元	锅炉

6.2.2 填报流程及注意事项

6.2.2.1 排污单位基本信息填报

（1）填报内容

是否需改正、排污许可证管理类别、是否投产、投产日期、生产经营场所中心经纬度、法定代表人（主要负责人）、技术负责人、联系方式（固定电话、移动电话）、所在地是否属于大气重点控制区、所在地是否属于总磷控制区、所在地是否属于总氮控制区、所在地是否属于重金属污染物特别排放限值实施区域、是否位于工业园区、是否有环评审批文件及相关文号（备案编号）、是否有地方政府对违规项目的认定或备案文件、是否有主要污染物总量分配计划文件，以及大气污染物、水污染物控制指标（填写系统默认的二氧化硫、氮氧化物、颗粒物、挥发性有机物、化学需氧量和氨氮以外的大气污染物和水污染物控制指标）。排污单位基本信息填报界面如图 6-13 所示。

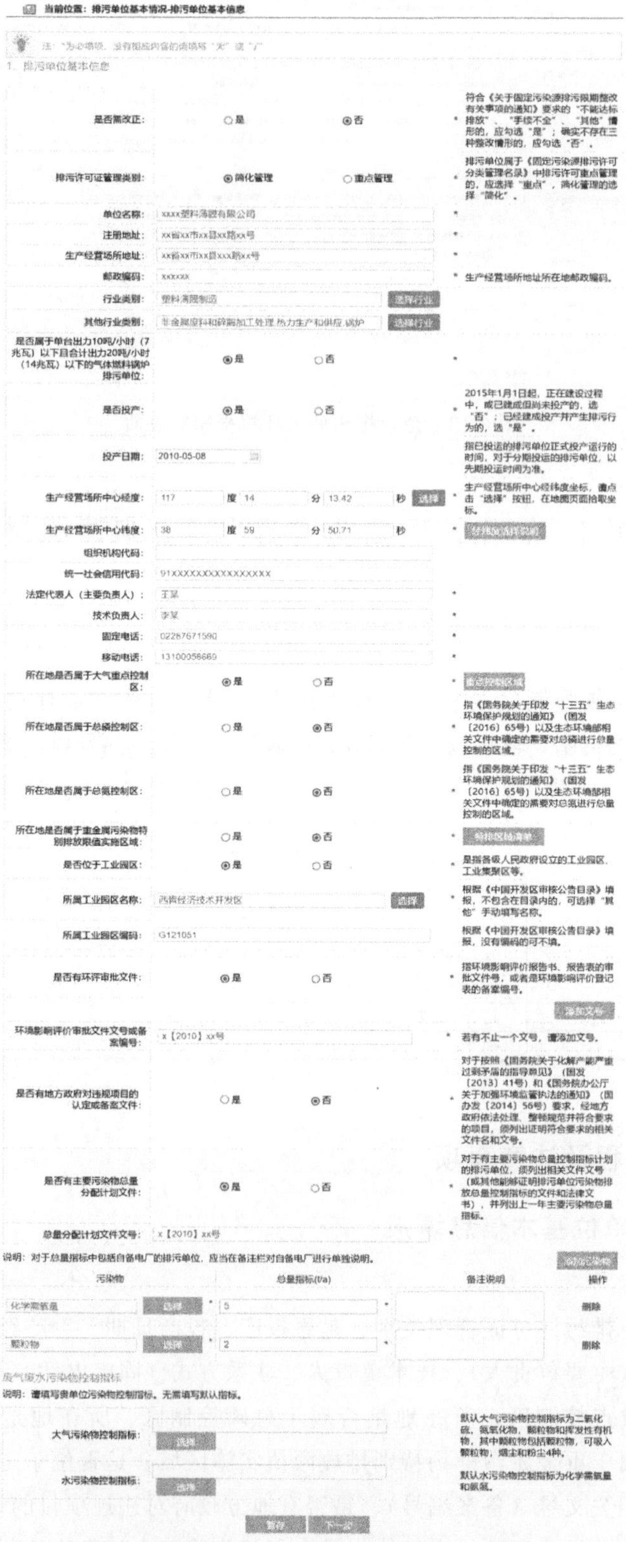

图 6-13　排污单位基本信息填报界面

（2）注意事项

① 是否需改正应根据《排污许可管理办法（试行）》第二十九条规定确定。对于需要改正的，核发部门应提出限期改正要求，改正期限为 3～6 个月；对于存在多种改正情形的，改正期限以改正时间最长的情形为准，不得累加，最长不超过一年。

② 许可证管理类别应根据排污单位类型选填，针对塑料制品行业，以《固定污染源排污许可分类管理名录（2019 年版）》为准。塑料人造革、合成革制造 2925 为重点管理；年产 1 万吨及以上的泡沫塑料制造 2924，年产 1 万吨及以上涉及改性的塑料薄膜制造 2921，塑料板、管、型材制造 2922，塑料丝、绳和编织品制造 2923，塑料包装箱及容器制造 2926，日用塑料品制造 2927，人造草坪制造 2928，塑料零件及其他塑料制品制造 2929 为简化管理；其余为登记管理。

③ 关于是否投产，以排污单位第一条生产线的实际投产并产生排污行为为准。

④ 关于生产经营场所中心经纬度，必须通过全国排污许可证管理信息平台中的 GIS 系统进行定位与拾取。

⑤ 法定代表人（主要负责人）、技术负责人、联系方式为必填项，需要特别说明的是技术负责人应为"了解公司排污许可内容、精通公司环保管理工作"的管理人员，联系方式应为技术负责人的电话，若涉及人员变动的情况，要及时更新技术负责人及联系方式。

⑥ 所在地是否属于大气重点控制区，可以通过点击"重点控制区域"进行查看并确定。

⑦ 所在地是否属于总磷、总氮控制区应根据《国务院关于印发"十三五"生态环境保护规划的通知》（国发〔2016〕65 号），以及生态环境部相关文件中确定的需要对总磷、总氮进行总量控制的区域确定。

⑧ 所在地是否属于重金属污染物特别排放限值实施区域，可以通过点击"特排区域清单"进行查看并确定。

⑨ 是否属于工业园区应根据地方工业园区及工业聚集区规划文件进行确定。

⑩ 环境影响评价审批文件或地方政府对违规项目的认定或备案文件至少应填报一个。环境影响评价审批文件或备案文件应填报全面，尤其是配套锅炉等项目的环境影响评价审批文件也应填报。针对环境影响评价审批文件无文号、甚至无项目名称的，应言简意赅地将项目名称、审批文件时间进行填报。特别注意，若项目环境影响评价审批文件为 2015 年 1 月 1 日（含）后取得的，在填报污染因子、许可排放量以及自行监测方案时，应同时考虑环境影响评价及审批文件要求。

⑪ 主要污染物总量分配计划文件信息，针对一个公司含有多个有效的总量分配计划文件的，应在"总量分配计划文件文号"栏中逐一填报；填报指标时，应结合总量分配计划文件从严确定；烟尘和粉尘应统一填报为颗粒物。

⑫ 针对"大气污染物、水污染物控制指标"，系统已默认污染物指标为"二氧化硫、氮氧化物、颗粒物、挥发性有机物、化学需氧量、氨氮"6 项，若国家或地方核发部门有其他污染物控制指标要求，应选填，否则不填。

针对通用工序锅炉，以《固定污染源排污许可分类管理名录（2019 年版）》为准，纳入重点排污单位名录的为重点管理。所以，如果企业被纳入重点排污单位名录，同时涉及锅炉的，这两部分都要按照重点管理要求进行填报。除纳入重点排污单位名录的，单台或者合计出力 20t/h（14MW）及以上的锅炉（不含电热锅炉）需要单独填报锅炉申请信息表。所有塑料制品行业是以塑料制品业分类确定重点管理、简化管理、登记管理类别的。

　　涉及锅炉简化管理的需要对应填报锅炉申请信息表，详见图 6-14～图 6-19。图 6-14 简化管理气体燃料锅炉信息共计 6 个部分，包括锅炉设备及燃料信息、产品及污染排放信息、废气排放口信息、废水排放口信息、自行监测要求信息、备注信息。

图 6-14　简化管理气体燃料锅炉信息填报界面

点击锅炉设备及燃料信息中"添加"按钮弹出图 6-15 所示界面，根据企业实际情况填写锅炉编号、容量、容量单位、年运行时间（h），同时点击"添加燃料"填报使用燃料的具体信息，并添加锅炉污染排放信息、废气排放口信息、废水排放口信息和自行监测要求信息，对应填报界面见图 6-16～图 6-19。

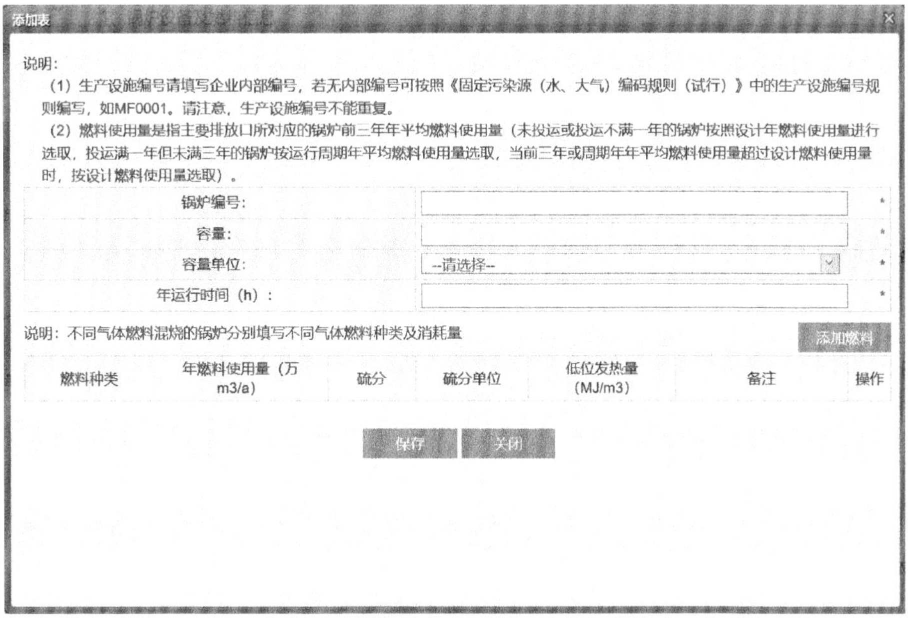

图 6-15　锅炉设备及燃料信息填报界面

图 6-16　锅炉设备污染排放信息填报界面

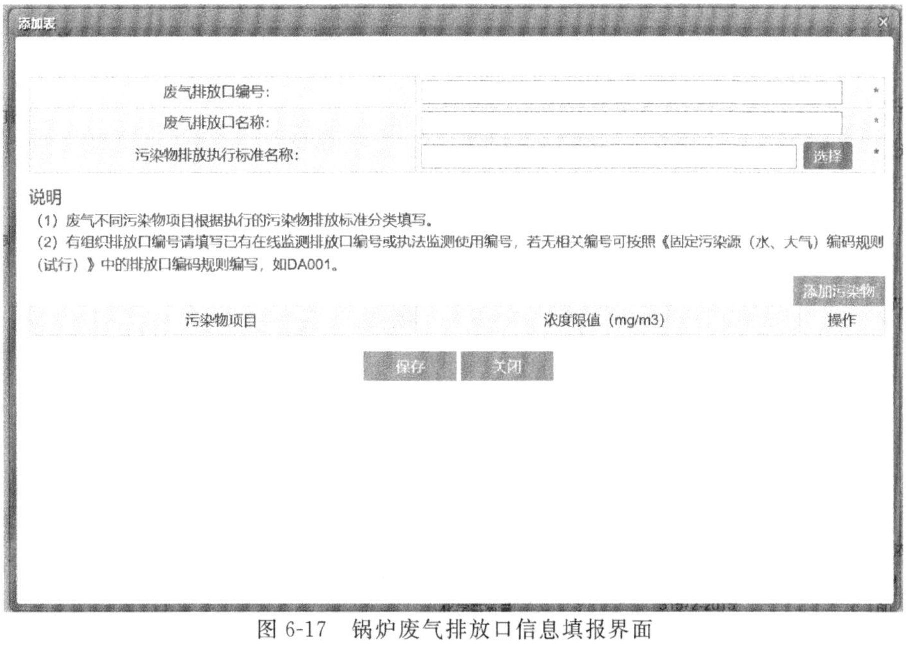

图 6-17　锅炉废气排放口信息填报界面

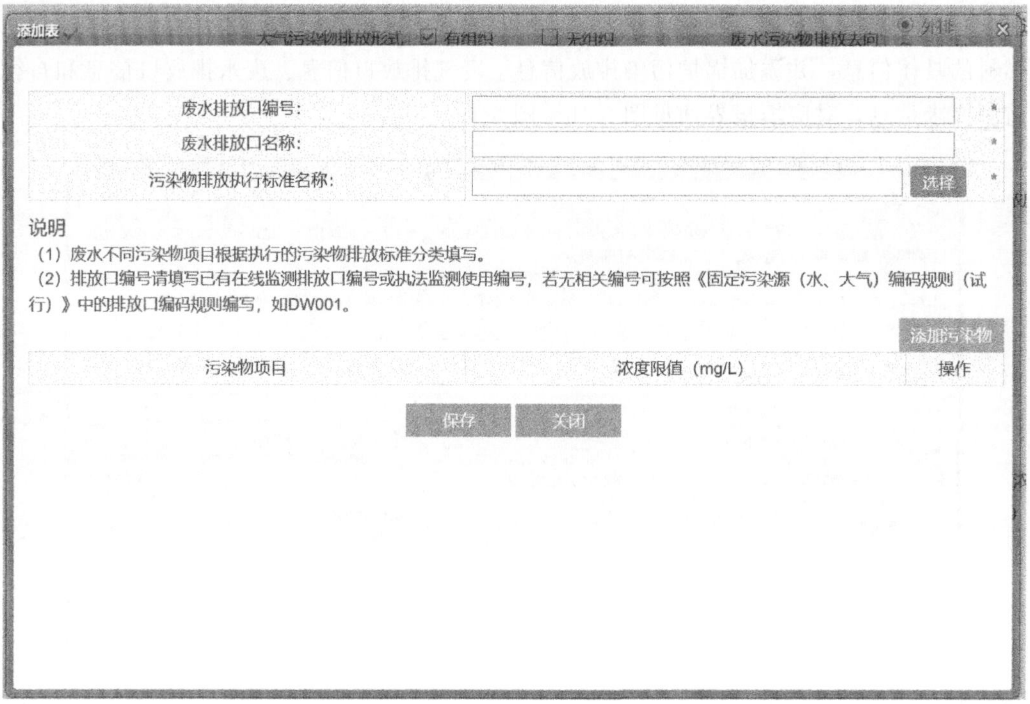

图 6-18　锅炉废水排放口信息填报界面

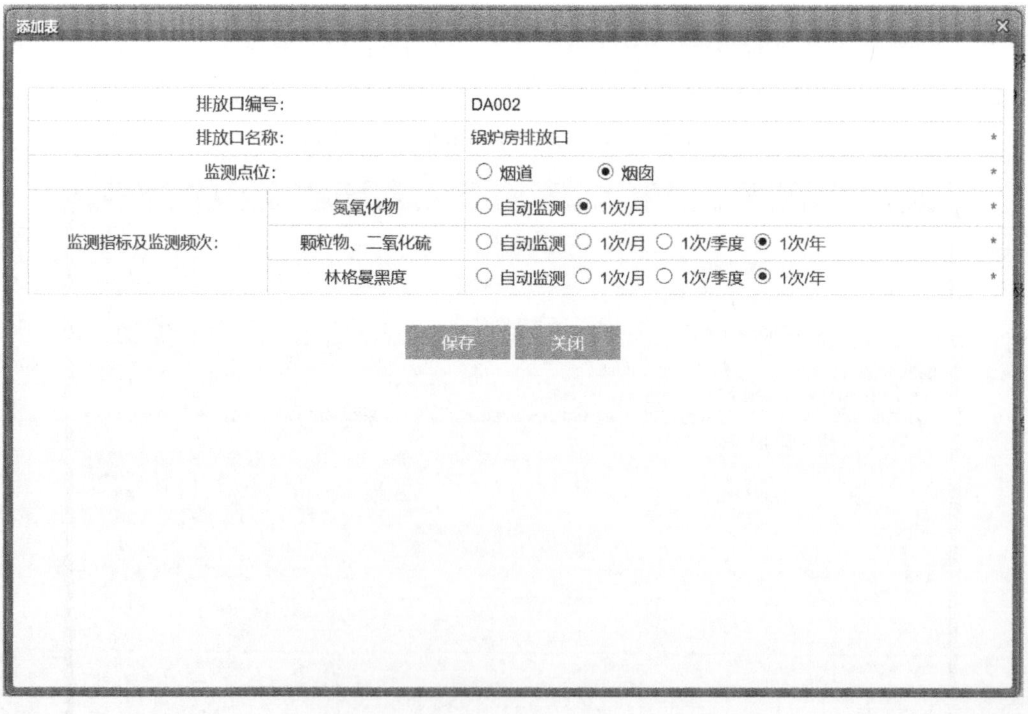

图 6-19　锅炉自行监测要求信息填报界面

6.2.2.2 主要产品及产能填报

主要填报内容：行业类别（在排污单位账号注册阶段已经填报）、生产线类型、生产线编号、产品名称、生产能力、计量单位、设计年生产时间以及其他产品信息、是否涉及商业秘密。主要产品及产能填报界面如图 6-20～图 6-23 所示。

点击图 6-20 主要产品及产能填报界面中"添加"按钮，弹出生产线添加界面，见图 6-21。

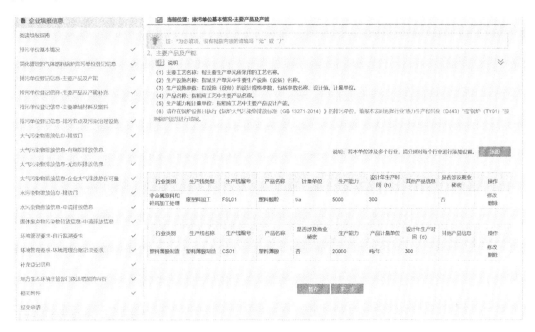

图 6-20　主要产品及产能填报界面

在生产线添加表中通过"放大镜"按钮选择将要填写的主要生产设施所属行业类别，见图 6-21。

图 6-21　生产线添加界面

通过搜索行业编码292可找到对应行业小类，根据排污单位实际情况选择"C 292塑料制品业"栏目下的对应小类，如图6-22所示。

图6-22 行业小类选择界面

点击"添加"按钮，如图6-23所示，添加具体产品名称、生产能力、设计年生产时间、其他产品信息，选择是否涉及商业秘密、产品计量单位。图6-24为具体生产信息填报完成界面。

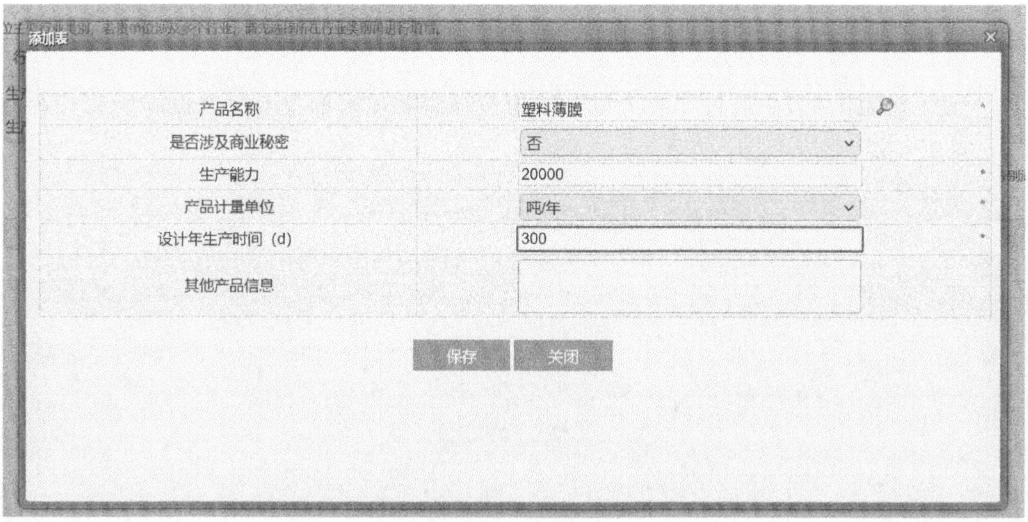

图6-23 添加生产信息界面

涉及以废塑料为原料加工获取再生塑料原料的生产设施或排放口，适用于《排污许可证申请与核发技术规范 废弃资源加工工业》（HJ 1034），图6-25～图6-28以废塑

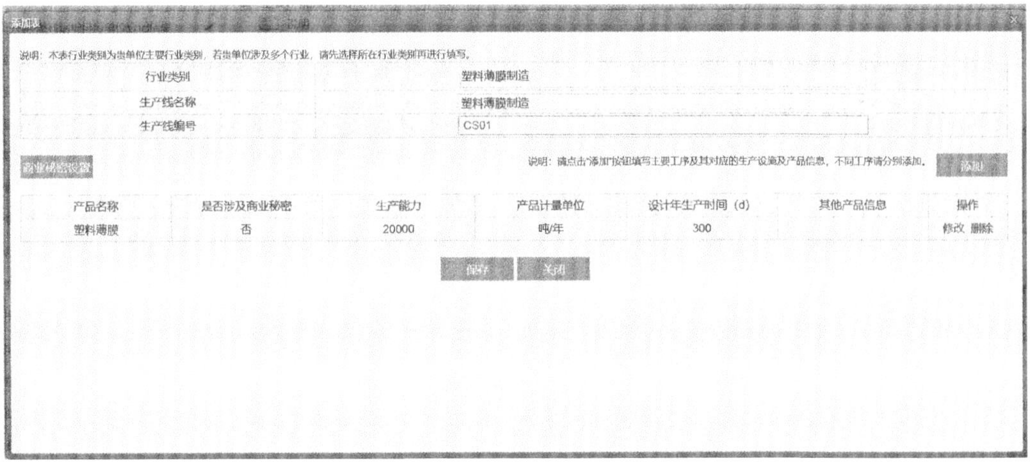

图 6-24　具体生产信息填报完成界面

加工填报举例，行业类别选择"C4220 非金属废料和碎屑加工处理"。根据企业实际情况选择添加该部分内容。

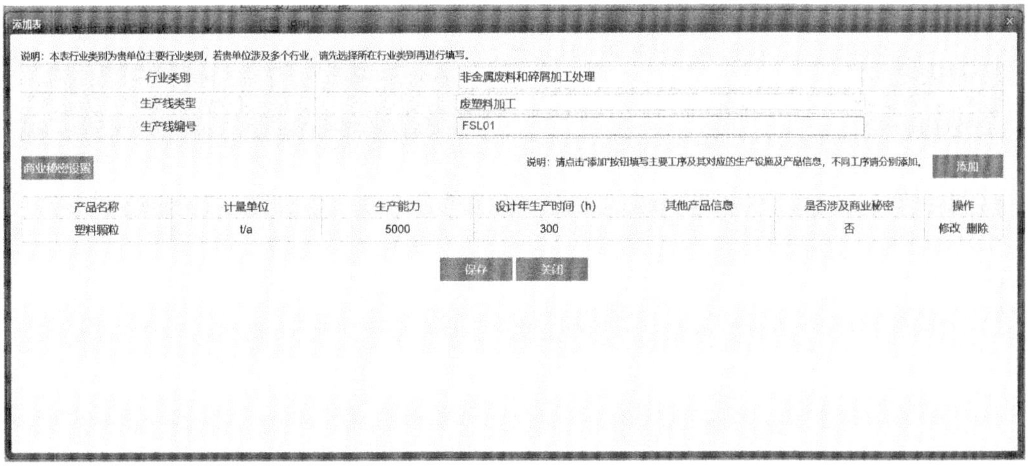

图 6-25　废塑料加工信息填报完成界面

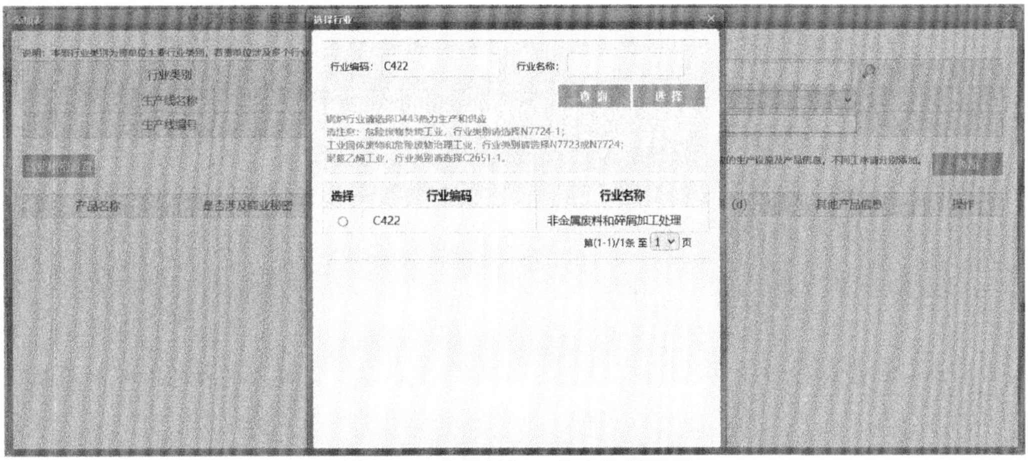

图 6-26　废塑料加工信息填报界面

点击图 6-27 中放大镜选择对应产品名称，具体名称可以参见图 6-28，同时填报生产能力等信息。

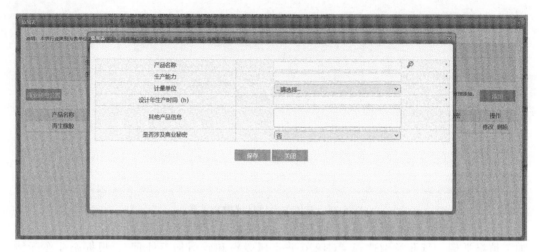

图 6-27　废塑料加工产品名称填报界面

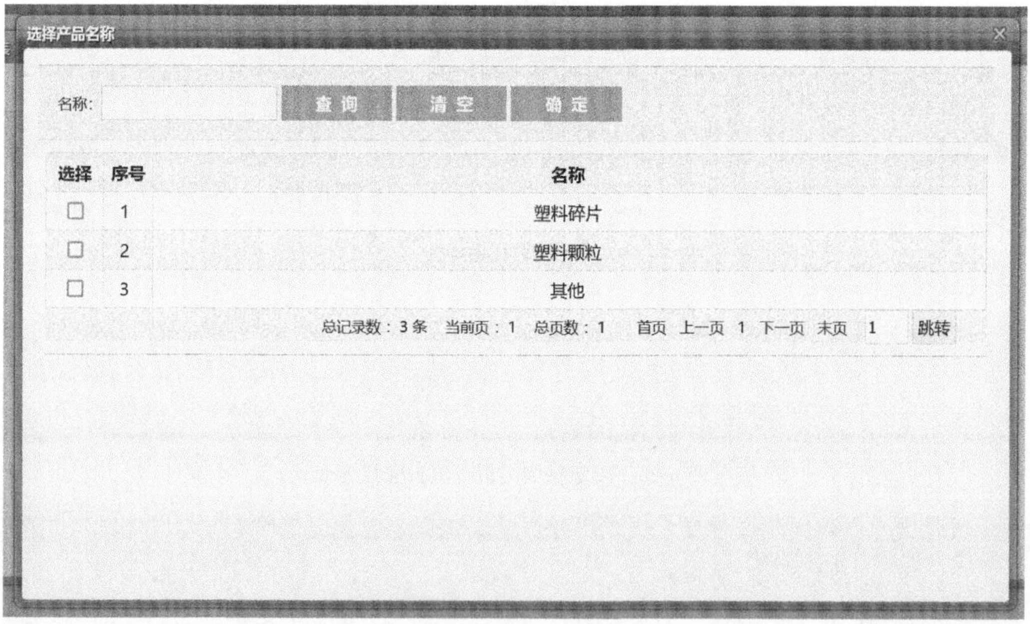

图 6-28　废塑料加产品名称选择界面

6.2.2.3　主要产品及产能补充填报

主要填报内容：行业类别（在排污单位账号注册阶段已经填报）、生产线名称、生产线编号、主要生产单元名称、主要工艺名称、生产设施名称、是否涉及商业秘密、生产设施编号、设施参数、其他设施信息以及其他工艺信息。主要产品及产能补充填报主界面见图 6-29，行业类别、生产线名称、生产线编号自动带入界面见图 6-30，生产线名称与编号填报界面见图 6-31，主要工艺名称填报界面见图 6-32，生产单元名称选择界面见图 6-33，生产工艺选择界面见图 6-34，生产设施名称填报界面见图 6-35，生产设施名称选择界面见图 6-36，生产设施参数填报界面见图 6-37。最终填报完成后，吹塑膜工艺填报内容展示界面见图 6-38。

■ 企业填报信息　　　　当前位置：排污单位登记信息-主要产品及产能补充

阅读填报指南
排污单位基本情况 ✓
简化管理的气体燃料锅炉排污单位登记信息
排污单位登记信息-主要产品及产能 ✓
排污单位登记信息-主要产品及产能补充
排污单位登记信息-主要原辅材料及燃料
排污单位登记信息-排污节点及污染处理设施
大气污染物排放信息-排放口 ✓
大气污染物排放信息-有组织排放信息
大气污染物排放信息-无组织排放信息
大气污染物排放信息-企业大气排放许可
水污染物排放信息-排放口 ✓
水污染物排放信息-申请排放信息
固体废物管理信息
环境管理要求-自行监测要求 ✓
环境管理要求-环境管理台账记录要求
补充登记信息 ✓
地方生态环境主管部门依法增加的内容
相关附件
提交申请

注："为必填项，没有相应内容的请填写"无"或"/"

2-1、主要产品及产能补充

说明
（1）本表格适用于部分行业，您可在行业类别选择框中选到对应行业。若无法选到某个行业，说明此行业不用填写本表格。
（2）若本单位涉及多个行业，请分别对每个行业进行添加设置。

商业秘密设置　添加

行业类别	生产线类型	生产线编号	主要生产单元名称	主要工艺名称	生产设施名称	是否涉及商业秘密	生产设施编号	参数名称	计量单位	设计值	其他设施参数信息	其他设施信息	其他工艺信息	操作
废金属废料和碎屑加工处理	废塑料加工	FSL01	原料预处理单元	干法破碎	干式破碎机	否	MF0003	处理能力	t/h	2.08				
			直接/改性造粒单元	熔融挤出切粒	混料机	否	MF0004	转速	转/min	80				修改 删除
					挤出机	否	MF0005	挤出能力	t/h	2.08				
					切粒机	否	MF0006	处理能力	t/h	2.08				

行业类别	生产线名称	生产线编号	主要生产单元名称	主要工艺名称	生产设施名称	是否涉及商业秘密	生产设施编号	参数名称	计量单位	设计值	其他设施参数信息	其他设施信息	其他工艺信息	操作
塑料薄膜制造	塑料薄膜制造	CS01	挤出成型	吹塑膜工艺	挤出机	否	MF0001	设计处理能力	t/h	8.3				
					密炼机	否	MF0002	设计处理能力	t/h	8.3				修改 删除

暂存　下一步

图 6-29　主要产品及产能补充填报主界面

添加页

说明：本表格适用于部分行业，您可在行业类别选择框中选到对应行业。若无法选到某个行业，说明此行业不用填写本表格。

行业类别	塑料薄膜制造
生产线名称	塑料薄膜制造
生产线编号	CS01

商业秘密设置　　　　　　说明：请点击"添加"按钮，填写主要生产单元、工艺及生产设施信息。　添加

主要生产单元名称	主要工艺名称	生产设施名称	是否涉及商业秘密	生产设施编号	参数名称	计量单位	设计值	其他设施参数信息	其他设施信息	其他工艺信息	操作
挤出成型	吹塑膜工艺	挤出机	否	MF0001	设计处理能力	t/h	8.3				修改 删除
		密炼机	否	MF0002	设计处理能力	t/h	8.3				

保存　关闭

图 6-30　行业类别、生产线名称、生产线编号自动带入界面

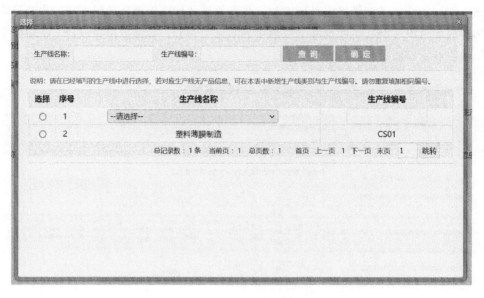

图 6-31　生产线名称与编号填报界面

图 6-32　主要工艺名称填报界面

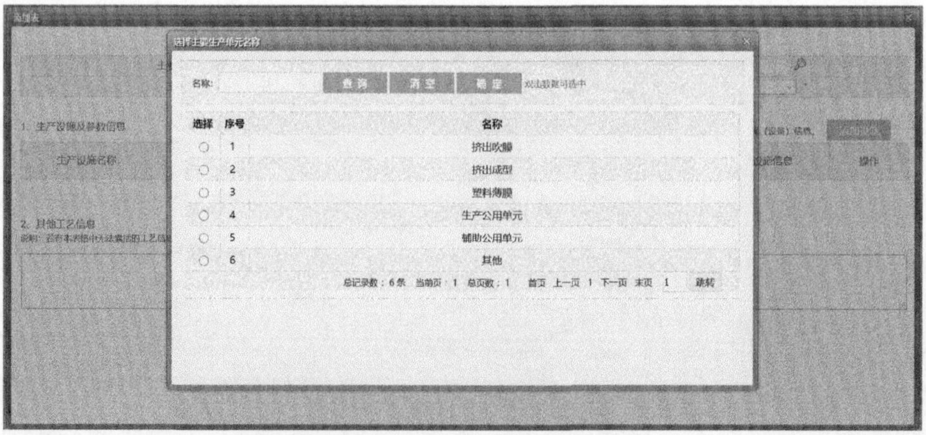

图 6-33　生产单元名称选择界面

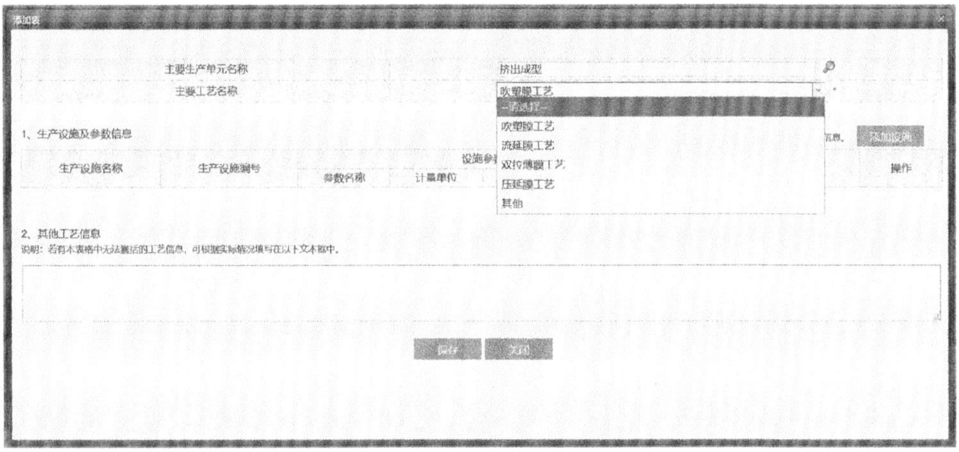

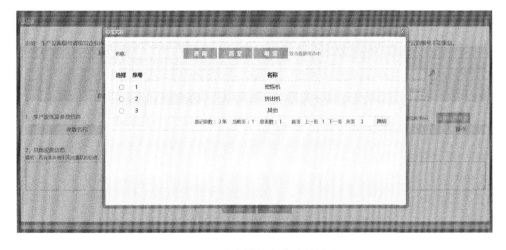

图 6-34　生产工艺选择界面

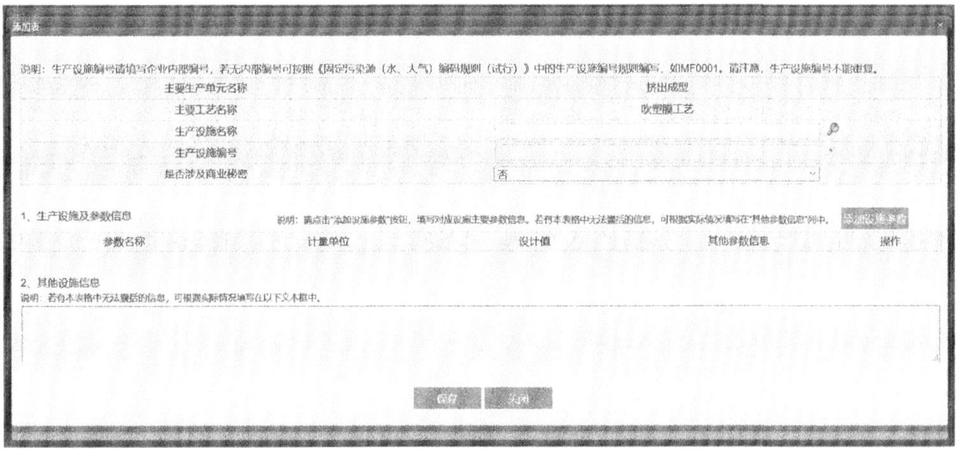

图 6-35　生产设施名称填报界面

图 6-36　生产设施名称选择界面

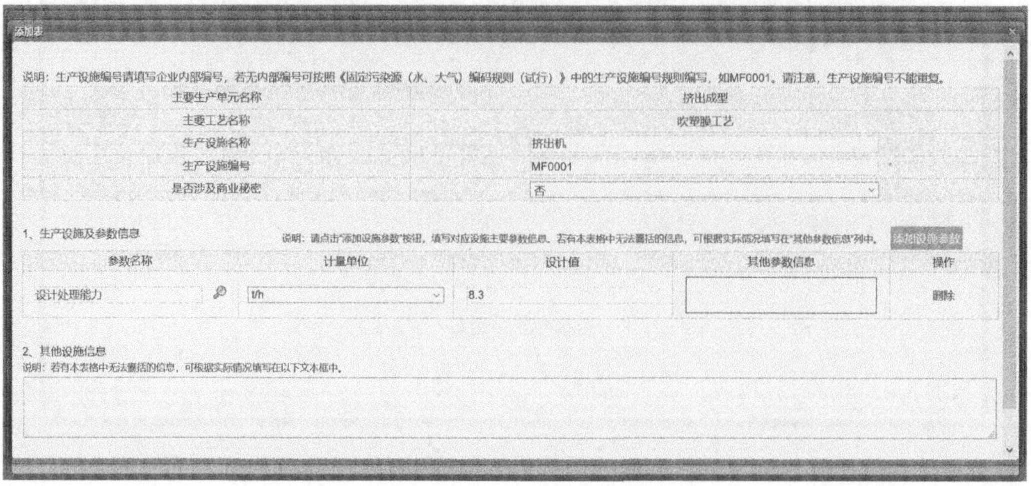

图 6-37　生产设施参数填报界面

图 6-38　吹塑膜工艺填报内容展示界面

6.2.2.4　主要原辅材料及燃料填报

（1）原辅料填报内容

行业类别、种类、类型、名称、具体物质名称、设计年使用量、计量单位、其他信息等，详见图 6-39。

（2）注意事项

① 原料及辅料不仅要选填生产对应产品所用的，还应选填污水处理添加剂、废气处理吸附剂、催化剂等辅料。

② 设计年使用量（年最大使用量）为全厂同类原辅料的总计（注意匹配计量单

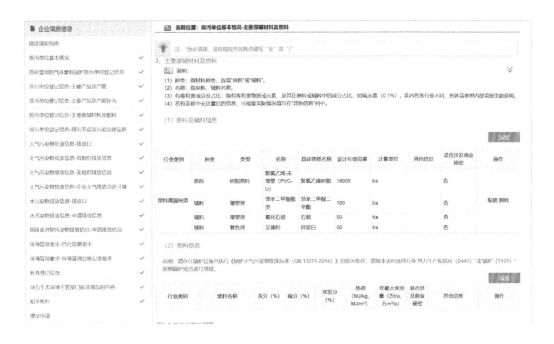

图 6-39 主要原辅材料及燃料填报主界面

位)。

如图 6-40 所示点击"添加"按钮,弹出如图 6-41 所示界面,依次填入相关信息;点击放大镜,选择对应行业类别。

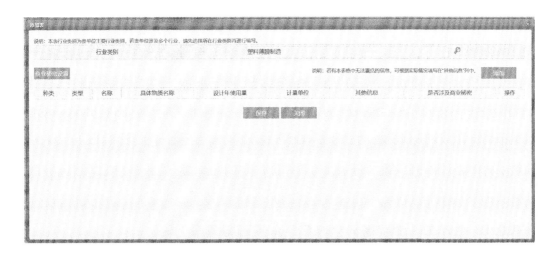

图 6-40 原辅料添加界面

(3) 燃料填报内容

行业类别、燃料名称、灰分、硫分、挥发分、低位热值、年最大使用量、计量单位以及其他信息。其中有毒有害成分填写时,"硫分"中固体和液体燃料按硫分计,气体

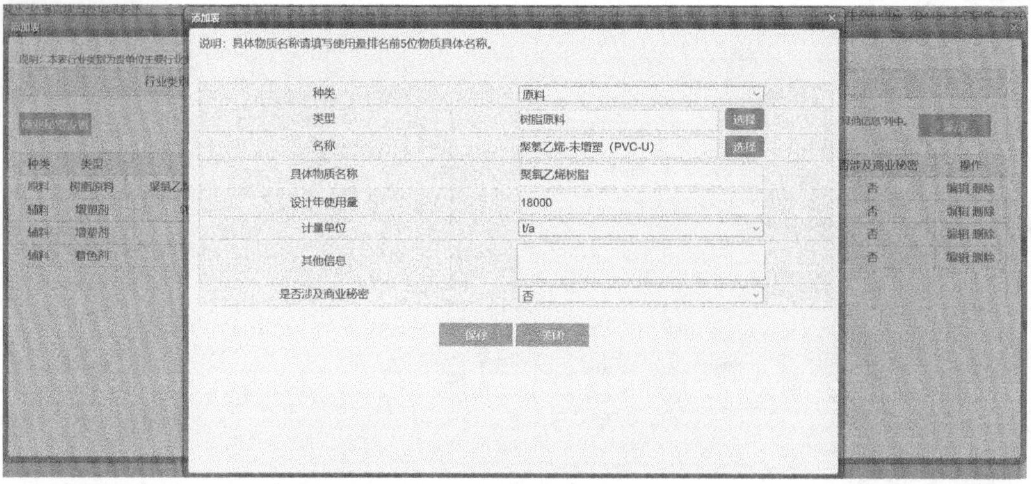

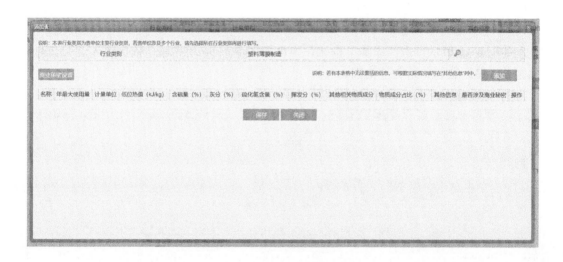

图 6-41　原辅料信息填报界面

燃料按总硫计，总硫包含有机硫和无机硫。填报步骤此处不做介绍，具体参考原辅料填报过程。燃料填报主界面见图 6-42，燃料相关指标填报界面见图 6-43。

图 6-42　燃料填报主界面

6.2.2.5　生产工艺流程图、生产厂区总平面布置图上传

（1）图上传界面

原辅料、燃料信息填写完成后，返回至"主要原辅材料及燃料"表的下半部分（见图 6-44），分别点击"上传文件"按钮，从本地选取生产工艺流程图与生产厂区平面布置图进行上传，上传完毕后，点击下一步，完成主要原辅材料及燃料信息填写。

（2）注意事项

① 生产工艺流程图应包括主要生产设施（设备）、主要原辅材料及燃料的流向、生产

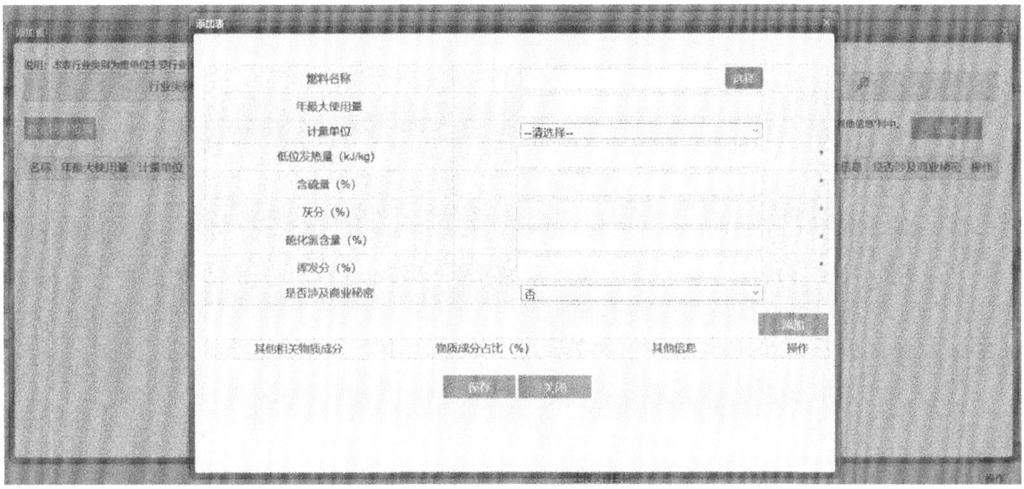

图 6-43 燃料相关指标填报界面

图 6-44 生产工艺流程图、生产厂区总平面布置图上传界面

工艺流程等内容。生产厂区总平面布置图应包括主要生产单元、厂房、设备位置关系，并注明厂区雨水、污水收集和运输走向等内容。

② 针对存在多个生产工艺而一张图难以涵盖全的，可以上传多张生产工艺流程图。

③ 生产厂区总平面布置图应能够真实、清晰地反映排污单位现状，图例明确，且不存在上下左右颠倒的情况。针对未建项目，不应在总平面布置图上体现（但可增加备注）。

④ 上传文件应清晰，分辨率精度在 72dpi 以上。

6.2.2.6　产排污节点、污染物及污染治理设施填报

（1）废气产排污节点、污染物及污染治理设施

1）填报的内容

产污设施编号（自排污单位基本情况—主要产品及产能表带入）、产污设施名称（同前带入）、对应产污环节名称、污染物种类、排放形式、污染治理设施编号、污染治理设施名称、污染治理设施工艺、设计处理效率（％）、是否为可行技术、有组织排放口编号及名称、排放口设置是否符合要求、排放口类型、其他信息等内容。废气产排污节点、污染物及污染治理设施填报界面见图 6-45，生成界面见图 6-46，产污环节与废气属性填报界面见图 6-47。

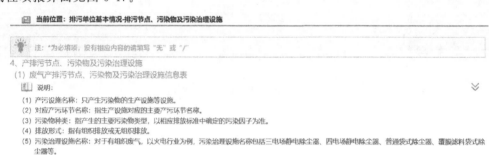

图 6-45　废气产排污节点、污染物及污染治理设施填报界面

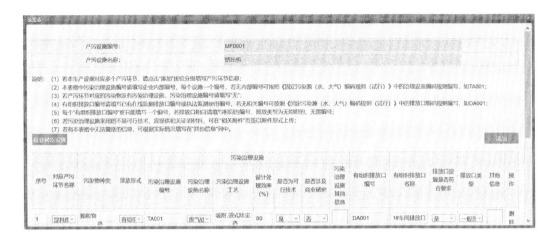

图 6-46　废气产排污节点、污染物及污染治理设施生成界面

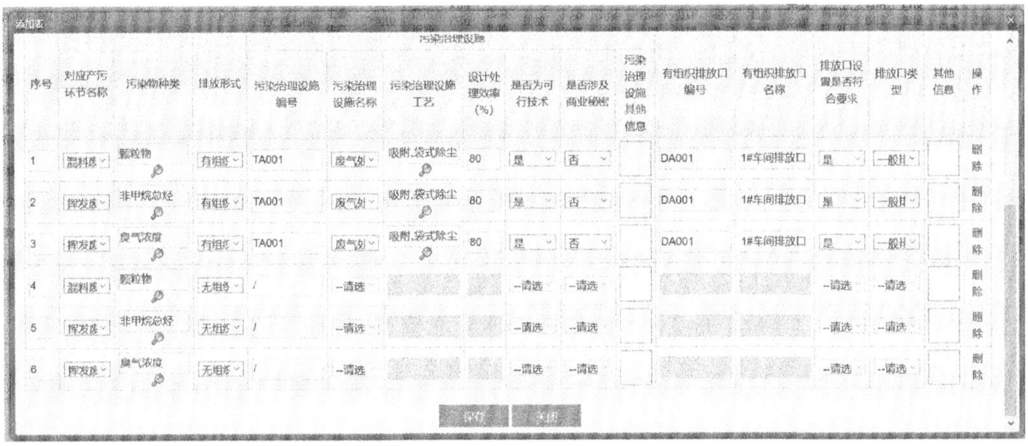

图 6-47　产污环节与废气属性填报界面

2）填报过程

有两种方法。

方法 1：选择"带入新增生产设施"，将"表 2 排污单位基本情况—主要产品及产能"填报的生产设施信息全部带入过来，根据要求，对于部分不产污的设备或无组织排放源进行删除。

方法 2：自行添加，这种方法可以选择产污的设备进行填报，该方法易产生填报遗漏，排污单位可以根据自己的情况选择合适的填报方法。

带入新增生产设施。选择对应污染物种类时，需要注意的是这里可以多选，同时需要结合行业标准、地方标准、通用标准等，不能存在漏项或错项。污染物种类填报界面如图 6-48 所示。

选择排放形式、填写污染治理设施编号以及污染治理设施名称之后，对于企业实际

图 6-48　污染物种类填报界面

污染治理设施工艺，填报界面如图 6-49 所示，组合工艺需要进行多选对应填报。如遇选项中未列明的治理工艺时，可选择"其他"，自行输入治理工艺并保存。

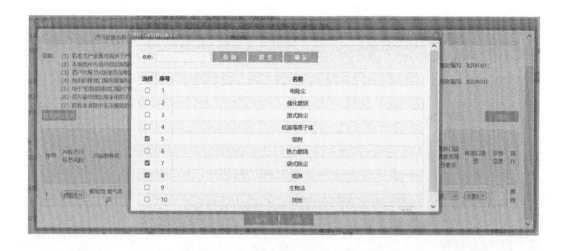

图 6-49　污染治理设施工艺填报界面

根据规范标准要求选择是否为可行技术，同时选择是否涉及商业秘密，并且填写有组织排口编号及名称。是否为可行技术填报界面如图 6-50 所示。

对于排放口设置是否符合要求，根据标准规范 GB/T 16157—1996、HJ/T 397—2007、HJ 836—2017、HJ 75—2017 等要求确认，如图 6-51 所示。

最后根据《技术规范》要求确认是否为主要排放口，对于涉及塑料人造革与合成革制造工艺的废气排放口或者涉及喷涂工序且年用溶剂型涂料（含稀释剂）量 10t 及以上的喷涂（含喷涂、流平）废气排放口及烘干废气排放口为主要排放口，其他废气排放口均为一般排放口。排放口类型选择界面如图 6-52 所示。

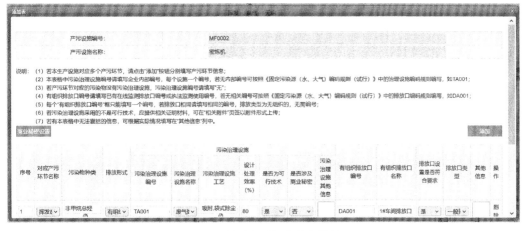

图 6-50　是否为可行技术填报界面

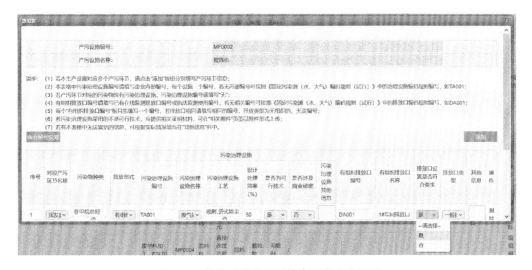

图 6-51　排放口设置是否符合要求确认界面

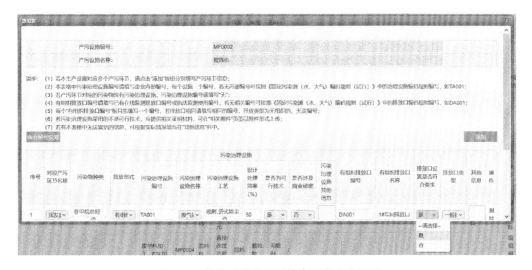

图 6-52　排放口类型选择界面

3）注意事项

① 针对带入的不涉及有组织废气产污环节的生产设施应进行删除。

② 排放口污染物种类多的，应按照《技术规范》要求逐一选填齐全。

③ 塑料人造革与合成革制造排污单位，大气污染物种类依据 GB 21902、GB 37822 确定；使用 VOCs 作为挥发性有机物有组织排放、厂界的综合控制指标，使用非甲烷总烃作为厂区内挥发性有机物无组织排放的综合控制指标；不使用二甲基甲酰胺、苯、甲苯、二甲苯有机溶剂的，大气污染物种类可不包括二甲基甲酰胺、苯、甲苯、二甲苯。

④ 使用除聚氯乙烯以外的树脂生产塑料制品（除塑料人造革与合成革制品制造外）的排污单位，大气污染物种类依据 GB 31572 确定，使用非甲烷总烃作为挥发性有机物排放综合控制指标的，同时选取 GB 31572 规定适用的合成树脂类型对应的污染物种类作为特征控制指标，地方有更严格要求的从其规定。

⑤ 使用聚氯乙烯树脂生产塑料制品的排污单位，大气污染物种类依据 GB 16297、GB 37822 确定，使用非甲烷总烃作为挥发性有机物排放的综合控制指标。

⑥ 涉及喷涂工序的塑料制品工业排污单位，大气污染物种类包括颗粒物、二氧化硫、氮氧化物、非甲烷总烃、苯、甲苯、二甲苯，依据 GB 16297 确定。

⑦ 排污单位排放恶臭污染物的，执行 GB 14554。地方污染物排放标准有更严格要求的，从其规定。

⑧ 针对排放形式，所有配置污染治理设施的污染源，皆选择"有组织"。

⑨ 针对低矮甚至无固定排气筒的污染治理设施应进行整改，确保排气筒高度应满足 GB 31572、GB 16297、GB 14554 的要求。

⑩ 污染治理设施编号优先使用排污单位内部编号，也可参照《排污单位编码规则》（HJ 608—2017）要求编号。

⑪ 排放口编号优先使用生态环境管理部门已核发的编号，若无，应使用内部编号，也可按照《固定污染源（水、大气）编码规则（试行）》编号。

⑫ 针对多个污染源共用一套污染治理设施的情况，应在污染治理设施其他信息中备注清楚。

⑬ 针污染源配备多个污染治理设施的情况，应逐一填报。

⑭ 污染治理设施工艺可以多选，应根据实际配置情况选填，并与《技术规范》附录对比，确定是否为可行技术。特别说明的是，对于未采用《技术规范》所列污染防治可行技术的，排污单位应当在申请时提供相关证明材料（如已有的监测数据，对于国内外首次采用的污染治理技术，还应当提供中试数据等说明），证明具备同等污染防治能力。

（2）废水产排污节点、污染物及污染治理设施

1）填报的内容

行业类别、废水类别、污染物种类、污染治理设施编号、污染治理设施名称、污染治理设施工艺、设计处理水量、是否为可行技术、排放去向、排放方式、排放规律、排放口编号、排放口名称、排放口设置是否符合要求、排放口类型、其他信息等。废水类别、污染物及污染治理设施填报界面见图 6-53。

(2) 废水类别、污染物及污染治理设施信息表

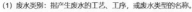 说明

(1) 废水类别: 指产生废水的工艺、工序, 或废水类型的名称。

(2) 污染物种类: 指产生的主要污染物类型, 以相应排放标准中确定的污染因子为准。

(3) 排放去向: 包括不外排; 排至厂内综合污水处理站; 直接进入海域; 直接进入江河、湖、库等水环境; 进入城市下水道 (再入江河、湖、库); 进入城市下水道 (再入沿海海域); 进入城市污水处理厂; 直接进入污灌农田; 进入地渗或蒸发地; 进入其他单位; 工业废水集中处理厂; 其他 (包括回喷、回填、回灌、回用等)。对于工艺、工序产生的废水, "不外排"指全部在工序内部循环使用, "排至厂内综合污水处理站"指工序废水经处理后排至综合处理站。对于综合污水处理站, "不外排"指全厂废水经处理后全部回用不排放。

(4) 污染治理设施名称: 指主要污水处理设施名称, 如"综合废水处理站"、"生活污水处理系统"等。

(5) 排放口编号请填写已有在线监测排放口编号或执法监测使用编号, 若无相关编号可按照《固定污染源 (水、大气) 编码规则 (试行)》中的排放口编码规则编写, 如DW001。

(6) 排放口设置是否符合要求: 指排放口设置是否符合排污口规范化整治技术要求等相关文件的规定。

(7) 除B06-B12以外的行业, 若需填写与水处理通用工序相关的废水类别、污染物及污染治理设施信息表, 行业类别请直接选择TY04。

添加

| 行业类别 | 废水类别 | 污染物种类 | 污染治理设施 | | | | | | 排放去向 | 排放方式 | 排放规律 | 排放口编号 | 排放口名称 | 排放口设置是否符合要求 | 排放口类型 | 其他信息 | 操作 |
			污染治理设施编号	污染治理设施名称	污染治理设施工艺	设计处理水量 (t/h)	是否为可行技术	是否涉及商业秘密	污染治理设施其他信息								
塑料薄膜制造	厂内综合废水处理设施排水	化学需氧量,氨氮 (NH3-N),pH值,悬浮物,五日生化需氧量,石油类	TW002	预处理设施	沉淀、调节	5	是	否		进入城市污水处理厂	间接排放	间断排放,排放期间流量不稳定且无规律,但不属于冲击型排放	DW001	厂区综合废水排放口	是	一般排放口-总排口		编辑 删除
塑料薄膜制造	厂内综合废水处理设施排水-直接排放	化学需氧量,氨氮 (NH3-N),悬浮物,五日生化需氧量,pH值,石油类	TW003	预处理设施、生化处理设施	沉淀、兼氧-好氧	10	是	否		直接进入江河、湖、库等水环境	直接排放	间断排放,排放期间流量不稳定且无规律,但不属于冲击型排放	DW002	厂内综合废水处理设施排水-直接排放	是	一般排放口-总排口	此排放口为填报举例,为了样表的……	编辑 删除

图 6-53　废水类别、污染物及污染治理设施填报界面

点击图 6-53 "添加" 按钮, 弹出如图 6-54 所示对话框。

对应选择废水类别, 如图 6-55 所示。

塑料人造革与合成革制造排污单位水污染物种类依据 GB 21902 确定, 使用除聚氯乙烯以外的树脂生产塑料制品的排污单位水污染物种类依据 GB 31572 确定, 使用聚氯乙烯树脂生产塑料制品的排污单位水污染物种类依据 GB 8978 确定。污染物种类选择界面如图 6-56 所示。涉及喷涂工序的塑料制品工业排污单位水污染物种类包括 pH 值、悬浮物、化学需氧量、五日生化需氧量、石油类, 依据 GB 8978 确定。地方污染物排放标准有更严格要求的, 从其规定。

图 6-54　废水污染填报添加界面

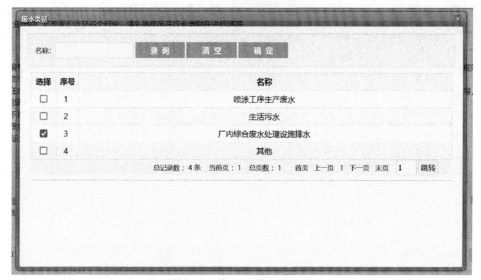

图 6-55　废水类别选择界面

图 6-56　污染物种类选择界面

　　污染治理设施工艺，根据企业实际情况进行选择。污染治理设施工艺填报界面见图 6-57。如遇选项中未列明的治理工艺时，可选择"其他"，自行输入治理工艺并保存。

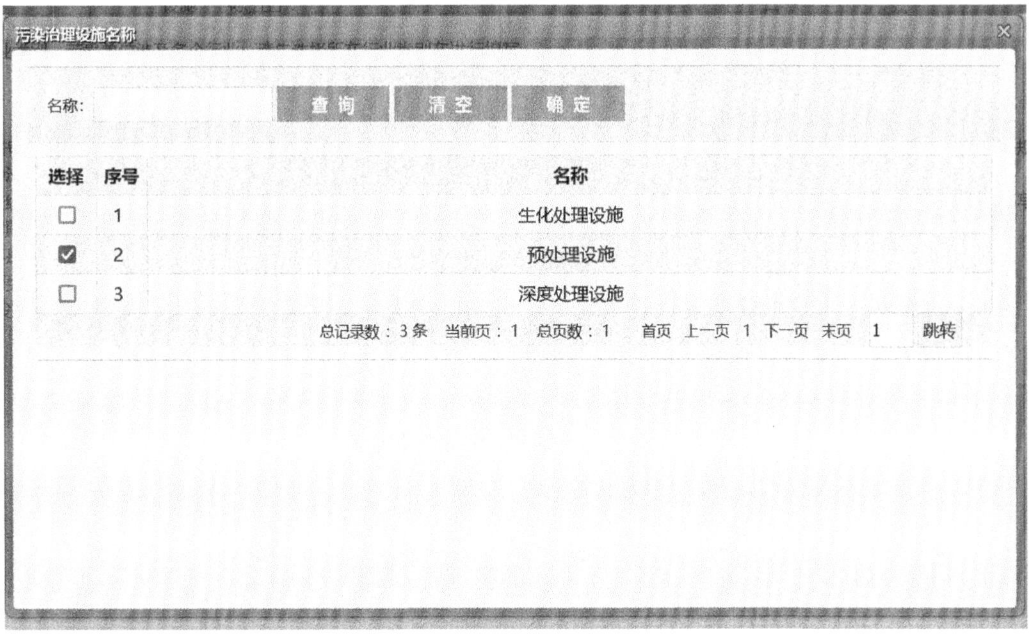

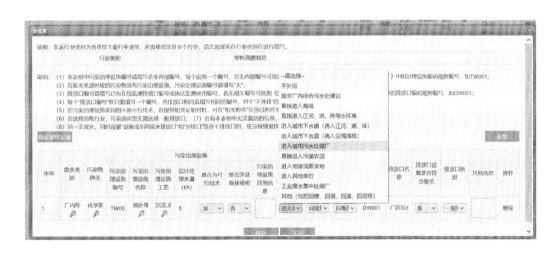

图 6-57　污染治理设施工艺填报界面

　　根据企业实际情况选择废水的排放去向，见图 6-58。

图 6-58　废水排放去向填报界面

　　根据企业实际情况选择废水的排放方式，见图 6-59。
　　根据企业实际情况选择废水的排放规律，见图 6-60。
　　排污单位废水排放口分为废水总排放口（厂区综合废水处理设施排放口）、生活污

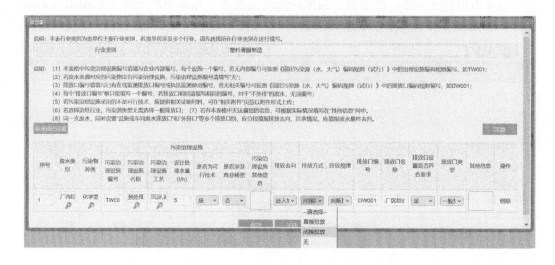

图 6-59　废水排放方式填报界面

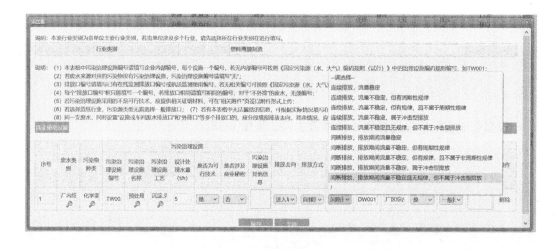

图 6-60　废水排放规律填报界面

水单独排放口。

　　纳入重点管理的塑料人造革与合成革制造排污单位的厂区综合废水处理设施排放口为主要排放口，其他排放口均为一般排放口。废水排放口类型填报界面见图 6-61。

　　2）注意事项

　　① 行业类别默认为"塑料制品制造"，若有其他行业，根据要求选填。

　　② 塑料制品工业的废水类别应根据实际产污情况选填，即使不外排也应填报。

　　③ 废水排放去向包括：不外排，排至厂内综合污水处理站，直接进入海域，直接进入江河、湖、库等水环境，进入城市下水道（再入江河、湖、库），进入城市下水道（再入沿海海域），进入城市污水处理厂，直接进入污灌农田，进入地渗或蒸发地，进入其他单位，进入工业废水集中处理厂，其他。对于工艺、工序产生的废水，"不外排"

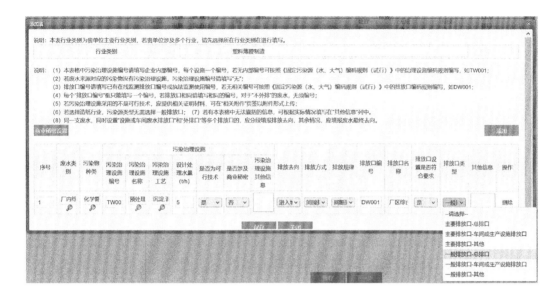

图 6-61　废水排放口类型填报界面

指全部在工序内部循环使用，"排至厂内综合污水处理站"指工序废水经预处理后排至综合污水处理站；对于综合污水处理站，"不外排"指全厂废水经处理后全部回用不向环境排放。根据企业实际情况填报废水排放去向，并填报相应的排放口编号。

④ 排放规律包括：连续排放，流量稳定；连续排放，流量不稳定，但有周期性规律；连续排放，流量不稳定，但有规律，且不属于周期性规律；连续排放，流量不稳定，属于冲击型排放；连续排放，流量不稳定且无规律，但不属于冲击型排放；间断排放，排放期间流量稳定；间断排放，排放期间流量不稳定，但有周期性规律；间断排放，排放期间流量不稳定，但有规律，且不属于非周期性规律；间断排放，排放期间流量不稳定，属于冲击型排放；间断排放，排放期间流量不稳定且无规律；但不属于冲击型排放。

⑤ 废水污染治理设施编号优先使用排污单位内部编号，若无内部编号，则根据 HJ 608 要求进行编号后填报，废水污染治理设施编号为 TW＋三位数字。

⑥ 应根据实际情况选择污染治理设施名称。

⑦ 应根据排污单位的废水污染治理设施对应选填污染治理设施工艺，此处为多选，应与《技术规范》附录对照，确定是否为可行技术。特别说明的是，对于未采用《技术规范》所列污染防治可行技术的，排污单位应当在申请时提供相关证明材料（如已有的监测数据，对于国内外首次采用的污染治理技术，还应当提供中试数据等说明），证明具备同等污染防治能力。

⑧ 废水排放口编号优先使用生态环境管理部门已核发的编号，若无生态环境管理部门已核发的编号，可填报内部编号，也可按照《固定污染源（水、大气）编码规则（试行）》编号，废水排放口编号为 DW＋三位数字。

⑨ 塑料制品工业仅纳入重点管理的塑料人造革与合成革制造工业排污单位厂区综

合废水处理设施排放口为主要排放口，其余均为一般排放口。

6.2.2.7 大气污染物排放口填报

（1）排放口基本情况表

1）填报的内容

排放口编号（自动带入）、排放口名称（自动带入）、污染物种类（自动带入）、排放口地理坐标、排气筒高度、排气筒出口内径、排气温度等信息，见图6-62。

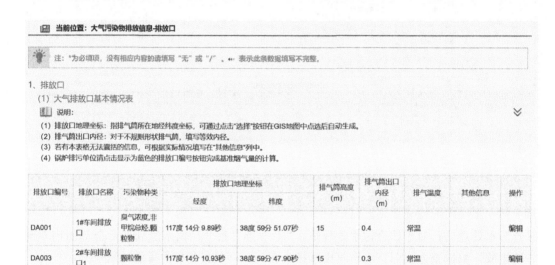

图6-62 大气污染物排放口信息填报界面

如图6-63所示，系统自动带入排放口编号、排放口名称、污染物种类，点击"选择"按钮在地图中拾取经纬度坐标，依次填写排气筒高度及出口内径、排气温度等参数。

2）注意事项

① 排气筒高度为排气筒顶端距离地面的高度。

② 排气筒出口内径为监测点位处的内径。

③ 排气筒高度应满足 GB 31572、GB 16297、GB 14554 等标准的要求。

④ 排放口地理坐标必须在系统地图中拾取。对于排放口的经纬度在拾取过程中地图分辨率无法满足要求的，仅在可显示的分辨率下拾取大概位置即可（无法在地图上显示的新建项目可通过周边参照物拾取）。

（2）废气污染物排放执行标准信息表

1）填报内容

排放口编号（自动带入）、排放口名称（自动带入）、污染物种类（自动带入）、国家或地方污染物排放标准、环境影响评价批复要求（若有）、承诺更加严格排放限值（若有）、其他信息等。根据行业、地方环境管理要求，选择对应指标执行的污染物排放标准，填报界面见图 6-64。

图 6-63　排放口基本信息填报界面

图 6-64　大气污染物排放执行标准信息填报界面

　　塑料人造革与合成革制造排污单位大气污染物种类依据 GB 21902、GB 37822 确定，使用 VOCs 作为挥发性有机物有组织排放、厂界的综合控制指标，使用非甲烷总烃作为厂区内挥发性有机物无组织排放的综合控制指标；不使用二甲基甲酰胺、苯、甲苯、二甲苯有机溶剂的，大气污染物种类可不包括二甲基甲酰胺、苯、甲苯、二甲苯。使用除聚氯乙烯以外的树脂生产塑料制品（除塑料人造革与合成革制品制造外）的排污单位，大气污染物种类依据 GB 31572 确定，使用非甲烷总烃作为挥发性有机物排放的综合控制指标，同时选取 GB 31572 规定适用的合成树脂类型对应的污染物种类作为特征控制指标。地方有更严格要求的，从其规定。使用聚氯乙烯树脂生产塑料制品的排污单位大气污染物种类依据 GB 16297、GB 37822 确定，使用非甲烷总烃作为挥发性有机物排放的综合控制指标。涉及喷涂工序的塑料制品工业排污单位大气污染物种类包括颗粒物、二氧化硫、氮氧化物、非甲烷总烃、苯、甲苯、二甲苯，依据 GB 16297 确定。塑料制品工业排污单位排放恶臭污染物的，执行 GB 14554。地方有更严格要求的，从其规定。如图 6-64 所示，点击"编辑"按钮，进入编辑界面，见图 6-65。点击"选择"按钮，选择所需执行的标准名称，填写或从下拉菜单中选择排放浓度限值、速率限值、浓度限值单位等内容。

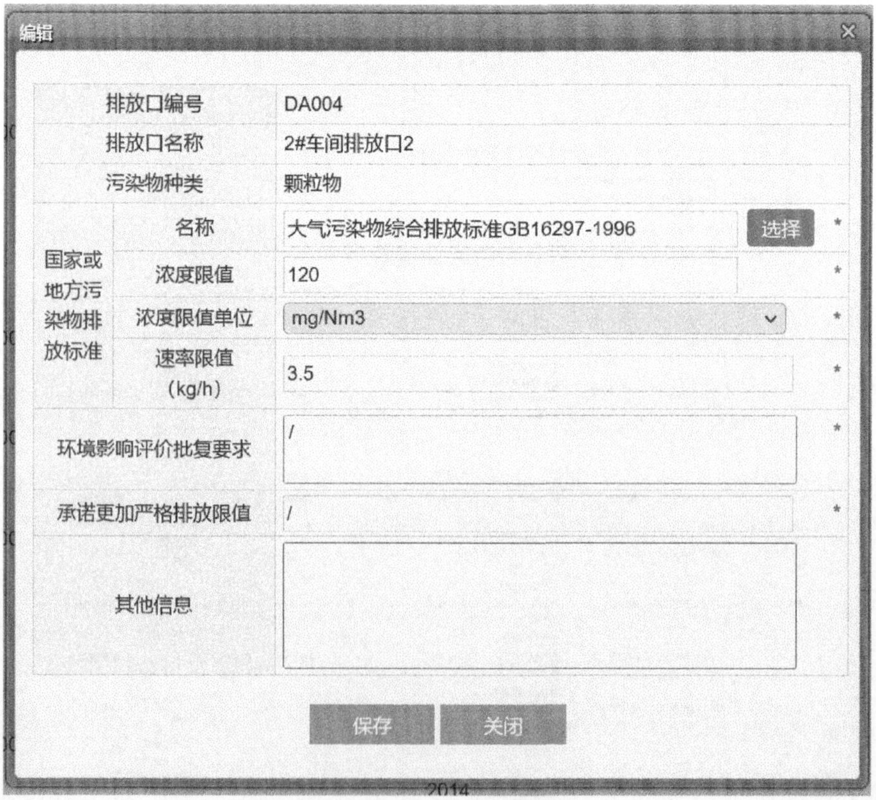

图 6-65　排放标准填报界面

　　对应选择污染物种类进行填报，见图 6-66。

（2）废气污染物排放执行标准信息表

🔲 说明：

(1) 国家或地方污染物排放标准指对应排放口须执行的国家或地方污染物排放标准的名称、编号及浓度限值。

(2) 环境影响评价批复要求：新增污染源必填。

(3) 承诺更加严格排放限值：如火电厂超低排放浓度限值。

(4) 二噁英及二噁英类浓度限值单位为ng-TEQ/m³。

(5) 臭气浓度限值无量纲。

(6) 浓度限值未显示单位的，默认单位为"mg/Nm³"。

排放口编号	排放口名称	污染物种类	国家或地方污染物排放标准		速率限值 (kg/h)	环境影响评价批复要求	承诺更加严格排放限值	其他信息	操作
			名称	浓度限值					
DA001	1#车间排放口	非甲烷总烃	工业企业挥发性有机物排放控制标准DB12/524-2014	50mg/Nm3	1.5	/ mg/m3	/ mg/Nm3	天津市地方标准污染物指标为：挥发性有机物，排放限值50mg/m3，排放速率1.5kg/h（15m）	编辑 复制
DA001	1#车间排放口	颗粒物	大气污染物综合排放标准GB16297-1996	120mg/Nm3	3.5	/ mg/Nm3	/ mg/Nm3		编辑 复制
DA001	1#车间排放口	臭气浓度	恶臭污染物排放标准DB12/059-2018	1000	/	/	/	天津市地方标准	编辑 复制
DA003	2#车间排放口1	颗粒物	大气污染物综合排放标准GB16297-1996	120mg/Nm3	3.5	/ mg/Nm3	/ mg/Nm3		编辑 复制
DA004	2#车间排放口2	颗粒物	大气污染物综合排放标准GB16297-1996	120mg/Nm3	3.5	/ mg/Nm3	/ mg/Nm3		编辑 复制
DA004	2#车间排放口2	臭气浓度	恶臭污染物排放标准DB12/059-2018	1000	/	/	/	天津市地方标准	编辑 复制
DA004	2#车间排放口2	非甲烷总烃	工业企业挥发性有机物排放控制标准DB12/524-2014	50mg/Nm3	1.5	/ mg/Nm3	/ mg/Nm3	天津市地方标准污染物指标为：挥发性有机物，排放限值50mg/m3，排放速率1.5kg/h（15m）	编辑 复制

图 6-66　污染物种类填报界面

2）注意事项

① 选择执行标准时，应先确定所在地有无地方标准，并根据排放浓度限值从严确定原则选择执行标准名称。

② 执行的标准中有排放速率限值的应填报，否则填"/"。

③ 环评影响评价批复要求按需填报。

④ 排污单位可根据自身的管理需求决定是否填报承诺更加严格排放限值。若填报，该限值不作为达标判定的依据。

⑤ 若有地方标准，选填时平台下拉菜单中缺少该标准，应与地方生态环境管理部门联系添加。

6.2.2.8　有组织排放信息填报

（1）主要排放口、一般排放口

1）填报内容

排放口编号（自动带入）、排放口名称（自动带入）、污染物种类（自动带入）、申请许可排放浓度限值（自动带入）、申请许可排放速率限值（自动带入）、申请年许可排放量限值、申请特殊排放浓度限值、申请特殊时段许可排放量限值，大气污染物有组织排放信息（一般排放口）填报界面见图 6-67。

(2) 一般排放口

📖 说明：浓度限值未显示单位的，默认单位为"mg/Nm³"。

| 排放口编号 | 排放口名称 | 污染物种类 | 申请许可排放浓度限值 | 申请许可排放速率限值(kg/h) | 申请年许可排放量限值（t/a） | | | | | 申请特殊排放浓度限值 | 申请特殊时段许可排放量限值 | 操作 |
					第一年	第二年	第三年	第四年	第五年			
DA001	1#车间排放口	颗粒物	120mg/Nm3	3.5	/	/	/	/	/	/mg/Nm3	/	编辑
DA001	1#车间排放口	非甲烷总烃	50mg/Nm3	1.5	/	/	/	/	/	/mg/Nm3	/	编辑
DA001	1#车间排放口	臭气浓度	1000	/	/	/	/	/	/		/	编辑
DA003	2#车间排放口1	颗粒物	120mg/Nm3	3.5	/	/	/	/	/	/mg/Nm3	/	编辑
DA004	2#车间排放口2	颗粒物	120mg/Nm3	3.5	/	/	/	/	/	/mg/Nm3	/	编辑
DA004	2#车间排放口2	臭气浓度	1000	/	/	/	/	/	/		/	编辑
DA004	2#车间排放口2	非甲烷总烃	50mg/Nm3	1.5	/	/	/	/	/	/mg/Nm3	/	编辑
一般排放口合计		颗粒物		/	/	/	/	/	/	/	/	计算 请点击计算按钮，完成加和计算
		SO2		/	/	/	/	/	/	/	/	
		NOx		/	/	/	/	/	/	/	/	
		VOCs		/	/	/	/	/	/	/	/	

备注信息（说明：若有表格中无法囊括的信息或其他需要备注的信息，可根据实际情况填写在以下文本框中。）

图 6-67　大气污染物有组织排放信息（一般排放口）填报界面

　　塑料人造革与合成革制造排污单位废气处理设施排放口应申请颗粒物、挥发性有机物的年许可排放量。塑料制品排污单位中涉及喷涂工序且年用溶剂型涂料（含稀释剂）量 10t 及以上的喷涂（含喷涂、流平）废气、烘干废气排放口应申请颗粒物、挥发性有机物的年许可排放量。排污单位的废气年许可排放量为各废气主要排放口年许可排放量之和。如果企业涉及锅炉主要排放口的需要对应添加相关污染物年许可排放量。

　　本例为简化管理类别，无需许可年许可排放量。

　　2）注意事项

　　① 申请许可排放浓度限值为自动带入。

　　② 塑料人造革与合成革制造排污单位废气处理设施排放口应申请颗粒物、挥发性有机物的年许可排放量。塑料制品排污单位中涉及喷涂工序且年用溶剂型涂料（含稀释剂）量 10t 及以上的喷涂（含喷涂、流平）废气、烘干废气排放口应申请颗粒物、挥发性有机物的年许可排放量。排污单位的废气年许可排放量为各废气主要排放口年许可排放量之和。特别说明的是，若在填报平台表 1 中增加了其他污染物管控指标，此处也会自动生成，需根据相关管理要求申报年许可排放量限值。

　　③ 本表应按照《技术规范》推荐方法核算许可排放量并填报。

　　④ 如排污单位不存在特殊时段管控要求，本表的特殊排放浓度限值和特殊时段许可排放量限值填"/"。

　　⑤ 核算主要排放口许可排放量限值时，应根据核算公式按排放口逐个进行核算，求和得出；对于排污单位有多条生产线的情况，首先按单条生产线核算许可排放量，加和后即为排污单位许可排放量。

　　（2）全厂有组织排放总计

　　填报内容：自动带入前表填写内容并求和，填报界面见图 6-68。

(3) 全厂有组织排放总计

　　说明："全厂有组织排放总计"指的是，主要排放口与一般排放口之和数据。

请点击计算按钮，完成加和计算　**计算**

	污染物种类	申请年许可排放量限值 (t/a)					申请特殊时段许可排放量限值
		第一年	第二年	第三年	第四年	第五年	
全厂有组织排放总计	颗粒物	/	/	/	/	/	/
	SO2	/	/	/	/	/	/
	NOx	/	/	/	/	/	/
	VOCs	/	/	/	/	/	/

备注信息（说明：若有表格中无法囊括的信息或其他需要备注的信息，可根据实际情况填写在以下文本框中。）

图 6-68　全厂有组织排放总计填报界面

（3）申请年放量限值计算过程

参考《技术规范》许可排放量章节的内容进行计算，此处不再赘述。申请年排放量限值计算过程填报界面见图 6-69。

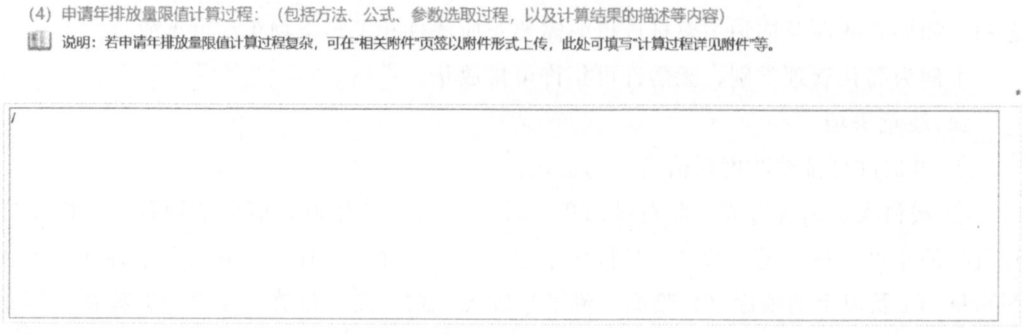

(4) 申请年排放量限值计算过程：（包括方法、公式、参数选取过程，以及计算结果的描述等内容）

说明：若申请年排放量限值计算过程复杂，可在"相关附件"页签以附件形式上传，此处可填写"计算过程详见附件"等。

图 6-69　申请年排放量限值计算过程填报界面

（4）申请特殊时段许可排放量限值计算过程

参考《技术规范》许可排放量章节的内容进行计算，此处不再赘述。申请特殊时段许可排放量限值计算过程填报界面见图 6-70。

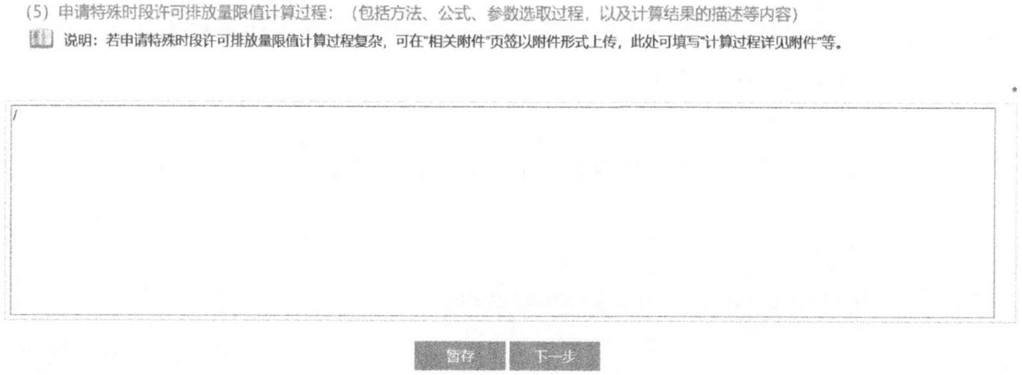

(5) 申请特殊时段许可排放量限值计算过程：（包括方法、公式、参数选取过程，以及计算结果的描述等内容）

说明：若申请特殊时段许可排放量限值计算过程复杂，可在"相关附件"页签以附件形式上传，此处可填写"计算过程详见附件"等。

暂存　　下一步

图 6-70　申请特殊时段许可排放量限值计算过程填报界面

6.2.2.9　无组织排放信息填报

大气污染物无组织排放信息填报内容包括　行业类别（自动带入）、无组织排放编号、产污环节、污染物种类、主要污染防治措施、国家或地方污染物排放标准、年许可排放量限值、申请特殊时段许可排放量限值、其他信息等。

填报界面见图 6-71，信息添加填报界面见图 6-72，全厂无组织排放总计填报界面见图 6-73。

当前位置：大气污染物排放信息-无组织排放信息

注：*为必填项，没有相应内容的请填写"无"或"/"。**表示此条数据填写不完整。

3、大气污染物无组织排放信息

说明：

(1) 可点击"添加"按钮填写无组织排放信息。

(2) 本表行业类别为贵单位主要行业类别，若贵单位涉及多个行业，请先选择所在行业类别再进行填写。

(3) 若有本表格中无法囊括的信息，可根据实际情况填写在"其他信息"列中。

(4) 浓度限值未显示单位的，默认单位为"mg/Nm³"。

添加

行业	生产设施编号/无组织排放编号	产污环节	污染物种类	主要污染防治措施	国家或地方污染物排放标准		年许可排放量限值（t/a）					申请特殊时段许可排放量限值	其他信息	操作
					名称	浓度限值	第一年	第二年	第三年	第四年	第五年			
非金属废料和碎屑加工处理	MF0004	混料	颗粒物		大气污染物综合排放标准GB16297-1996	1.0mg/Nm3	/	/	/	/	/	/		编辑
塑料薄膜制造	厂界		颗粒物	/	大气污染物综合排放标准GB16297-1996	1.0mg/Nm3	/	/	/	/	/	/		编辑 删除
塑料薄膜制造	厂界		臭气浓度		恶臭污染物排放标准DB12/059-2018	20	/	/	/	/	/	/	天津市地方标准	编辑 删除
塑料薄膜制造	厂界		非甲烷总烃		工业企业挥发性有机物排放控制标准DB12/524-2014	2.0mg/Nm3	/	/	/	/	/	/	天津市地方标准，控制指标为挥发……	编辑 删除
塑料薄膜制造	MF0001	挥发废气	非甲烷总烃		工业企业挥发性有机物排放控制标准DB12/524-2014	2.0mg/Nm3	/	/	/	/	/	/		编辑
塑料薄膜制造	MF0002	挥发废气	非甲烷总烃		工业企业挥发性有机物排放控制标准DB12/524-2014	2.0mg/Nm3	/	/	/	/	/	/		编辑
塑料薄膜制造	MF0001	挥发废气	臭气浓度		恶臭污染物排放标准DB12/059-2018	20	/	/	/	/	/	/		编辑
塑料薄膜制造	MF0002	挥发废气	臭气浓度		恶臭污染物排放标准DB12/059-2018	20	/	/	/	/	/	/		编辑
塑料薄膜制造	MF0001	混料废气	颗粒物		大气污染物综合排放标准GB16297-1996	1.0mg/Nm3	/	/	/	/	/	/		编辑

图 6-71　大气污染物无组织排放信息填报界面

6.2.2.10　企业大气排放总许可量填报

（1）填报内容

企业大气排放总许可量填报界面见图 6-74。

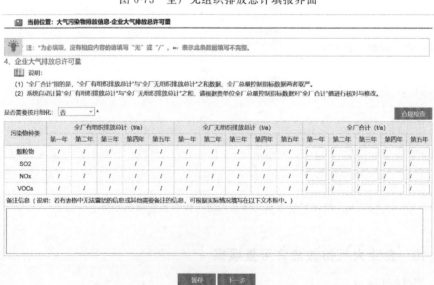

图 6-72　大气污染物排放信息添加填报界面

图 6-73　全厂无组织排放总计填报界面

图 6-74　企业大气排放总许可量填报界面

（2）注意事项

① 全厂合计值为按照《技术规范》从严取值原则核算出来的最终许可排放量。

② 排污单位应将许可排放量（包括月许可排放量）的详细核算过程作为附件上传，以便后期环境管理执法。

6.2.2.11　水污染物排放口填报

（1）废水直接排放口基本情况表

1）填报内容

排放口编号（自动带入）、排放口名称（自动带入）、排放口地理位置、排放去向（自动带入）、排放规律（自动带入）、间歇式排放时段、受纳自然水体信息、汇入受纳自然水体处地理坐标、其他信息等，填报内容具体见图 6-75 和图 6-76。

 当前位置：水污染物排放信息-排放口

注："为必填项，没有相应内容的请填写"无"或"/"。⋘ 表示此条数据填写不完整。

1、排放口

（1）废水直接排放口基本情况表

📖 说明

(1) 排放口地理坐标：对于直接排放至地表水体的排放口，指废水排出厂界处经纬度坐标；
　　纳入管控的车间或车间处理设施排放口，指废水排出车间或车间处理设施边界处经纬度坐标；
　　可通过点击"选择"按钮在GIS地图中点选后自动生成。

(2) 受纳自然水体名称：指受纳水体的名称如南沙河、太子河、温榆河等。

(3) 受纳自然水体功能目标：指对于直接排放至地表水体的排放口，其所处受纳水体功能类别，如III类、IV类、V类等。

(4) 汇入受纳自然水体处地理坐标：对于直接排放至地表水体的排放口，指废水汇入地表水体处经纬度坐标；
　　可通过点击"选择"按钮在GIS地图中点选后自动生成。

(5) 废水向海洋排放的，应当填写岸边排放或深海排放。深海排放的，还应说明排污口的深度、与岸线直线距离。在"其他信息"列中填写。

(6) 若有本表格中无法囊括的信息，可根据实际情况填写在"其他信息"列中。

排放口编号	排放口名称	排放口地理位置		排水去向	排放规律	间歇式排放时段	受纳自然水体信息		汇入受纳自然水体处地理坐标		其他信息	操作
		经度	纬度				名称	受纳水体功能目标	经度	纬度		
DW002	厂内综合废水处理设施排水--直接排放	117度14分18.78秒	38度59分50.71秒	直接进入江河、湖、库等水环境	间断排放，排放期间流量不稳定且无规律，但不属于冲击型排放	/	xx河	V类	117度19分38.03秒	38度59分56.04秒	此排放口为填报举例，为了样表的完整充分性填写，实际填报中企业只能设置一个厂区废水总排放口	编辑

图 6-75　废水直接排放口基本情况表填报完成界面

图 6-76　废水直接排放口信息填报界面

2）注意事项

① 受纳水体功能目标应根据各地的水功能区划进行确定。

② 地理位置、地理坐标的选择参考前文提及的方法。

（2）入河排污口信息

根据排污单位实际情况进行填报，填报界面见图 6-77。

图 6-77　入河排污口信息填报界面

（3）雨水排放口基本情况表

根据排污单位实际情况进行填报，填报界面见图6-78。

（3）雨水排放口基本情况表
说明：畜禽养殖行业排污单位无需填报此信息

排放口编号	排放口名称	排放口地理位置		排水去向	排放规律	间歇式排放时段	受纳自然水体信息		汇入受纳自然水体处地理坐标		其他信息	操作
		经度	纬度				名称	受纳水体功能目标	经度	纬度		添加

图 6-78 雨水排放口基本情况填报界面

（4）废水间接排放口基本情况表

1）填报内容

排放口编号（自动带入）、排放口名称（自动带入）、排放口地理坐标、排放去向（自动带入）、排放规律（自动带入）、间歇排放时段、受纳污水处理厂信息等。废水间接排放口信息填报完成界面如图6-79所示，填报界面如图6-80所示。

（4）废水间接排放口基本情况表

说明：
(1) 排放口地理坐标：对于排至厂外城镇或工业污水集中处理设施的排放口，指废水排出厂界处经纬度坐标；
对纳入管控的车间或者生产设施排放口，指废水排出车间或者生产设施边界外处经纬度坐标。可通过点击"选择"按钮在GIS地图中点选后自动生成。
(2) 受纳污水处理厂名称：指厂外城镇或工业污水集中处理设施名称，如酒仙桥生活污水处理厂、宏兴化工园区污水处理厂等。
(3) 排水协议规定的浓度限值：指排污单位与受纳污水处理厂等协商的污染物浓度限值要求。属于选填项，没有可以填写/。
(4) 点击受纳污水处理厂名称后的增加按钮，可设置污水处理厂排放的污染物种类及其浓度限值。

排放口编号	排放口名称	排放口地理坐标		排放去向	排放规律	间歇排放时段	受纳污水处理厂信息				操作
		经度	纬度				名称	污染物种类	排水协议规定的浓度限值(mg/L)(如有)	国家或地方污染物排放标准浓度限值	
DW001	厂区综合废水排放口	117度14分18.56秒	38度59分50.35秒	进入城市污水处理厂	间断排放，排放期间流量不稳定且无规律，但不属于冲击型排放	工作时段	xx污水处理厂	悬浮物	/ mg/L	5 mg/L	编辑
								化学需氧量	/ mg/L	30 mg/L	
								五日生化需氧量	/ mg/L	6 mg/L	
								氨氮（NH3-N）	/ mg/L	1.5-3.0 mg/L	
								石油类	/ mg/L	0.5 mg/L	
								pH值	/	6-9	

图 6-79 废水间接排放口信息填报完成界面

2）注意事项

① 选填"污染物种类"时，应选填排入受纳污水处理厂的所有污染因子。

② 选填"国家或地方污染物排放标准浓度限值"时，应填报污水处理厂执行的排放标准中的排放浓度限值。

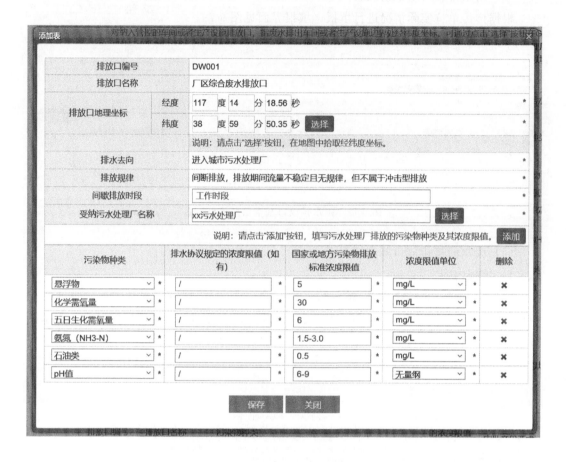

图 6-80   废水间接排放口信息填报界面

（5）废水污染物排放执行标准表

1）填报内容

排放口编号（自动带入）、排放口名称（自动带入）、污染物种类（自动带入）、国家或地方污染物排放标准、排水协议规定的浓度限值（如有）、环境影响评价审批意见要求、承诺更加严格排放限值、其他信息等。按照图 6-81 和图 6-82 填报，此处仅以污染物"五日生化需氧量"举例填报，其他污染物种类参考此步骤填报，同类污染物可采用复制法填报。

2）注意事项

① 针对执行标准名称的选择，填报时应先确定有无地方标准，然后再根据行业标准、综合排放标准从严确定。

② 根据选填的执行标准确定"浓度限值"。

③ 若有地方标准，而选填时平台下拉菜单中缺少该标准，应与地方生态环境管理部门联系添加。

（5）废水污染物排放执行标准表

🔳 说明：

（1）国家或地方污染物排放标准：指对应排放口须执行的国家或地方污染物排放标准的名称及浓度限值。

（2）排水协议规定的浓度限值：指排污单位与受纳污水处理厂等协商的污染物排放浓度限值要求。属于选填项，没有可以填写/。

（3）浓度限值未显示单位的，默认单位为"mg/L"。

排放口编号	排放口名称	污染物种类	国家或地方污染物排放标准		排水协议规定的浓度限值（如有）	环境影响评价审批意见要求	承诺更加严格排放限值	其他信息	操作
			名称	浓度限值					
DW001	厂区综合废水排放口	悬浮物	污水综合排放标准DB12/356-2018	400 mg/L	/ mg/L	/ mg/L	/ mg/L		编辑复制
DW001	厂区综合废水排放口	五日生化需氧量	污水综合排放标准DB12/356-2018	300 mg/L	/ mg/L	/ mg/L	/ mg/L		编辑复制
DW001	厂区综合废水排放口	pH值	污水综合排放标准DB12/356-2018	6-9	/	/	/		编辑复制
DW001	厂区综合废水排放口	化学需氧量	污水综合排放标准DB12/356-2018	500 mg/L	/ mg/L	/ mg/L	/ mg/L		编辑复制
DW001	厂区综合废水排放口	氨氮（NH3-N）	污水综合排放标准DB12/356-2018	45 mg/L	/ mg/L	/ mg/L	/ mg/L		编辑复制
DW001	厂区综合废水排放口	石油类	污水综合排放标准DB12/356-2018	15 mg/L	/ mg/L	/ mg/L	/ mg/L		编辑复制
DW002	厂内综合废水处理设施排水--直接排放	五日生化需氧量	污水综合排放标准DB12/356-2018	10 mg/L	/ mg/L	/ mg/L	/ mg/L	此排放口为填报举例，为了样表的完整充分性填写，实际填报中企业只能设置一个厂区废水总排放口	编辑复制
DW002	厂内综合废水处理设施排水--直接排放	石油类	污水综合排放标准DB12/356-2018	1.0 mg/L	/ mg/L	/ mg/L	/ mg/L	此排放口为填报举例，为了样表的完整充分性填写，实际填报中企业只能设置一个厂区废水总排放口	编辑复制
DW002	厂内综合废水处理设施排水--直接排放	氨氮（NH3-N）	污水综合排放标准DB12/356-2018	2.0-3.5 mg/L	/ mg/L	/ mg/L	/ mg/L	此排放口为填报举例，为了样表的完整充分性填写，实际填报中企业只能设置一个厂区废水总排放口	编辑复制
DW002	厂内综合废水处理设施排水--直接排放	化学需氧量	污水综合排放标准DB12/356-2018	40 mg/L	/ mg/L	/ mg/L	/ mg/L	此排放口为填报举例，为了样表的完整充分性填写，实际填报中企业只能设置一个厂区废水总排放口	编辑复制
DW002	厂内综合废水处理设施排水--直接排放	pH值	污水综合排放标准DB12/356-2018	6-9	/	/	/	此排放口为填报举例，为了样表的完整充分性填写，实际填报中企业只能设置一个厂区废水总排放口	编辑复制
DW002	厂内综合废水处理设施排水--直接排放	悬浮物	污水综合排放标准DB12/356-2018	10 mg/L	/ mg/L	/ mg/L	/ mg/L	此排放口为填报举例，为了样表的完整充分性填写，实际填报中企业只能设置一个厂区废水总排放口	编辑复制

暂存　　下一步

图 6-81　废水污染物排放执行标准填报界面

排放口编号	DW001	*
排放口名称	厂区综合废水排放口	
污染物种类	五日生化需氧量	*
国家或地方污染物排放标准 — 名称	污水综合排放标准DB12/ 356-2018 〔选择〕	*
国家或地方污染物排放标准 — 浓度限值	300	*
国家或地方污染物排放标准 — 浓度限值单位	mg/L ▽	*
排水协议规定的浓度限值（如有）	/	*
环境影响评价审批意见要求	/	*
承诺更加严格排放限值	/	*
其他信息		

〔保存〕 〔关闭〕

图 6-82　废水污染物排放执行标准添加界面

6.2.2.12　水污染物申请排放信息填报

根据《技术规范》，塑料人造革与合成革制造排污单位废水总排放口应申请化学需氧量、氨氮的年许可排放量。对位于国家正式发布文件中规定的总磷、总氮总量控制区

图 6-83　水污染物主要排放口申请排放信息填报界面

内的排污单位还应分别申请总磷、总氮年许可排放量。针对核发部门有总量控制要求的，从其规定（此处不再说明，具体原则可参考废气部分的内容）。本例为简化管理类别，无需许可年许可排放量。

（1）主要排放口、一般排放口

水污染物主要排放口、一般排放口申请排放信息填报界面如图 6-83 和图 6-84 所示，废水排放口基本信息填报界面如图 6-85 所示。

（2）一般排放口

说明：浓度限值未显示单位的，默认单位为"mg/L"。

排放口编号	排放口名称	污染物种类	申请排放浓度限值	申请年排放量限值 (t/a)					申请特殊时段排放量限值	操作
				第一年	第二年	第三年	第四年	第五年		
DW001	厂区综合废水排放口	化学需氧量	500mg/L	/	/	/	/	/	/	编辑
DW001	厂区综合废水排放口	石油类	15mg/L	/	/	/	/	/	/	编辑
DW001	厂区综合废水排放口	pH值	6-9	/	/	/	/	/	/	编辑
DW001	厂区综合废水排放口	悬浮物	400mg/L	/	/	/	/	/	/	编辑
DW001	厂区综合废水排放口	五日生化需氧量	300mg/L	/	/	/	/	/	/	编辑
DW001	厂区综合废水排放口	氨氮 (NH3-N)	45mg/L	/	/	/	/	/	/	编辑
DW002	厂内综合废水处理设施排水--直接排放	五日生化需氧量	10mg/L	/	/	/	/	/	/	编辑
DW002	厂内综合废水处理设施排水--直接排放	pH值	6-9	/	/	/	/	/	/	编辑
DW002	厂内综合废水处理设施排水--直接排放	氨氮 (NH3-N)	2.0-3.5mg/L	/	/	/	/	/	/	编辑
DW002	厂内综合废水处理设施排水--直接排放	石油类	1.0mg/L	/	/	/	/	/	/	编辑
DW002	厂内综合废水处理设施排水--直接排放	化学需氧量	40mg/L	/	/	/	/	/	/	编辑
DW002	厂内综合废水处理设施排水--直接排放	悬浮物	10mg/L	/	/	/	/	/	/	编辑
一般排放口合计		CODcr							/	计算 请点击计算按钮，完成加和计算
一般排放口合计		氨氮							/	

备注信息（说明：若有表格中无法囊括的信息或其他需要备注的信息，可根据实际情况填写在以下文本框中。）

图 6-84　水污染物一般排放口申请排放信息填报界面

（2）全厂废水排放口总计

全厂废水排放口总计填报界面如图 6-86 所示。

图 6-85　废水排放口基本信息填报界面

(3) 全厂排放口总计

是否需要按月细化：否 ▼ *

请点击计算按钮，完成加和计算 | 计算 | 合规检查

全厂排放口总计	污染物种类	申请年排放量限值 (t/a)					申请特殊时段排放量限值
		第一年	第二年	第三年	第四年	第五年	
	CODcr	/	/	/	/	/	/
	氨氮	/	/	/	/	/	/

备注信息（说明：若有表格中无法囊括的信息或其他需要备注的信息，可根据实际情况填写在以下文本框中。）

图 6-86　全厂废水排放口总计填报界面

（3）申请年排放量限值计算过程

参考《技术规范》许可排放量章节的内容进行计算，此处不再赘述。申请年排放量限值计算过程填报界面如图 6-87 所示。

（4）申请特殊时段许可排放量限值计算过程

参考《技术规范》许可排放量章节的内容进行计算，此处不再赘述。申请特殊时段

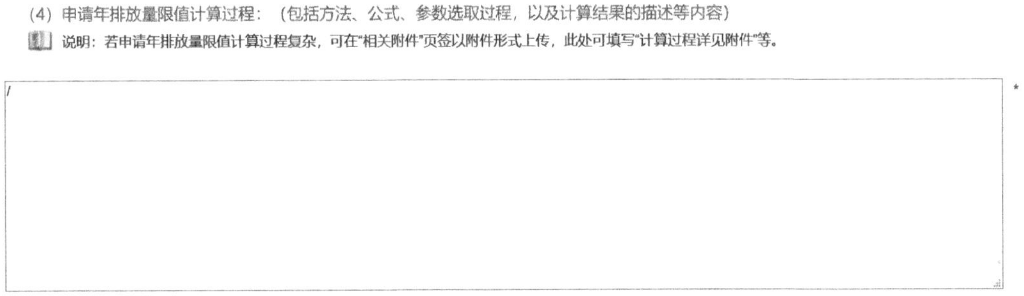

(4) 申请年排放量限值计算过程：（包括方法、公式、参数选取过程，以及计算结果的描述等内容）

说明：若申请年排放量限值计算过程复杂，可在"相关附件"页签以附件形式上传，此处可填写"计算过程详见附件"等。

/

图 6-87　申请年排放量限值计算过程填报界面

许可排放量限值计算过程填报界面如图 6-88 所示。

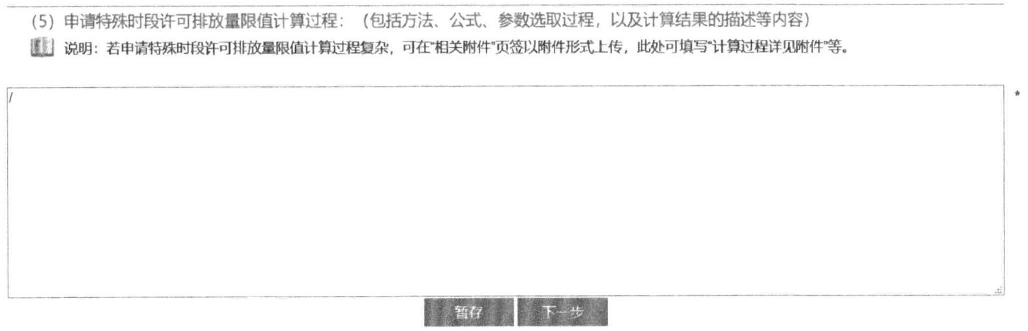

(5) 申请特殊时段许可排放量限值计算过程：（包括方法、公式、参数选取过程，以及计算结果的描述等内容）

说明：若申请特殊时段许可排放量限值计算过程复杂，可在"相关附件"页签以附件形式上传，此处可填写"计算过程详见附件"等。

/

暂存　　下一步

图 6-88　申请特殊时段许可排放量限值计算过程填报界面

6.2.2.13　固体废物管理信息

填报内容包括行业类别（自动带入）、固体废物来源、固体废物名称、固体废物种类、固体废物类别、固体废物描述、固体废物产生量、处理方式、处理去向、其他信息等。按照图 6-89～图 6-96 填报。

固体废物排放信息

注：根据《排污许可证申请与核发技术规范 工业固体废物（试行）》，此表格可删除，且不在申请表、副本列出。

行业类别	固体废物来源	固体废物名称	固体废物种类	固体废物类别	固体废物描述	固体废物产生量 (t/a)	处理方式	处理去向						其他信息	操作
								自行贮存量 (t/a)	自行利用 (t/a)	自行处置 (t/a)	转移量 (t/a)		排放量 (t/a)		
											委托利用量	委托处置量			
塑料薄膜制造	CS01	废化学品	危险废物	危险废物	废润滑油、废机油	4	委托处置	0	0	0	0	4	0		删除
塑料薄膜制造	CS01	其他	废包装物	一般工业固体废物	废包装袋、废包装箱	200	委托利用	0	0	0	200	0	0		删除

图 6-89　固体废物排放信息填报完成界面

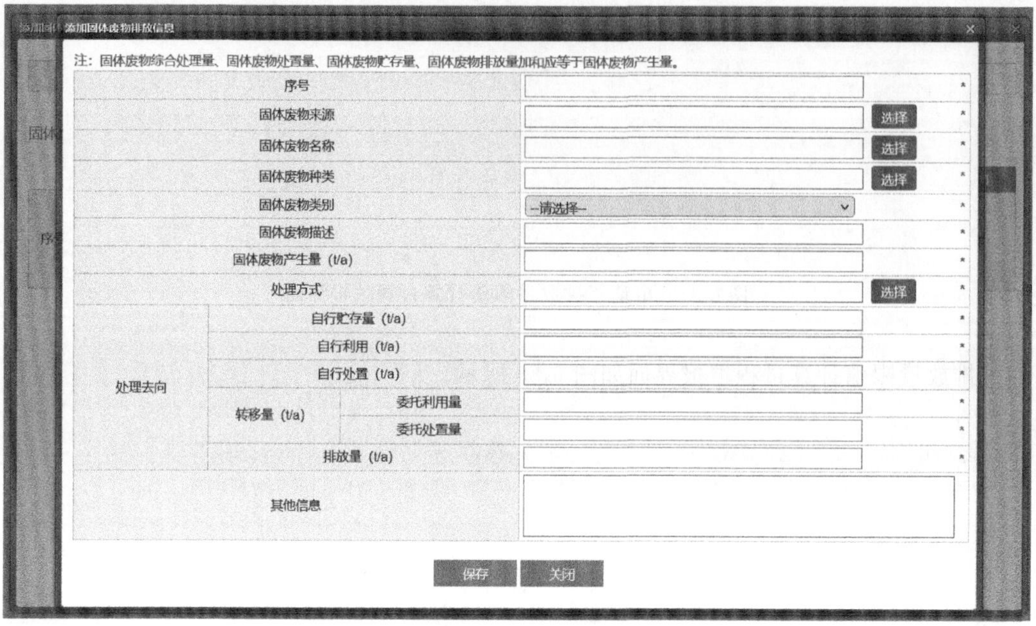

图 6-90　固体废物排放信息填报界面

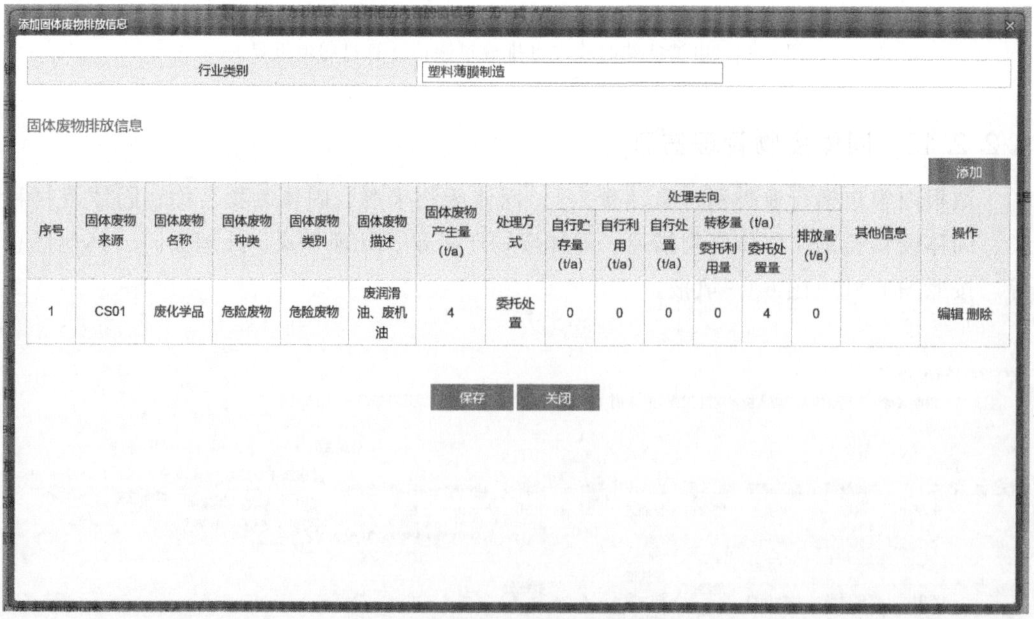

图 6-91　固体废物排放来源填报界面

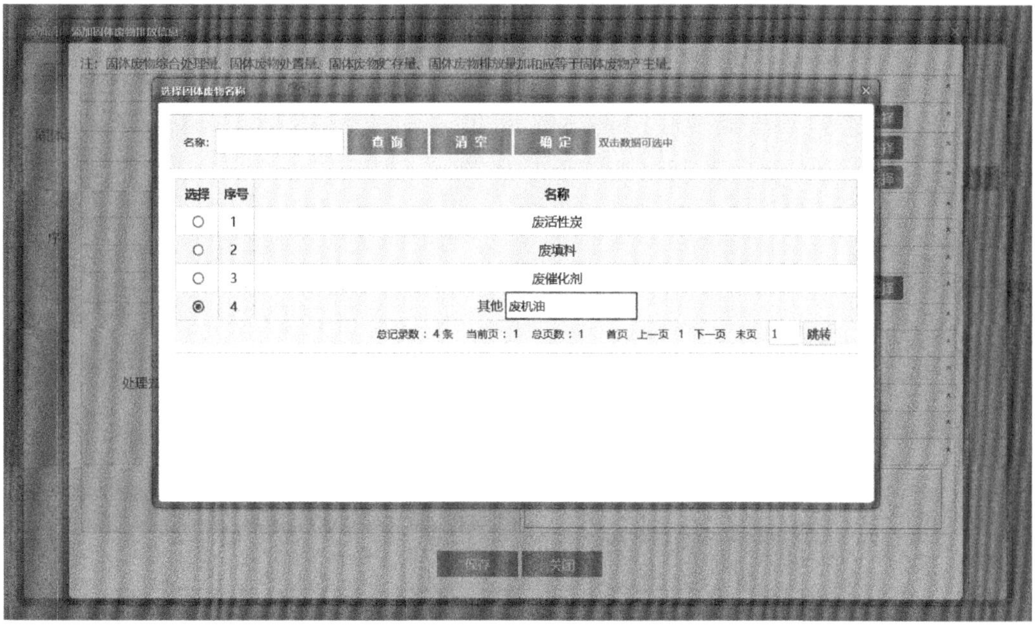

图 6-92　固体废物类别选择界面

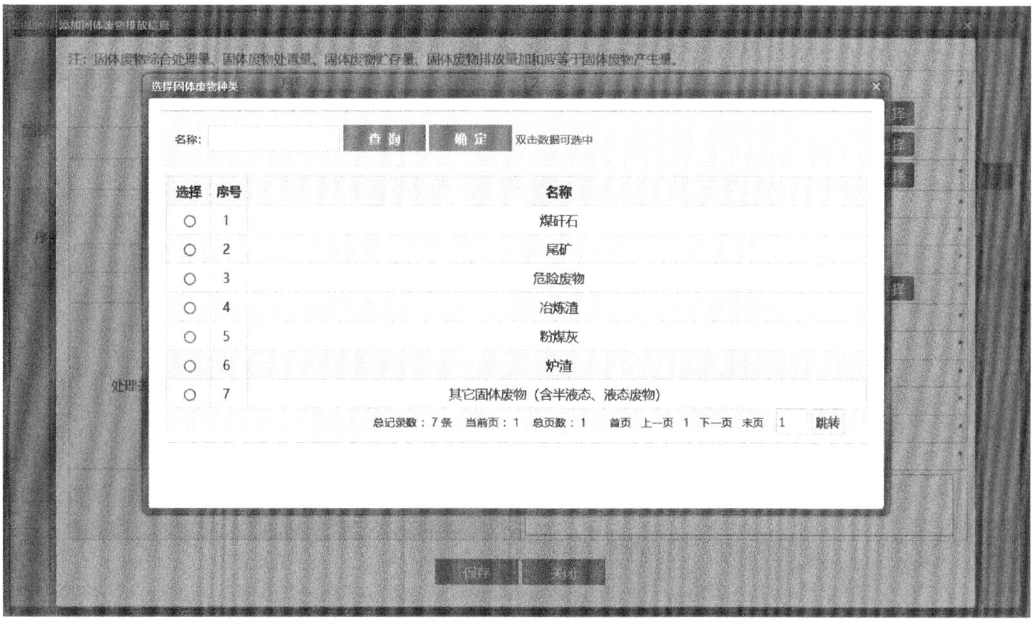

图 6-93　固体废物种类填报界面

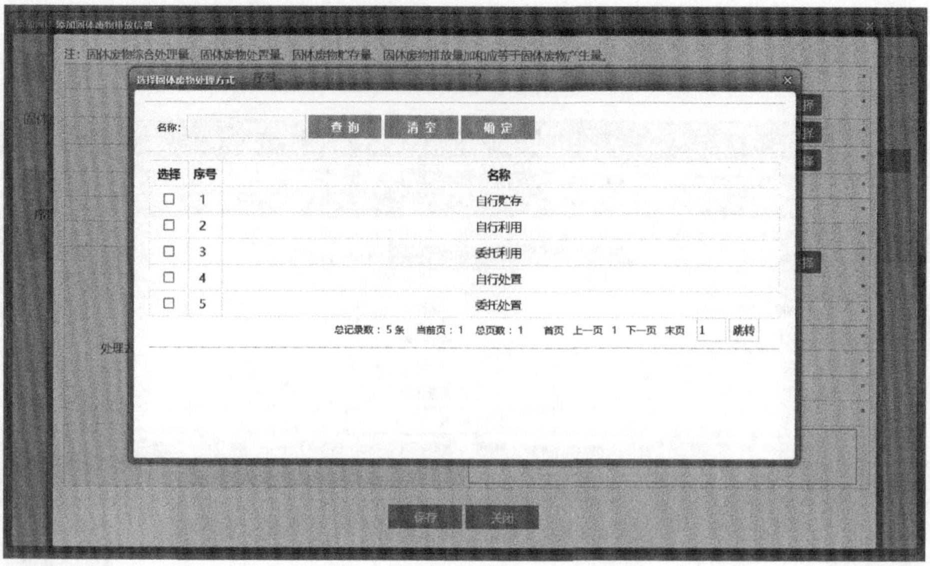

图 6-94　固体废物处理方式填报界面

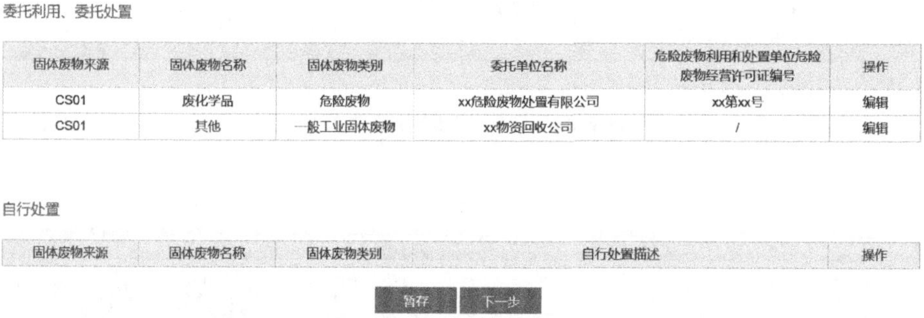

委托利用、委托处置

固体废物来源	固体废物名称	固体废物类别	委托单位名称	危险废物利用和处置单位危险废物经营许可证编号	操作
CS01	废化学品	危险废物	xx危险废物处置有限公司	xx第xx号	编辑
CS01	其他	一般工业固体废物	xx物资回收公司	/	编辑

自行处置

固体废物来源	固体废物名称	固体废物类别	自行处置描述	操作

图 6-95　固体废物委托处理信息填报主界面

图 6-96　固体废物委托处置信息填报界面

6.2.2.14　自行监测要求填报

（1）填报内容

污染源类别（自动带入）、排放口编号（自动带入）、排放口名称（自动带入）、监测内容、污染物名称、监测设施、自动监测信息、手工监测信息等（见图6-97）。

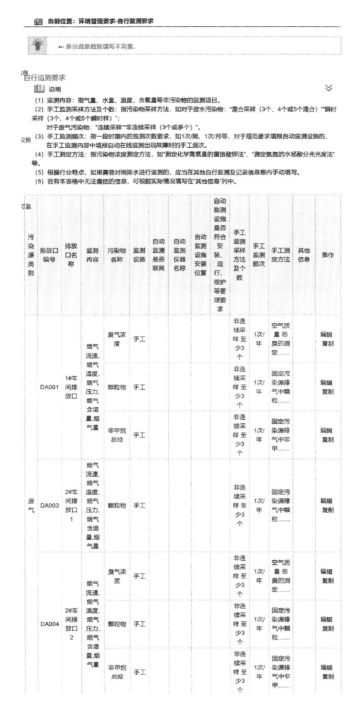

图 6-97　自行监测要求填报界面

本填报界面上基本都是选填项，仅需手工填报自动监测仪器名称、自动监测设施安装位置及自动监测设施是否符合安装、运行、维护等管理要求，排污单位根据实际情况选择填报即可。

根据前表自动带入内容，点击"编辑"，弹出图6-98填报自行监测内容。

图6-98　自行监测填报界面

此处需要注意的是，监测内容指的并非是监测指标，而是实际监测中的相关参数，包括烟气流速、烟气温度、烟气压力、烟气含湿量、烟气量等，见图6-99。

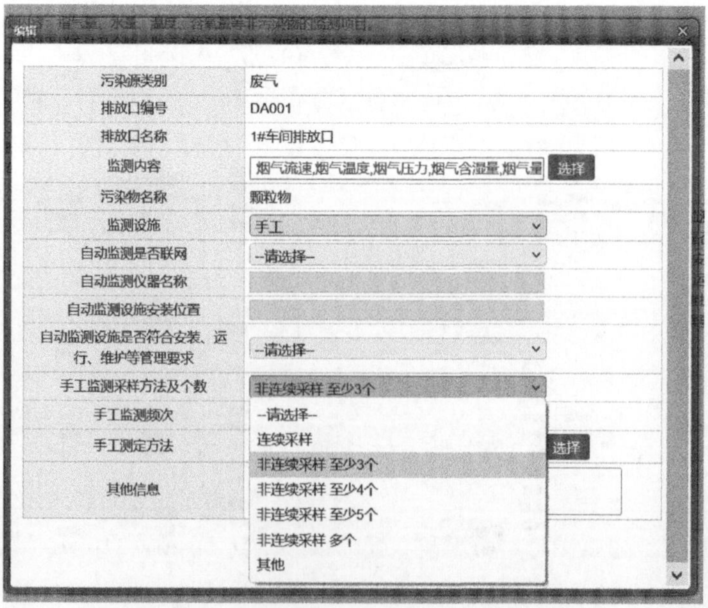

图6-99　手工监测采样方法及个数填报界面

根据《技术规范》及自行监测技术指南要求，对应选择自动监测或手工监测，同时选择监测频次等相关参数，填报界面见图 6-100。

图 6-100　手工监测频次选择界面

根据污染物种类，选择手工监测测定方法对应标准，填报界面见图 6-101。自行监测要求填报完成界面如图 6-102 所示。

图 6-101　手工监测测定方法填报界面

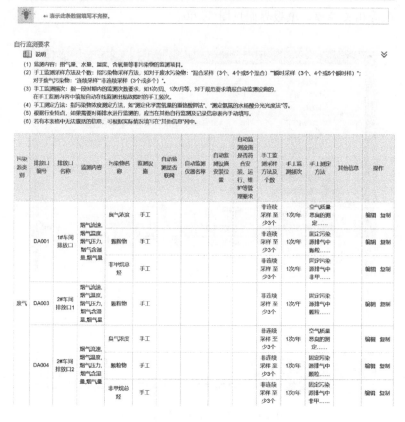

图 6-102　自行监测填报要求完成界面

依次对不同的污染物选择对应的监测方法，填报界面见图 6-103、图 6-104。

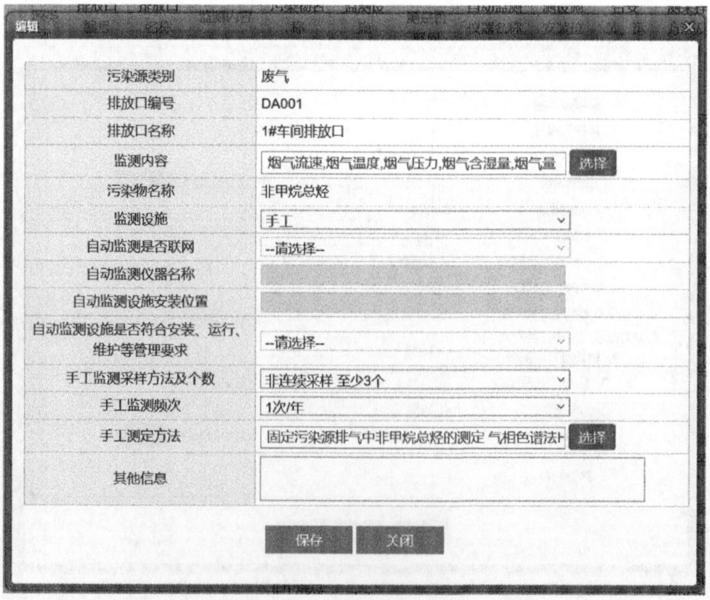

图 6-103　手工测定方法选择界面

污染源类别	排放口编号	排放口名称	监测内容	污染物名称	监测设施	自动监测是否联网	自动监测仪器名称	自动监测设施安装位置	自动监测设施是否符合安装、运行、维护等管理要求	手工监测采样方法及个数	手工监测频次	手工测定方法	其他信息	操作
	DA001	1#车间排放口	烟气流速,烟气温度,烟气压力,烟气含湿量,烟气量	臭气浓度	手工					非连续采样至少3个	1次/年	空气质量恶臭的测定……		编辑复制
				颗粒物	手工					非连续采样至少3个	1次/年	固定污染源排气中颗粒……		编辑复制
				非甲烷总烃	手工					非连续采样至少3个	1次/年	固定污染源排气中非甲……		编辑复制
废气	DA003	2#车间排放口1	烟气流速,烟气温度,烟气压力,烟气含湿量,烟气量	颗粒物	手工					非连续采样至少3个	1次/年	固定污染源排气中颗粒……		编辑复制
	DA004	2#车间排放口2	烟气流速,烟气温度,烟气压力,烟气含湿量,烟气量	臭气浓度	手工					非连续采样至少3个	1次/年	空气质量恶臭的测定……		编辑复制
				颗粒物	手工					非连续采样至少3个	1次/年	固定污染源排气中颗粒……		编辑复制
				非甲烷总烃	手工					非连续采样至少3个	1次/年	固定污染源排气中非甲……		编辑复制

图 6-104　手工测定填报完成界面

水污染物监测填报同理，对应选择监测内容等参数，见图 6-105。

编辑	
污染源类别	废水
排放口编号	DW001
排放口名称	厂区综合废水排放口
监测内容	流量
污染物名称	五日生化需氧量
监测设施	手工
自动监测是否联网	--请选择--
自动监测仪器名称	
自动监测设施安装位置	
自动监测设施是否符合安装、运行、维护等管理要求	--请选择--
手工监测采样方法及个数	混合采样 至少3个混合样
手工监测频次	1次/年
手工测定方法	水质 五日生化需氧量（BOD5）的测定 稀释与接种
其他信息	

保存　关闭

图 6-105　水污染物监测参数填报界面

（2）注意事项

① 监测内容指为监测污染物浓度而需要监测的各类参数，而非污染物名称。有组织废气排放口的监测内容为"烟气温度、烟气含湿量、烟气压力、烟气流速、烟道截面积、烟气量"。废水的监测内容为"流量"。

② 同一污染物的自行监测信息可以通过复制方法完成填报，但监测内容、频次等不一致的应进行逐一填报。

③ 手工监测频次应不低于行业自行监测技术指南要求。

④ 手工监测方法应根据相关监测技术规范、标准要求选填。

⑤ 针对采用"自动监测"的污染物，还应选填在线监测故障时的手工监测，监测频次为"每天不少于 4 次，间隔不得超过 6h"，并在其他信息中栏备注"自动监测设施故障期间采用手工监测"。

（3）其他自行监测及记录信息

1）填报内容

污染源类别/监测类别、编号/监测点位、监测内容、污染物名称、监测设施、自动监测相关信息、手工监测相关信息等。其他自行监测及记录信息，填报界面如图 6-106所示，臭气浓度监测填报界面如图 6-107 所示，监测点位示意上传界面如图 6-108所示。

其他自行监测及记录信息

可点击"添加"按钮填写无组织及其他情况排放监测信息。 【添加】

污染源类别/监测类别	编号/监测点位	名称	监测内容	污染物名称	监测设施	自动监测是否联网	自动监测仪器名称	自动监测设施安装位置	自动监测设施是否符合安装、运行、维护等管理要求	手工监测采样方法及个数	手工监测频次	手工测试方法	其他信息	操作
废气	厂界		温度,湿度,风速,风向	臭气浓度	手工					非连续采样 至少3个	1次/年	空气质量恶臭的测定……		编辑 删除
				挥发性有机物	手工					非连续采样 至少3个	1次/年	环境空气挥发性有机……	天津市地标,控制指标为"挥发性……"	编辑 删除
				颗粒物	手工					非连续采样 至少3个	1次/年	环境空气总悬浮颗粒……		编辑 删除

监测质量保证与质量控制要求:

/

监测数据记录、整理、存档要求:

/

图 6-106　其他自行监测及记录信息填报界面

编辑	✕

污染源类别/监测类别	废气
编号/监测点位	厂界
名称	
监测内容	温度,湿度,风速,风向　【选择】
污染物名称	臭气浓度
监测设施	手工 ∨
自动监测是否联网	--请选择-- ∨
自动监测仪器名称	
自动监测设施安装位置	
自动监测设施是否符合安装、运行、维护等管理要求	--请选择-- ∨
手工监测采样方法及个数	非连续采样 至少3个 ∨
手工监测频次	1次/年 ∨
手工测定方法	空气质量 恶臭的测定 三点比较式臭袋法 GB T 14　【选择】
其他信息	

【保存】　【关闭】

图 6-107　臭气浓度监测填报界面

监测点位示意图
说明
(1) 可上传文件格式应为图片格式，包括jpg/jpeg/gif/bmp/png，附件大小不能超过5M，图片分辨率不能低于72dpi，可上传多张图片。

上传文件

图 6-108　监测点位示意上传界面

2）注意事项

① 针对塑料制品工业排污单位，应在本表填报废气厂界无组织排放的自行监测内容。

② 无组织排放的监测内容选填"风向、风速、温度、湿度"，而非污染物名称。

③ 针对厂界无组织排放，排污单位应根据生产线配置情况选填污染物名称。

④ 监测频次应满足《技术规范》或自行监测技术指南要求。

6.2.2.15　环境管理台账记录要求填报

（1）填报内容

类别、记录内容、记录频次、记录形式、其他信息等。具体内容按照《技术规范》的要求填报（见图 6-109）。

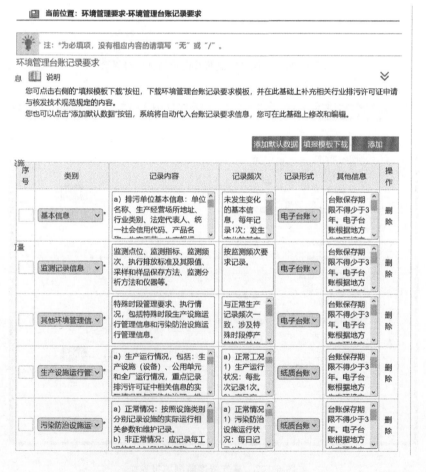

图 6-109　环境管理台账记录要求界面

（2）注意事项

① 设施类别一定要按照《技术规范》填报。生产设施应填报基本信息和运行管理信息。污染治理设施信息应填报基本信息、运行管理信息、监测记录信息和其他环境管理信息。

② 因《技术规范》中对各类环保设施的运行台账记录频次要求不同，填报时记录内容和记录频次应一一对应，填报的记录内容和记录频次不得低于《技术规范》要求。

③ 记录形式应选择"电子台账或纸质台账"，同时备注台账保存期限。

6.2.2.16　补充登记信息填报

补充登记信息填报主界面如图 6-110 所示。

图 6-110　补充登记信息填报主界面

6.2.2.17　地方生态环境主管部门依法增加的内容填报

（1）填报内容

有核发权的地方生态环境主管部门依法增加的管理内容和改正措施（如需，此处不再做详细流程介绍，见图 6-111）。

图 6-111　有核发权的地方生态环境主管部门增加的管理内容填报界面

（2）注意事项

本表是有核发权的地方生态环境主管部门根据排污单位的实际情况和填报情况进一步提出的管理要求。

6.2.2.18　相关附件填报

（1）填报内容

守法承诺书（必填）、排污许可证申领信息公开情况说明表（必填），其余信息根据排污单位实际情况填报。承诺书填报格式如图 6-112 所示。

（2）注意事项

守法承诺书、排污许可证申领信息公开情况说明表为必传文件附件（见图 6-113），同时必须法人代表签字、单位盖章，建议将环评批复文件、申请年许可排放量计算过程等附件同时上传，方便核发部门核发。

① 承诺书中法定代表人或实际负责人应签字。

② 排污许可证申领信息公开情况说明表中，原则上必须选择公开"排污单位基本信息、拟申请的许可事项、产排污环节、污染防治设施"，否则应填写未公开内容的原因说明；"其他信息"为选择项，若选则应填写相关的公开信息。

承　诺　书

（样　本）

XX 生态环境厅（局）：

　　我单位已了解《排污许可管理办法（试行）》及其他相关文件规定，知晓本单位的责任、权利和义务。我单位不位于法律法规规定禁止建设区域内，不存在依法明令淘汰或者立即淘汰的落后生产工艺装备、落后产品，对所提交排污许可证申请材料的完整性、真实性和合法性承担法律责任。我单位将严格按照排污许可证的规定排放污染物、规范运行管理、运行维护污染防治设施、开展自行监测、进行台账记录并按时提交执行报告、及时公开环境信息。在排污许可证有效期内，国家和地方污染物排放标准、总量控制要求或者地方人民政府依法制定的限期达标规划、重污染天气应急预案发生变化时，我单位将积极采取有效措施满足要求，并及时申请变更排污许可证。一旦发现排放行为与排污许可证规定不符，将立即采取措施改正并报告生态环境主管部门。我单位将自觉接受生态环境主管部门监管和社会公众监督，如有违法违规行为，将积极配合调查，并依法接受处罚。

　　特此承诺。

单位名称：□（盖章）

法定代表人（主要负责人）：　（签字）　年　月　日

图 6-112　承诺书实例

③ 联系人、联系电话为"排污单位基本信息表"中的技术负责人及联系电话。
④ "公开情况"应明确公开方式（若为网络公开，还应附网站地址）。
⑤ "反馈意见处理情况"不能为空，即使无反馈意见，也要据实填报说明。
⑥ 简化管理的排污单位可不进行信息公开，但是也应填报不进行信息公开的情况

说明，并且法定代表人必须签字。

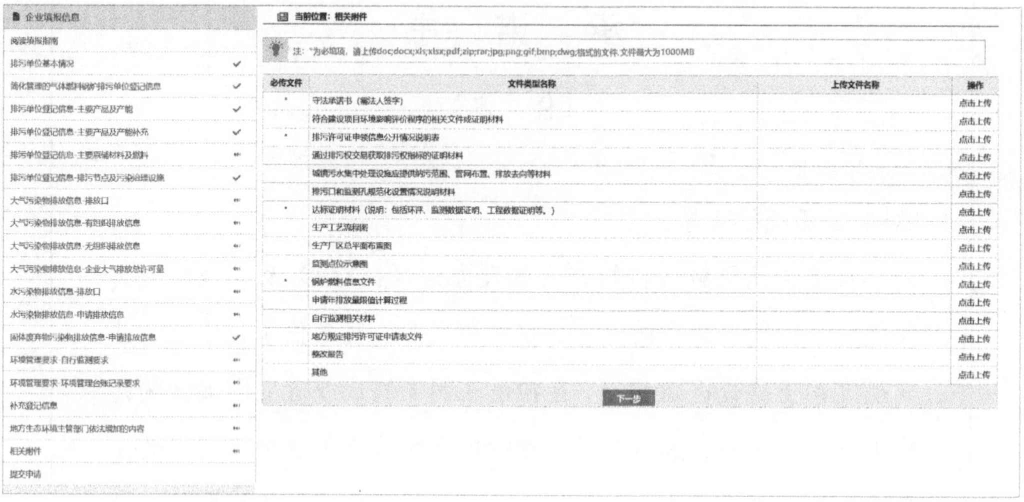
企业填报信息
阅读填报指南
排污单位基本情况
简化管理的气体燃料锅炉排污单位登记信息
排污单位登记信息-主要产品及产能
排污单位登记信息-主要产品及产能补充
排污单位登记信息-主要原辅材料及燃料
排污单位登记信息-排污节点及污染治理设施
大气污染物排放信息-排放口
大气污染物排放信息-有组织排放信息
大气污染物排放信息-无组织排放信息
大气污染物排放信息-企业大气排放总许可量
水污染物排放信息-排放口
水污染物排放信息-申请排放信息
固体废弃物污染物排放信息-申请排放信息
环境管理要求-自行监测要求
环境管理要求-环境管理台账记录要求
补充登记信息
地方生态环境主管部门依法增加的内容
相关附件
提交申请
当前位置：相关附件
注：*为必填项，请上传doc;docx;xls;xlsx;pdf;zip;rar;jpg;png;gif;bmp;dwg;格式的文件，文件最大为1000MB
必传文件
文件类型名称
上传文件名称
操作
守法承诺书（需法人签字）
符合建设项目环境影响评价程序的相关文件或证明材料
排污许可证申领信息公开情况说明表
通过排污权交易获取排污权指标的证明材料
城镇污水集中处理设施应提供纳污范围、管网布置、排放去向等材料
排污口和监测孔规范化设置情况说明材料
达标证明材料（说明：包括环评、监测数据证明、工程数据证明等。）
生产工艺流程图
生产厂区总平面布置图
监测点位示意图
锅炉燃料信息文件
申请年排放量限值计算过程
自行监测相关材料
地方规定排污许可证申请表文件
整改报告
其他
点击上传
下一步

图 6-113　相关附件上传界面

6.2.2.19　提交申请

提交信息界面如图 6-114 所示。

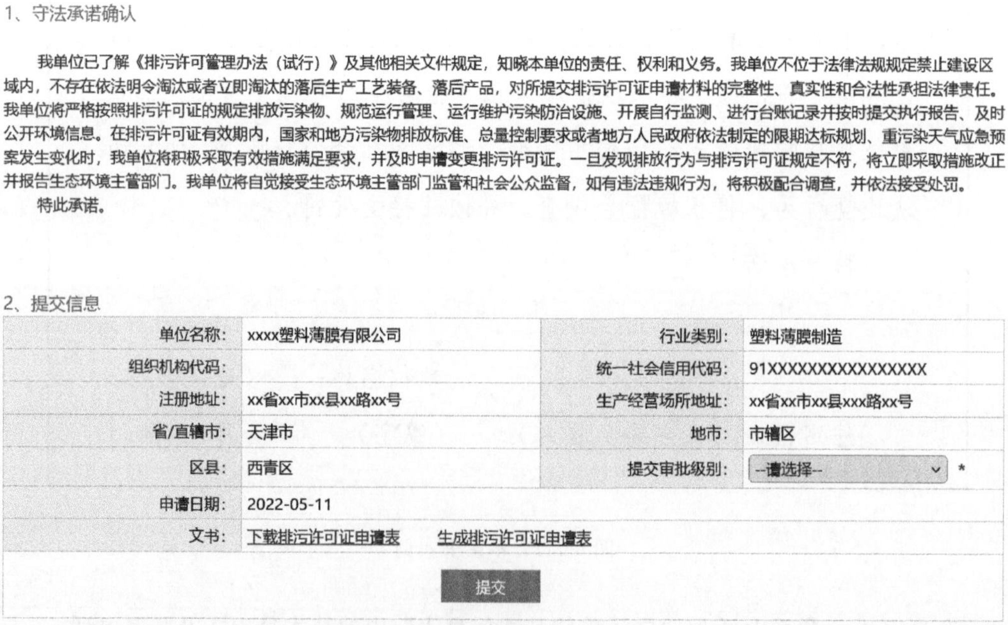
1、守法承诺确认
我单位已了解《排污许可管理办法（试行）》及其他相关文件规定，知晓本单位的责任、权利和义务。我单位不位于法律法规规定禁止建设区域内，不存在依法明令淘汰或者立即淘汰的落后生产工艺装备、落后产品，对所提交排污许可证申请材料的完整性、真实性和合法性承担法律责任。我单位将严格按照排污许可证的规定排放污染物、规范运行管理、运行维护污染防治设施、开展自行监测、进行台账记录并按时提交执行报告、及时公开环境信息。在排污许可证有效期内，国家和地方污染物排放标准、总量控制要求或者地方人民政府依法制定的限期达标规划、重污染天气应急预案发生变化时，我单位将积极采取有效措施满足要求，并及时申请变更排污许可证。一旦发现排放行为与排污许可证规定不符，将立即采取措施改正并报告生态环境主管部门。我单位将自觉接受生态环境主管部门监管和社会公众监督，如有违法违规行为，将积极配合调查，并依法接受处罚。
特此承诺。
2、提交信息
单位名称：
xxxx塑料薄膜有限公司
行业类别：
塑料薄膜制造
组织机构代码：
统一社会信用代码：
91XXXXXXXXXXXXXXXX
注册地址：
xx省xx市xx县xx路xx号
生产经营场所地址：
xx省xx市xx县xxx路xx号
省/直辖市：
天津市
地市：
市辖区
区县：
西青区
提交审批级别：
--请选择--
*
申请日期：
2022-05-11
文书：
下载排污许可证申请表
生成排污许可证申请表
提交

图 6-114　提交信息界面

6.3　典型案例 2：重点管理企业排污许可证申请填报

6.3.1　企业基本情况

案例企业属于人造革、合成革制造行业，共有 2 条生产线，主要产品有塑料人造革、超细纤维合成革，年产量均为 2000 万平方米。主要原料为树脂、弹性体、溶剂、基布、离型纸、二甲基甲酰胺，辅料包括开纤溶剂、着色剂、增塑剂、发泡剂、表面处理剂等，同时配套建设余热发电、烟气脱硫脱硝除尘设施，配套水、电、气及环保、安全等措施。该重点管理企业基本信息如表 6-3 所列。

表 6-3　某重点管理企业基本信息

企业名称	天津市某人造革、合成革有限公司
行业类别	C2925 塑料人造革、合成革制造 TY01 锅炉 C1789 其他产业用纺织制成品制造
投产日期	2010 年 6 月 1 日
主要产品及产能	2000 万平方米/年塑料人造革、2000 万平方米/年超细纤维合成革
主要生产单元及工艺	配混料、预塑化、基布预处理、成型、贴合、塑化发泡；配料、浸渍、凝固塑化、水洗、抽出（甲苯抽出减量/碱减量）、干燥定型
共用单元	锅炉

6.3.2　填报流程及注意事项

由于该部分内容与简化管理有较大雷同，故简要选择不同填报内容进行描述。排污单位基本信息可参见 6.2.2.1 部分相关内容。

6.3.2.1　主要产品及产能填报

主要填报内容包括行业类别（在排污单位账号注册阶段已经填报）、主要生产单元名称、主要工艺名称、生产设施名称、生产设施编号、设施参数、产品名称、生产能力、计量单位、设计年生产时间以及其他信息。

主要产品及产能填报流程如图 6-115～图 6-119 所示，点击图 6-115 中"添加"按钮，弹出"添加表"（见图 6-116）。

在"添加表"中通过"放大镜"按钮选择将要填写的主要设施所在行业类别（见图 6-117）。通过行业编码搜索 292 可找到对应行业小类，根据排污单位实际情况选择"C 292 塑料制品业"栏目下涉及的所有小类。

如图 6-118 所示，点击"添加"按钮，添加具体产品名称、生产能力、产品计量单位、设计年生产时间、其他产品信息，选择是否涉及商业秘密。产品名称选择界面如图 6-119 所示。

当前位置：排污单位基本情况-主要产品及产能

💡 注：*为必填项，没有相应内容的请填写"无"或"/"

2、主要产品及产能

📖 说明

(1) 主要工艺名称：指主要生产单元所采用的工艺名称。

(2) 生产设施名称：指某生产单元中主要生产设施（设备）名称。

(3) 生产设施参数：指设施（设备）的设计规格参数，包括参数名称、设计值、计量单位。

(4) 产品名称：指相应工艺中主要产品名称。

(5) 生产能力和计量单位：指相应工艺中主要产品设计产能。

(6) 请存在锅炉设备且执行《锅炉大气污染物排放标准（GB 13271-2014）》的排污单位，填报本表时选择行业"热力生产和供应（D443）"或"锅炉（TY01）"按照锅炉规范进行填报。

说明：若本单位涉及多个行业，请分别对每个行业进行添加设置。　商业秘密设置　添加

| 行业类别 | 生产单元类型 | 主要生产单元名称 | 主要工艺名称 | 生产设施名称 | 是否涉及商业秘密 | 生产设施编号 | 设施参数 | | | | 其他设施信息 | 产品名称 | 是否涉及商业秘密 | 计量单位 | 生产能力 | 设计年生产时间(h) | 其他产品信息 | 其他工艺信息 | 操作 |
							参数名称	计量单位	设计值	其他设施参数信息									
其他产业用纺织制成品制造	辅助工程	基布制造	基布制造	定型机	否	MF0009	设计生产能力	t/h	25			无纺布	否	t/a	60000	2400			修改 删除
				纺丝头	否	MF0003	设计生产能力	t/h	25										
				搅拌机	否	MF0001	设计生产能力	t/h	25										
				螺杆挤出机	否	MF0002	设计生产能力	t/h	25										
				梳理机	否	MF0006	设计生产能力	t/h	25										
				纤维开松机	否	MF0005	设计生产能力	t/h	25										

| 行业类别 | 主要生产单元名称 | 主要工艺名称 | 生产设施名称 | 是否涉及商业秘密 | 生产设施编号 | 是否为备用锅炉 | 设施参数 | | | | 其他设施信息 | 产品(介质)名称 | 是否涉及商业秘密 | 计量单位 | 生产能力 | 设计年生产时间(h) | 其他产品信息 | 其他工艺信息 | 操作 |
							参数名称	计量单位	设计值	其他设施参数信息									
锅炉	热力生产单元	燃烧系统	燃气锅炉	否	MF0010	否	锅炉额定出力	MW	7			有机热载体	否	MW	7	3600			修改 删除
			燃气锅炉	否	MF0011	是	锅炉额定出力	MW	7										

行业类别	生产线名称	生产线编号	产品名称	是否涉及商业秘密	生产能力	产品计量单位	设计年生产时间(d)	其他产品信息	操作
塑料人造革、合成革制造	人造革制造	YY01	塑料人造革	否	2000	万平方米/年	300	压延人造革	修改 删除
塑料人造革、合成革制造	合成革制造	SF01	超细纤维合成革	否	2000	万平方米/年	300	贝斯、超纤革	修改 删除

图 6-115　主要产品及产能填报界面

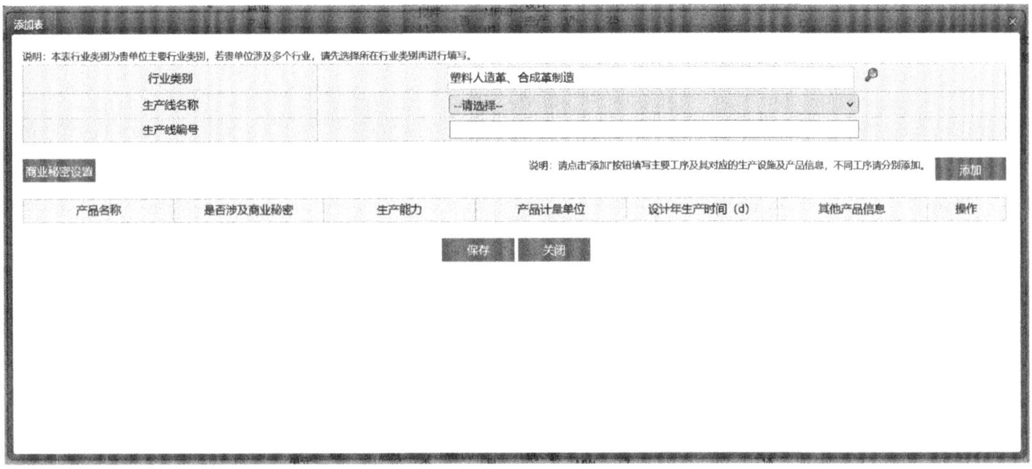

图 6-116　主要产品及产能添加界面

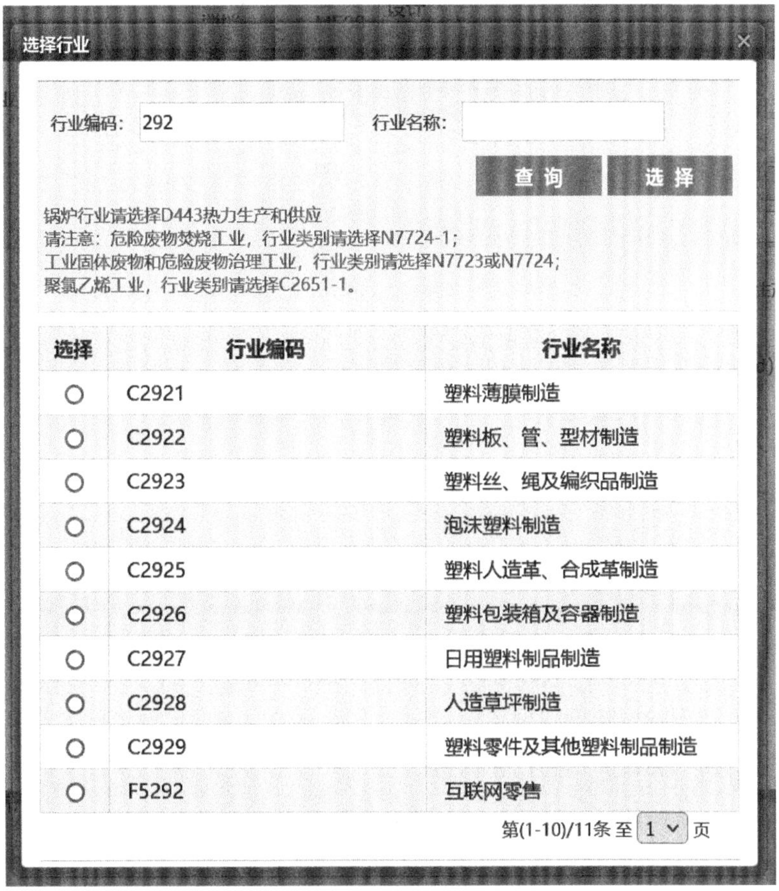

图 6-117　行业小类选择界面

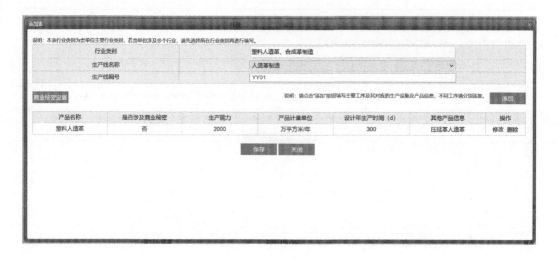

图 6-118　生产能力添加界面

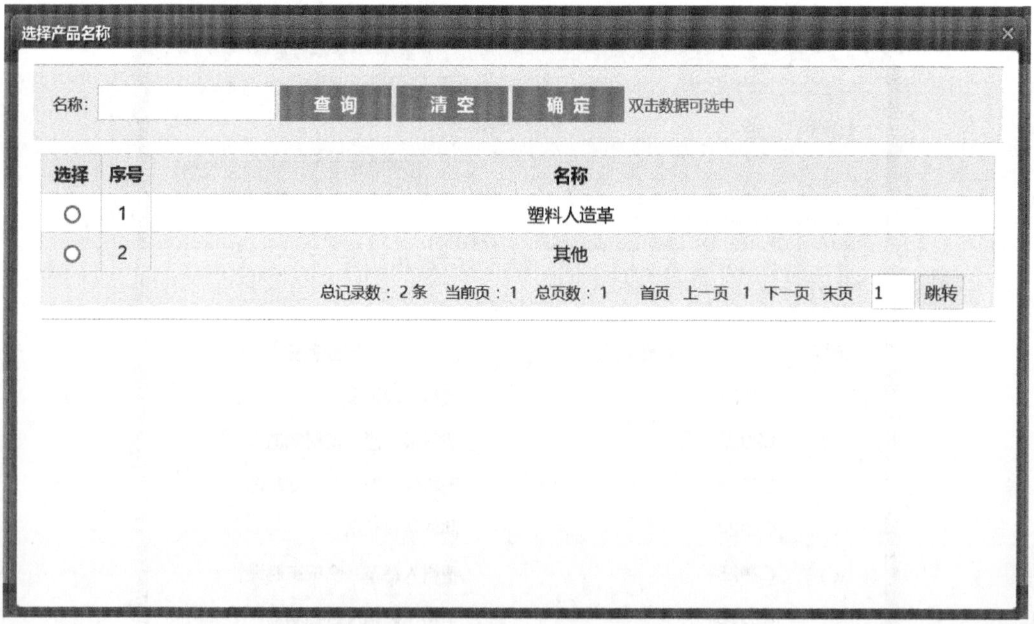

图 6-119　产品名称选择界面

6.3.2.2　主要产品及产能补充填报

主要填报内容包括行业类别（在排污单位账号注册阶段已经填报）、生产线名称、生产线编号、主要生产单元名称、主要工艺名称、生产设施名称、生产设施编号、设施参数、其他设施信息以及其他工艺信息。主要产品及产能补充填报完成界面如图 6-120 所示。

点击图 6-120 中"添加"按钮后，如图 6-121 所示，行业类别、生产线名称、生产

当前位置：排污单位登记信息-主要产品及产能补充

💡 注：**"为必填项，没有相应内容的请填写"无"或"/"**

2-1、主要产品及产能补充

📖 **说明**

(1) 本表格适用于部分行业，您可在行业类别选择框中选到对应行业。若无法选到某个行业，说明此行业不用填写本表格。

(2) 若本单位涉及多个行业，请分别对每个行业进行添加设置。

　　　　　　　　　　　　　　　　　　　　　　　　　　　　　　　　　商业秘密设置　**添加**

行业类别	生产线名称	生产线编号	主要生产单元名称	主要工艺名称	生产设施名称	是否涉及商业秘密	生产设施编号	设施参数 参数名称	设施参数 计量单位	设施参数 设计值	设施参数 其他设施参数信息	其他设施信息	其他工艺信息	操作
塑料人造革、合成革制造	人造革制造	YY01	配混料	压延法	高速混合机	否	MF0012	设计处理能力	t/h	15				修改 删除
			预塑化	压延法	混炼挤出机	否	MF0015	设计处理能力	t/h	15				
				压延法	密炼机	否	MF0013	设计处理能力	t/h	15				
					塑炼机	否	MF0014	设计处理能力	t/h	15				
			基布预处理	压延法	基布处理上浆机	否	MF0016	设计处理能力	m/min	20				
			成型	压延法	压延机	否	MF0017	设计处理能力	m/min	20				
			贴合	压延法	贴合机	否	MF0018	设计处理能力	m/min	20				
			塑化发泡	压延法	烘箱	否	MF0019	设计处理能力	m/mim	20				
			生产公用单元	后处理	压花机	否	MF0020	处理能力	m/min	20				
塑料人造革、合成革制造	合成革制造	SF01	配料	超细纤维合成革制造	搅拌机	否	MF0021	设计处理能力	t/h	15			负压吸入，密闭	修改 删除
			浸渍	超细纤维合成革制造	含浸槽	否	MF0022	处理能力	m/min	15				
			凝固塑化	超细纤维合成革制造	凝固槽	否	MF0023	设计能力	m/min	15				
			水洗	超细纤维合成革制造	水洗槽	否	MF0024	其他	m/min	15				
			抽出（甲苯抽出减量/碱减量）	超细纤维合成革制造	抽出机	否	MF0025	处理能力	m/min	15			密闭结构，进出口水封	
			干燥定型	超细纤维合成革制造	干燥机	否	MF0026	处理能力	m/min	15				
			生产公用单元	后处理	磨皮机	否	MF0032	处理能力	m/min	15				
					抛光机	否	MF0033	处理能力	m/min	15				
					喷涂机	否	MF0035	处理能力	m/min	15				
					揉纹机	否	MF0031	处理能力	m/min	15				
					压花机	否	MF0029	处理能力	m/min	15				
					印花机	否	MF0030	处理能力	m/min	15				
			生产公用单元	塑料人造革与合成革制造二甲基甲酰胺回收	二甲基甲酰胺废气喷淋吸收塔	否	MF0038	吸收率	%	99.9				
					二甲基甲酰胺废水精馏回收塔	否	MF0039	回收率	%	99.5				

图 6-120　主要产品及产能补充填报完成界面

线编号可自动带入。

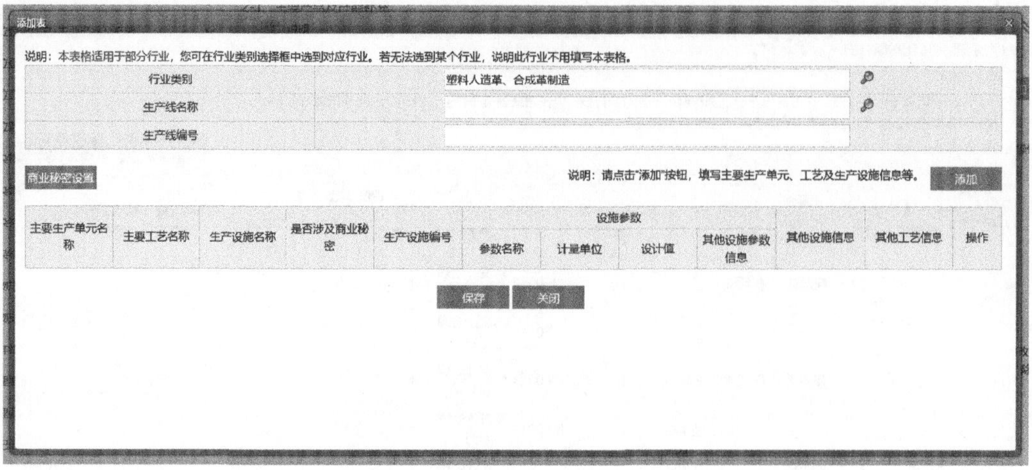

图 6-121　生产线信息填报界面

点击图 6-121 中的放大镜，生产线名称填报界面如图 6-122 所示。

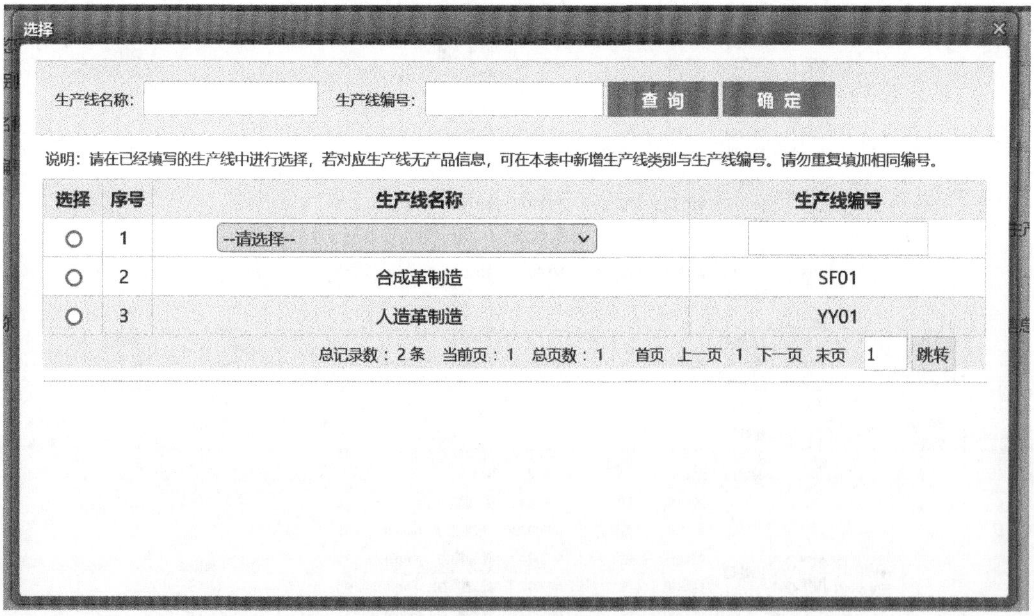

图 6-122　生产线名称填报界面

点击图 6-121 中"添加"按钮后，界面如图 6-123 所示。点击图 6-123 放大镜显示"主要生产单元名称"列表，如图 6-124 所示，对应选择后继续选择"主要工艺名称"，如图 6-125 所示。

在选择"主要工艺名称"后点击添加设施，表中参数自动带入前文，如图 6-126 所

图 6-123　主要生产单元、主要工艺、生产设施及参数信息填报界面

图 6-124　主要生产单元名称选择界面

示。点击图 6-126 中放大镜，系统会根据《技术规范》要求列出"生产设施名称"清单（见图 6-127）。

最后对照图 6-128 填报"生产设施编号"、选择是否涉及商业机密，按照要求选择"参数名称""计量单位""设计值"及"其他参数信息"，如有本表格中无法囊括的信息，可在"其他设施信息"栏目中补充填写。

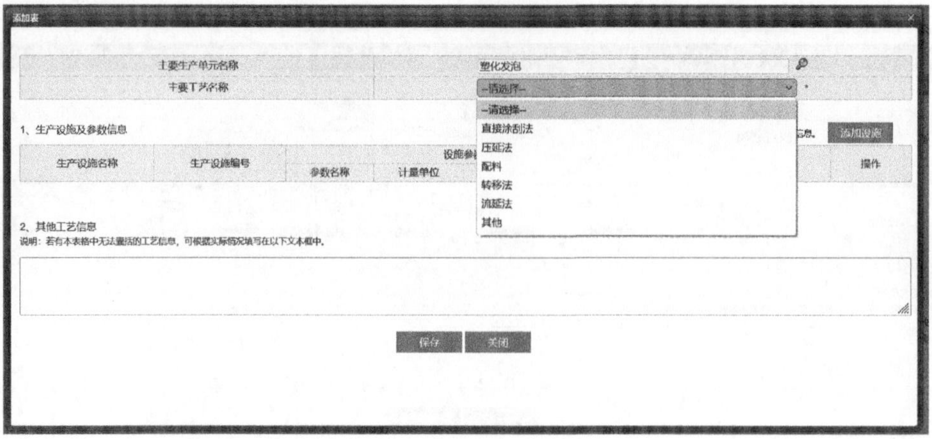

图 6-125　主要工艺名称选择界面

图 6-126　生产设施填报界面

图 6-127　生产设施名称清单界面

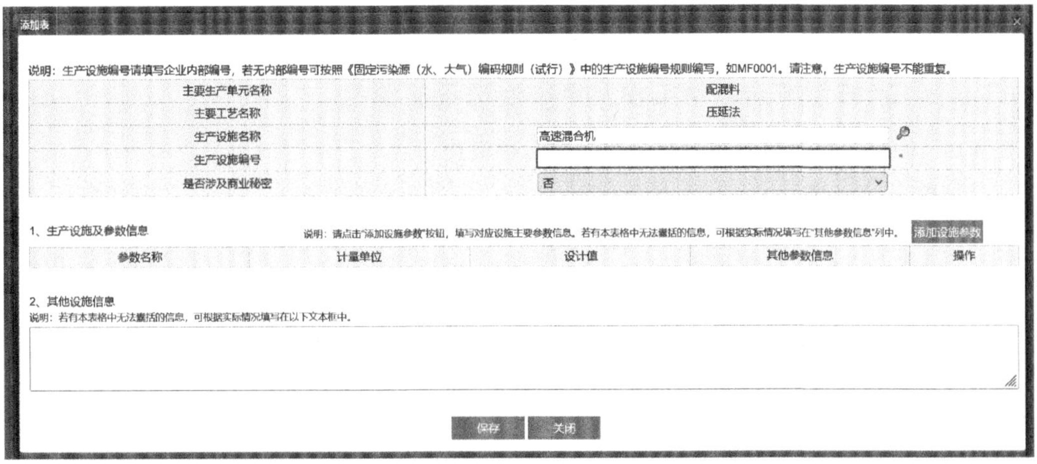

图 6-128 生产设施编号及其他设施信息填报界面

如图 6-129 所示是某条人造革压延法生产线的填报案例。

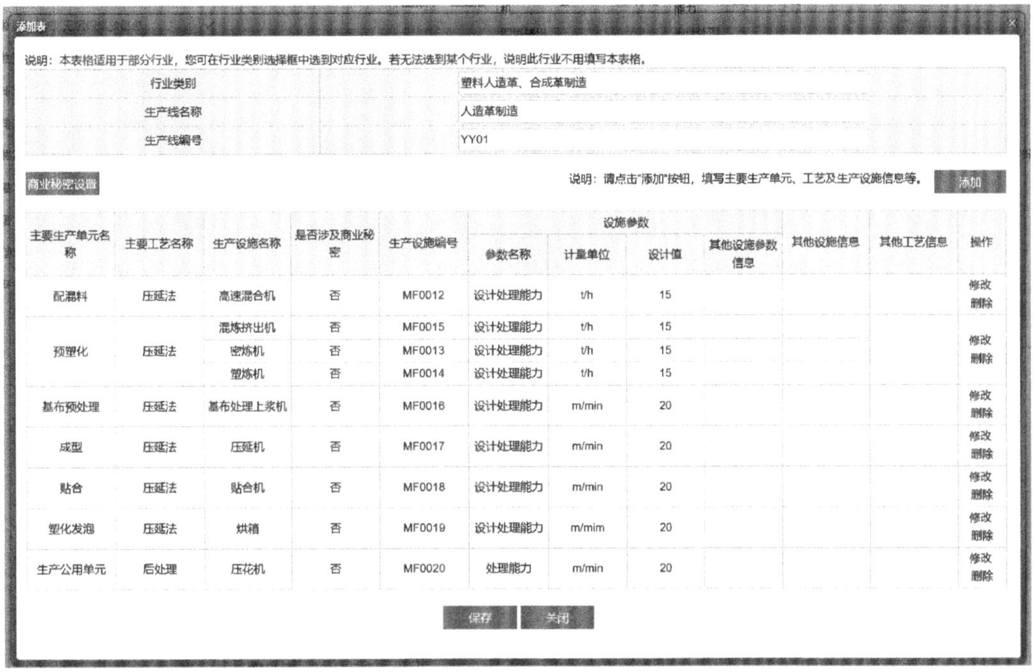

图 6-129 某人造革压延法生产线填报完成界面

6.3.2.3 主要原辅材料及燃料填报

可参见 6.2.2.4 部分相关内容。

6.3.2.4　生产工艺流程图、生产厂区总平面布置图上传

可参见 6.2.2.5 部分相关内容。

6.3.2.5　产排污节点、污染物及污染治理设施填报

（1）废气产排污节点、污染物及污染治理设施

1）填报的内容

产污设施编号（自"排污单位基本情况主要产品及产能"表带入）、产污设施名称（同前带入）、对应产污环节名称、污染物种类、排放形式、污染治理设施编号、污染治理设施名称、污染治理设施工艺、设计处理效率（%）、是否为可行技术、有组织排放口编号及名称、排放口设置是否符合要求、排放口类型、其他信息等内容。

填报过程有两种方法：方法 1 选择"带入新增生产设施"（推荐方法），将表 2 排污单位基本情况—主要产品及产能填报的生产设施信息全部带入过来，根据要求，对于部分不产污的设备或无组织排放源进行删除；方法 2 自行添加，这种方法可以选择产污设备进行填报，该方法易产生填报遗漏，排污单位可以根据自己的情况选择合适的填报方法。

带入新增生产设施填报过程见图 6-130 和图 6-131。

MF0001	搅拌机	配料废气	颗粒物	有组织	/			/		负压吸入切片聚合物，无排放	编辑 删除

图 6-130　新增生产设施带入界面

点击"带入新增生产设施"之后，显现图 6-131 界面，表头的产污设施编号及名称由前面所填信息自动生成。

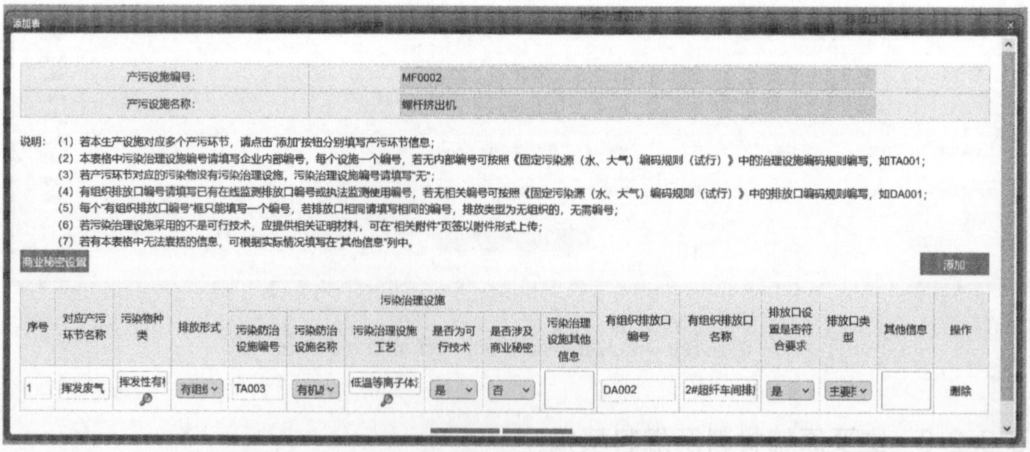

图 6-131　产品对应产污信息输入界面

首先选择对应产污环节名称，这里根据《技术规范》辨别废气属性，填报界面见图 6-132。

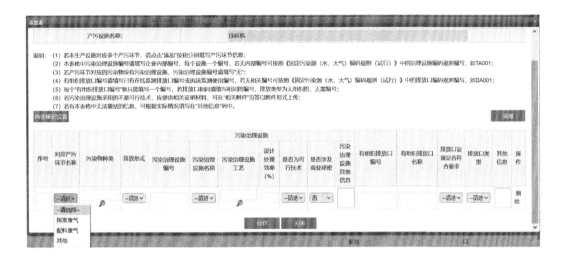

图 6-132 对应产污环节名称填报界面

继续选择对应污染物种类，需要注意的是这里可以多选，同时需要结合行业标准、地方标准、通用标准等，不能存在漏项或错项，污染物种类选择界面见图 6-133。

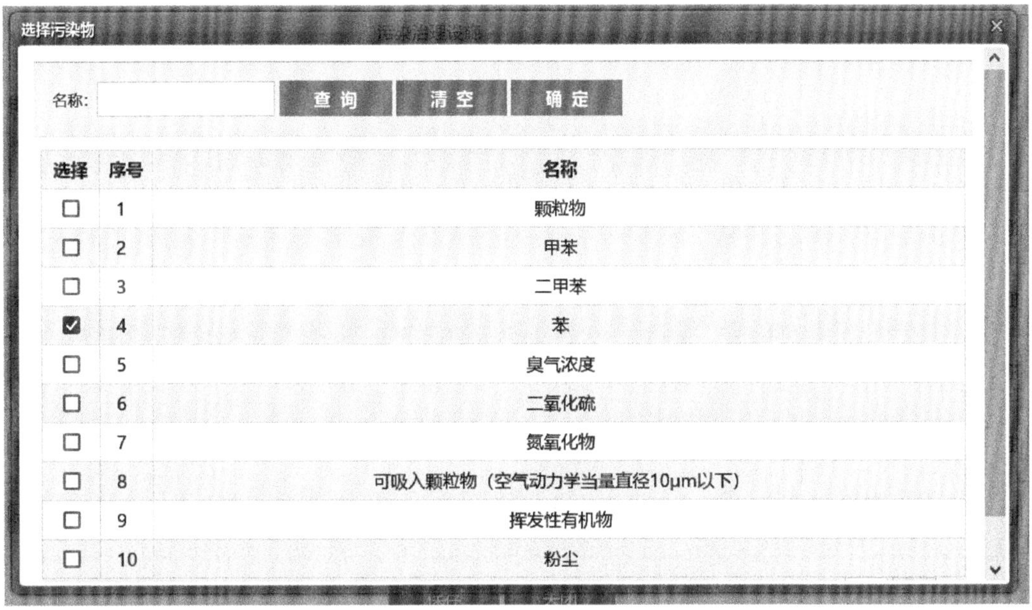

图 6-133 污染物种类选择填报界面

选择排放形式、填写污染治理设施编号以及污染治理设施名称之后，对应选择企业实际污染治理设施工艺，如图 6-134 所示，组合工艺的需要进行多选对应填报。如遇选项中未列明的治理工艺时，可选择"其他"，自行输入治理工艺并保存。

图 6-134　污染治理设施工艺填报界面

根据规范标准要求选择是否为可行技术，同时选择是否涉及商业秘密，并且填写有组织排口编号及名称，填报界面见图 6-135。

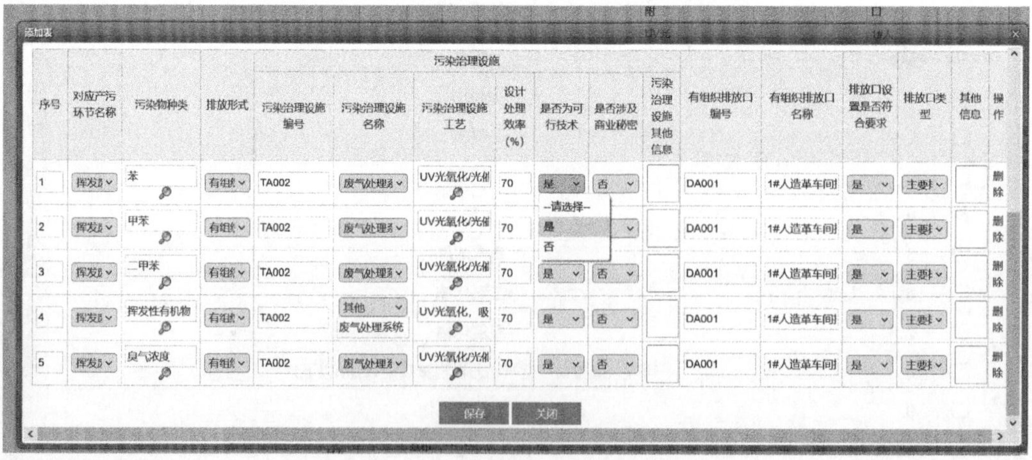

图 6-135　污染可行技术界定填报界面

对于排放口设置是否符合要求，根据标准规范 GB/T 16157—1996、HJ/T 397—2007、HJ 836—2017、HJ 75—2017 等要求确认，填报界面见图 6-136。

重点管理排污单位中涉及塑料人造革与合成革制造工艺的废气排放口为主要排放口

图 6-136　排放口设置是否符合要求填报界面

（其中水性、无溶剂合成革制造工艺废气排放口为一般排放口），涉及喷涂工序且年用溶剂型涂料（含稀释剂）量 10t 及以上的喷涂（含喷涂、流平）废气排放口及烘干废气排放口为主要排放口，其他废气排放口均为一般排放口。排放口类型选择界面见图 6-137。

图 6-137　排放口类型选择界面

2）注意事项

① 针对带入的不涉及有组织废气产污环节的生产设施应进行删除。

② 排放口污染物种类多的，应按照技术规范要求逐一选填齐全。

③ 塑料人造革与合成革制造排污单位大气污染物种类依据 GB 21902、GB 37822 确定，使用 VOCs 作为挥发性有机物有组织排放、厂界的综合控制指标，使用非甲烷总烃作为厂区内挥发性有机物无组织排放的综合控制指标；不使用二甲基甲酰胺、苯、甲

苯、二甲苯有机溶剂的，大气污染物种类可不包括二甲基甲酰胺、苯、甲苯、二甲苯。

④ 使用除聚氯乙烯以外的树脂生产塑料制品（除塑料人造革与合成革制品制造外）的排污单位，大气污染物种类依据 GB 31572 确定，使用非甲烷总烃作为挥发性有机物排放的综合控制指标，同时选取 GB 31572 规定适用的合成树脂类型对应的污染物种类作为特征控制指标。地方有更严格要求的，从其规定。

⑤ 使用聚氯乙烯树脂生产塑料制品的排污单位大气污染物种类依据 GB 16297、GB 37822 确定，使用非甲烷总烃作为挥发性有机物排放的综合控制指标。

⑥ 涉及喷涂工序的塑料制品工业排污单位大气污染物种类包括颗粒物、二氧化硫、氮氧化物、非甲烷总烃、苯、甲苯、二甲苯，依据 GB 16297 确定。

⑦ 排污单位排放恶臭污染物的，执行 GB 14554。地方污染物排放标准有更严格要求的，从其规定。

⑧ 针对排放形式，所有配置污染治理设施的污染源，皆选择"有组织"。

⑨ 针对低矮甚至无固定排气筒的污染治理设施应进行整改，确保排气筒高度应满足 GB 21902、GB 14554 的要求。

⑩ 污染治理设施编号优先使用排污单位内部编号，也可参照《排污单位编码规则》（HJ 608）要求编号。

⑪ 排放口编号优先使用生态环境管理部门已核发的编号，若无，应使用排污单位内部编号，也可按照《固定污染源（水、大气）编码规则（试行）》编号。

⑫ 针对多个污染源共用一套污染治理设施的情况，应在"污染治理设施其他信息"中备注清楚。

⑬ 针对单个污染源配备多个污染治理设施的情况，应逐一填报。

⑭ 污染治理设施工艺可以多选，应根据实际配置情况选填，并与《技术规范》附录对比，确定是否为可行技术。特别说明的是，对于未采用《技术规范》所列污染防治可行技术的，排污单位应当在申请时提供相关证明材料（如已有的监测数据，对于国内外首次采用的污染治理技术，还应当提供中试数据等说明），证明具备同等污染防治能力。

（2）废水产排污节点、污染物及污染治理设施

1）填报的内容

行业类别、废水类别、污染物种类、污染治理设施编号、污染治理设施名称、污染治理设施工艺、设计处理水量是否为可行技术、排放去向、排放方式、排放规律、排放口编号、排放口名称、排放口设置是否符合要求、排放口类型、其他信息等，填报界面见图 6-138。

点击图 6-138 页面"添加"按钮，弹出图 6-139 所示对话框。

对应选择废水类别，如图 6-140 所示。

塑料人造革与合成革制造排污单位废水污染物种类依据 GB 21902 确定；使用除聚氯乙烯以外的树脂生产塑料制品的排污单位废水污染物种类依据 GB 31572 确定；使用聚氯乙烯树脂生产塑料制品的排污单位废水污染物种类依据 GB 8978 确定。涉及喷涂工序的塑料制品工业排污单位废水污染物种类包括 pH 值、悬浮物、化学需氧量、五日生

(2) 废水类别、污染物及污染治理设施信息表

📖 说明

(1) 废水类别：指产生废水的工艺、工序，或废水类型的名称。

(2) 污染物种类：指产生的主要污染物类型，以相应排放标准中确定的污染因子为准。

(3) 排放去向：包括不外排；排至厂内综合污水处理站；直接进入海域；直接进入江河、湖、库等水环境；进入城市下水道（再入江河、湖、库）；进入城市下水道（再入沿海海域）；进入城市污水处理厂；直接进入污灌农田；进入地渗及蒸发地；进入其他单位；工业废水集中处理厂；其他（包括回喷、回填、回灌、回用等）。对于工艺、工序产生的废水，"不外排"指全部在工序内部循环使用，"排至厂内综合污水处理站"指工序废水经处理后排至综合处理站。对于综合污水处理站，"不外排"指全厂废水经处理后全部回用不排放。

(4) 污染治理设施名称：指主要污水处理设施名称，如"综合污水处理站"、"生活污水处理系统"等。

(5) 排放口编号请填写已有在线监测排放口编号或执法监测使用编号，若无相关编号可按照《固定污染源（水、大气）编码规则（试行）》中的排放口编码规则编写，如DW001。

(6) 排放口设置是否符合要求：指排放口设置是否符合排污口规范化整治技术要求等相关文件的规定。

(7) 除B06-B12以外的行业，若需填写与水处理通用工序相关的废水类别、污染物及污染治理设施信息表，行业类别请直接选择TY04。

添加

| 行业类别 | 废水类别 | 污染物种类 | 污染治理设施 | | | | | | | 排放去向 | 排放方式 | 排放规律 | 排放口编号 | 排放口名称 | 排放口设置是否符合要求 | 排放口类型 | 其他信息 | 操作 |
			污染治理设施编号	污染治理设施名称	污染治理设施工艺	设计处理水量(t/h)	是否为可行技术	是否涉及商业秘密	污染治理设施其他信息									
塑料人造革、合成革制造	厂内综合废水处理设施排水	化学需氧量,氨氮(NH3-N),总氮(以N计),总磷(以P计),甲苯,二甲基甲酰胺,pH值,色度,悬浮物	TW001	预处理设施	沉淀,隔油,调节	200	是	否		进入城市污水处理厂	间接排放	间断排放,排放期间流量不稳定且无规律,但不属于冲击型排放	DW001	厂区综合废水总排放口	是	主要排放口-总排口		编辑 删除
塑料人造革、合成革制造	生活污水	化学需氧量,氨氮(NH3-N),总氮(以N计),总磷(以P计),悬浮物,pH值,色度,甲苯,二甲基甲酰胺	TW002	生活污水处理设施	化粪池	5	是	否		进入城市污水处理厂	间接排放	间断排放,排放期间流量不稳定且无规律,但不属于冲击型排放	DW002	生活污水排放口	是	一般排放口-其他		编辑 删除
塑料人造革、合成革制造	厂内综合废水处理设施排水	化学需氧量,氨氮(NH3-N),总氮(以N计),总磷(以P计),甲苯,二甲基甲酰胺,pH值,色度,悬浮物	TW003	生化处理设施,预处理设施,深度处理设施	沉淀,过滤,调节,厌氧-好氧	200	是	否		直接进入江河、湖、库等水环境	直接排放	间断排放,排放期间流量不稳定且无规律,但不属于冲击型排放	DW003	厂区综合废水总排放口-直接排放	是	主要排放口-总排口	此排放口为填报举例,为了样表的……	编辑 删除

图 6-138 废水类别、污染物及污染治理设施填报界面

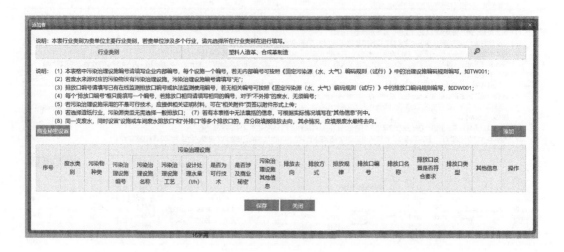

图 6-139　废水产排污节点、污染物及污染治理设施添加界面

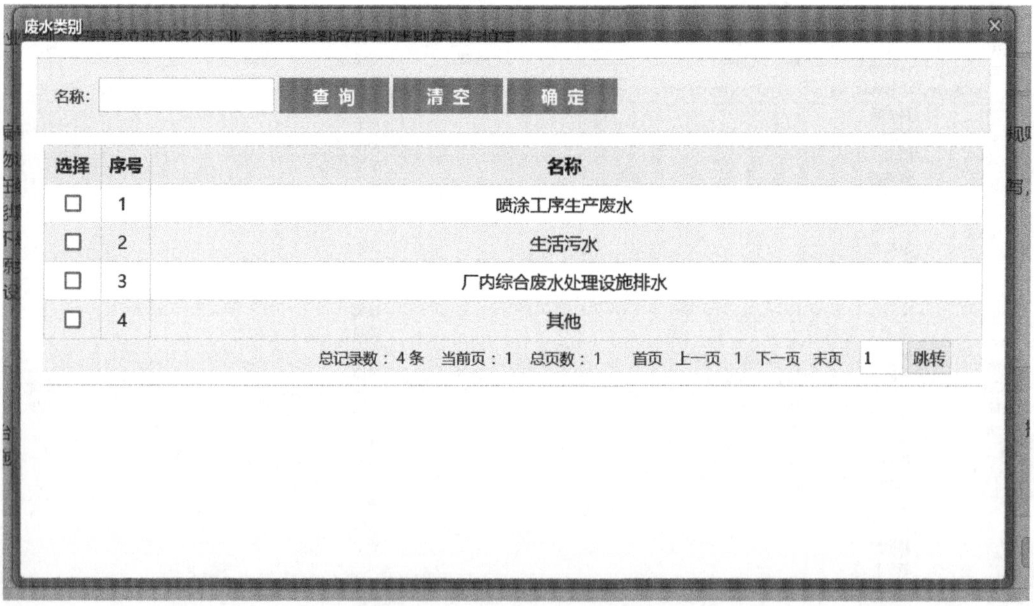

图 6-140　废水类别选择界面

化需氧量、石油类，依据 GB 8978 确定。地方污染物排放标准有更严格要求的，从其规定。污染物种类选择界面如图 6-141 所示。

对于污染治理设施工艺，根据企业实际情况进行选择，填报界面见图 6-142。如遇选项中未列明的治理工艺时，可选择"其他"，自行输入治理工艺并保存。

根据企业实际情况选择废水的排放去向，填报界面见图 6-143。

根据企业实际情况选择废水的排放方式，填报界面见图 6-144。

根据企业实际情况选择废水的排放规律，填报界面见图 6-145。

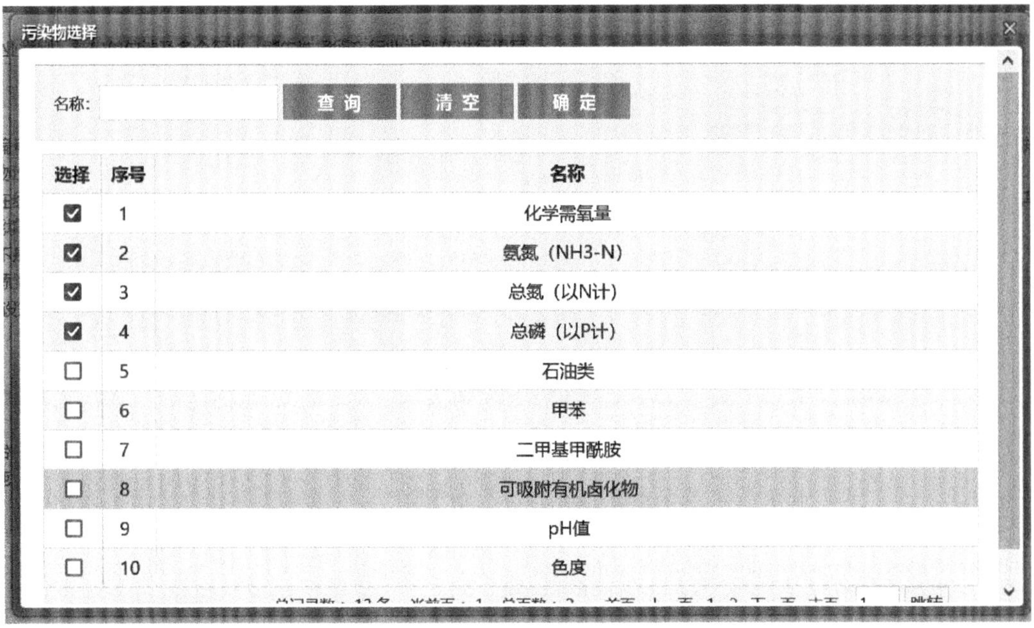

图 6-141　污染物种类选择界面

图 6-142　污染治理设施工艺填报界面

　　排污单位废水排放口分为废水总排放口（厂区综合废水处理设施排放口）、生活污水单独排放口。

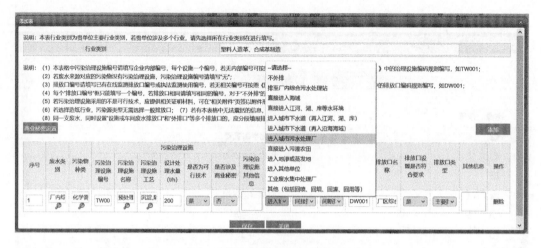

图 6-143　废水排放去向填报界面

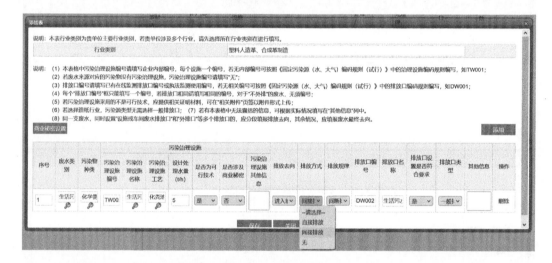

图 6-144　废水排放方式填报界面

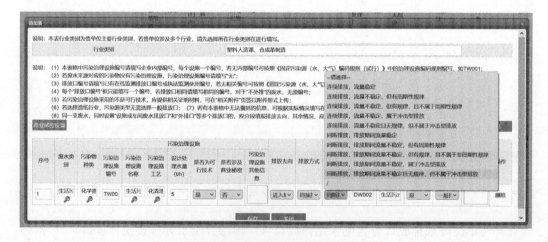

图 6-145　废水排放规律填报界面

　　纳入重点管理的塑料人造革与合成革制造排污单位的厂区综合废水处理设施排放口为主要排放口，其他排放口均为一般排放口。填报界面见图 6-146。

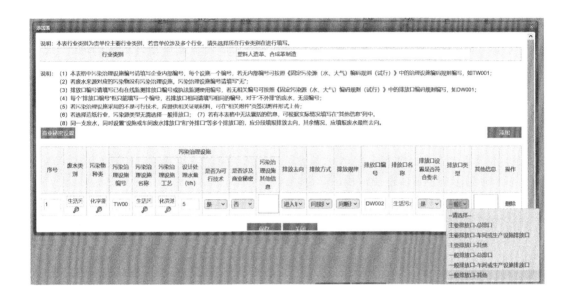

图 6-146　废水排放口类型填报界面

　　2）注意事项

　　① 行业类别默认为"塑料制品制造"，若有其他行业，根据要求选填。

　　② 塑料制品工业的废水类别应根据实际产污情况选填，即使不外排也应填报。

　　③ 针对排放去向，废水排放去向包括：不外排，排至厂内综合污水处理站，直接进入海域，直接进入江河、湖、库等水环境，进入城市下水道（再入江河、湖、库），进入城市下水道（再入沿海海域），进入城市污水处理厂，直接进入污灌农田，进入地渗或蒸发地，进入其他单位，进入工业废水集中处理厂，其他。对于工艺、工序产生的废水，"不外排"指全部在工序内部循环使用，"排至厂内综合污水处理站"指工序废水经预处理后排至综合污水处理站；对于综合污水处理站，"不外排"指全厂废水经处理后全部回用不向环境排放。根据企业实际情况填报废水排放去向，并填报相应的排放口编号。

　　④ 排放规律包括：连续排放，流量稳定；连续排放，流量不稳定，但有周期性规律；连续排放，流量不稳定，但有规律，且不属于周期性规律；连续排放，流量不稳定，属于冲击型排放；连续排放，流量不稳定且无规律，但不属于冲击型排放；间断排放，排放期间流量稳定；间断排放，排放期间流量不稳定，但有周期性规律；间断排放，排放期间流量不稳定，但有规律，且不属于非周期性规律；间断排放，排放期间流量不稳定，属于冲击型排放；间断排放，排放期间流量不稳定且无规律，但不属于冲击型排放。

　　⑤ 废水污染治理设施编号优先使用排污单位内部编号，若无内部编号，可按照 HJ 608 进行编号后填报，废水污染治理设施编号为 TW＋三位数字。

⑥ 应根据实际情况选择污染治理设施名称。

⑦ 应根据排污单位的废水污染治理设施对应选填污染治理设施工艺，此处为多选，应与《技术规范》附录对照，确定是否为可行技术。特别说明的是，对于未采用《技术规范》所列污染防治可行技术的，排污单位应当在申请时提供相关证明材料（如已有的监测数据，对于国内外首次采用的污染治理技术，还应当提供中试数据等说明），证明具备同等污染防治能力。

⑧ 废水排放口编号优先使用生态环境管理部门已核发的编号，若无生态环境管理部门已核发的编号，可填报内部编号，也可按照《固定污染源（水、大气）编码规则（试行）》编号，废水排放口编号为 DW＋三位数字。

⑨ 纳入重点管理的塑料人造革与合成革制造排污单位的厂区综合废水处理设施排放口为主要排放口，其他排放口均为一般排放口。

6.3.2.6 大气污染物排放口填报

（1）排放口基本情况表

1）填报的内容

排放口编号（自动带入）、排放口名称（自动带入）、污染物种类（自动带入）、排放口地理坐标、排气筒高度、排气筒出口内径等信息，填报完成界面见图 6-147。

排放口编号	排放口名称	污染物种类	排放口地理坐标		排气筒高度（m）	排气筒出口内径（m）	排气温度	其他信息	操作
			经度	纬度					
DA001	1#人造革车间排放口	颗粒物,臭气浓度,挥发性有机物,甲苯,苯,二甲苯	117度18分19.40秒	38度3分6.55秒	15	0.4	常温		编辑

图 6-147 大气污染物排放口信息填报完成界面

如图 6-148 所示，系统自动带入排放口编号、排放口名称、污染物种类，企业根据自身情况可以选择手填写经纬度坐标，或者点击"选择"按钮在地图中拾取经纬度坐标，依次填写排气筒高度及出口内径、排气温度等参数。

2）注意事项

① 排气筒高度为排气筒顶端距离地面的高度。

② 排气筒出口内径为监测点位处的内径。

③ 排气筒高度应满足 GB 21902、GB 14554 等标准的要求。

④ 排污单位根据自身情况可以选择手动填写经纬度坐标，或者点击"选择"按钮在地图中拾取经纬度坐标。对于排放口的经纬度在拾取过程中地图分辨率无法满足要求的，仅在可显示的分辨率下拾取大概位置即可，无法在地图上显示的新建项目可通过周边参照物拾取。

（2）大气污染物排放执行标准信息表

1）填报的内容

包括排放口编号（自动带入）、排放口名称（自动带入）、污染物种类（自动带入）、

图 6-148 排放口基本信息填报界面

国家或地方污染物排放标准、环境影响评价批复要求（若有）、承诺更加严格排放限值（若有）、其他信息等。根据行业、地方要求，选择对应指标执行的污染物排放标准，填报界面见图 6-149。

排放口编号	排放口名称	污染物种类	国家或地方污染物排放标准			环境影响评价批复要求	承诺更加严格排放限值	其他信息	操作
			名称	浓度限值	速率限值（kg/h）				
DA001	1#人造革车间排放口	挥发性有机物	合成革与人造革工业污染物排放标准GB 21902-2008	150mg/Nm3	/	/ mg/Nm3	/ mg/Nm3		编辑 复制
DA001	1#人造革车间排放口	苯	合成革与人造革工业污染物排放标准GB 21902-2008	2mg/Nm3	/	/ mg/Nm3	/ mg/Nm3		编辑 复制

图 6-149 大气污染物排放执行标准信息填报界面

塑料人造革与合成革制造排污单位大气污染物种类依据 GB 21902 确定，地方污染物排放标准有更严格要求的，从其规定。例如，天津市地方标准《工业企业挥发性有机物排放控制标准》（DB12/ 524—2020）执行的指标为总反应活性挥发性有机物，需要额外增加，并对应选择污染物指标填报。其他标准增加界面如图 6-150 所示。

图 6-150　其他标准增加界面

2）注意事项

① 选择执行标准时，应先确定所在地有无地方标准，并根据"排放浓度限值从严确定原则"选择执行标准名称。

② 执行的标准中有排放速率限值的应填报，否则填"/"。

③ "环境影响评价批复要求"按需填报。

④ 排污单位可根据自身的管理需求决定是否填报"承诺更加严格排放限值"。若填报，该限值不作为达标判定的依据。

⑤ 若有地方标准，选填时平台下拉菜单中缺少该标准，应与地方生态环境管理部门联系添加。

6.3.2.7　有组织排放信息填报

（1）主要排放口、一般排放口

1）填报内容

排放口编号（自动带入）、排放口名称（自动带入）、污染物种类（自动带入）、申请许可排放浓度限值（自动带入）、申请许可排放速率限值（自动带入）、申请年许可排放量限值、申请特殊排放浓度限值、申请特殊时段许可排放量限值。大气污染物有组织排放信息（主要排放口）填报界面如图 6-151 所示。

📖 当前位置：大气污染物排放信息-有组织排放信息

> 💡 注："*为必填项，没有相应内容的请填写"无"或"/"，……表示此单数据填写不完整。

2. 大气污染物有组织排放信息
（1）主要排放口
📖 说明
  (1) 申请特殊排放浓度限值：指地方政府制定的环境质量限值达标规划、重污染天气应对措施中对排污单位有更加严格的排放控制要求。
  (2) 申请特殊时段许可排放量限值：指地方政府制定达到环境质量限值达标规划、重污染天气应对措施中对排污单位有更加严格的排放控制要求。
  (3) 浓度限值未显示单位的，则默认单位为"mg/Nm³"。

排放口编号	排放口名称	污染物种类	申请许可排放浓度限值	申请许可排放速率限值(kg/h)	申请年许可排放量限值 (t/a)					申请特殊排放浓度限值	申请特殊时段许可排放量限值	操作
					第一年	第二年	第三年	第四年	第五年			
DA001	1#人造革车间排放口	挥发性有机物	150mg/m3	/	22.68	22.68	22.68	/	/	/mg/Nm3	/	编辑
DA001	1#人造革车间排放口	臭气浓度	2000	/	/	/	/	/	/	/	/	编辑
DA001	1#人造革车间排放口	甲苯	30mg/Nm3	/	/	/	/	/	/	/mg/Nm3	/	编辑
DA001	1#人造革车间排放口	苯	2mg/Nm3	/	/	/	/	/	/	/mg/Nm3	/	编辑
DA001	1#人造革车间排放口	颗粒物	10mg/Nm3	/	1.51	1.51	1.51	/	/	/mg/Nm3	/	编辑
DA001	1#人造革车间排放口	二甲苯	40mg/Nm3	/	/	/	/	/	/	/mg/Nm3	/	编辑
DA002	2#超纤车间排放口	二甲基甲酰胺（DMF）	50mg/m3	/	8.28	8.28	8.28	/	/	/mg/Nm3	/	编辑
DA002	2#超纤车间排放口	臭气浓度	2000	/	/	/	/	/	/	/	/	编辑
DA002	2#超纤车间排放口	挥发性有机物	200mg/Nm3	/	33.12	33.12	33.12	/	/	/mg/Nm3	/	编辑
DA003	3#后处理车间排放口	二甲苯	40mg/Nm3	/	/	/	/	/	/	/mg/Nm3	/	编辑
DA003	3#后处理车间排放口	苯	2mg/Nm3	/	/	/	/	/	/	/mg/Nm3	/	编辑
DA003	3#后处理车间排放口	臭气浓度	2000	/	/	/	/	/	/	/	/	编辑
DA003	3#后处理车间排放口	甲苯	30mg/Nm3	/	/	/	/	/	/	/mg/Nm3	/	编辑
DA003	3#后处理车间排放口	颗粒物	/mg/Nm3	/	/	/	/	/	/	/	/	编辑
DA003	3#后处理车间排放口	挥发性有机物	200mg/Nm3	/	47.52	47.52	47.52	/	/	/mg/Nm3	/	编辑
DA004	锅炉房废气排放口	二氧化硫	50mg/Nm3	/	/	/	/	/	/	/mg/Nm3	/	编辑
DA004	锅炉房废气排放口	氮氧化物	150mg/Nm3	/	4.466	4.466	4.466	/	/	/mg/Nm3	/	编辑
DA004	锅炉房废气排放口	烟气黑度	1级	/	/	/	/	/	/	/级	/	编辑
DA004	锅炉房废气排放口	颗粒物	20mg/Nm3	/	/	/	/	/	/	/mg/Nm3	/	编辑
DA005	锅炉房废气排放口	颗粒物	20mg/Nm3	/	/	/	/	/	/	/mg/Nm3	/	编辑
DA005	锅炉房废气排放口	烟气黑度	1级	/	/	/	/	/	/	/级	/	编辑
DA005	锅炉房废气排放口	二氧化硫	50mg/Nm3	/	/	/	/	/	/	/mg/Nm3	/	编辑
DA005	锅炉房废气排放口	氮氧化物	150mg/Nm3	/	/	/	/	/	/	/mg/Nm3	/	编辑
DA006	DMF废气喷淋塔排放口	臭气浓度	2000	/	/	/	/	/	/	/	/	编辑
DA006	DMF废气喷淋塔排放口	二甲基甲酰胺（DMF）	50mg/Nm3	/	10.44	10.44	10.44	/	/	/mg/Nm3	/	编辑
DA007	DMF废水精馏塔废气排放口	臭气浓度	2000	/	/	/	/	/	/	/	/	编辑
DA007	DMF废水精馏塔废气排放口	二甲基甲酰胺（DMF）	50mg/Nm3	/	10.44	10.44	10.44	/	/	/mg/Nm3	/	编辑
主要排放口合计		颗粒物		1.510000	1.510000	1.510000	/	/	/			计算 请点击计算按钮，完成如和计算
		SO2					/	/	/			
		NOx		4.466000	4.466000	4.466000	/	/	/			
		VOCs		103.320000	103.320000	103.320000	/	/	/			

备注信息（说明：若有表格中无法囊括的信息或其他需要备注的信息，可根据实际情况填写在以下文本框中。）

图 6-151　大气污染物有组织排放信息（主要排放口）填报界面

塑料人造革与合成革制造排污单位废气处理设施排放口应申请颗粒物、挥发性有机物的年许可排放量。塑料制品排污单位中涉及喷涂工序且年用溶剂型涂料（含稀释剂）量 10t 及以上的喷涂（含喷涂、流平）废气、烘干废气排放口应申请颗粒物、挥发性有机物的年许可排放量。排污单位的废气年许可排放量为各废气主要排放口年许可排放量之和。如果企业涉及锅炉主要排放口的需要对应添加。

2）注意事项

① 申请许可排放浓度限值为自动带入。

② 塑料制品工业许可排放量包括年许可排放量和特殊时段许可排放量。塑料人造革与合成革制造排污单位废气处理设施排放口应申请颗粒物、挥发性有机物的年许可排放量。塑料制品排污单位中涉及喷涂工序且年用溶剂型涂料（含稀释剂）量 10t 及以上的喷涂（含喷涂、流平）废气、烘干废气排放口应申请颗粒物、挥发性有机物的年许可排放量。排污单位的废气年许可排放量为各废气主要排放口年许可排放量之和。特别说明的是，若在填报平台表 1 排污单位基本情况表中增加了其他污染物管控指标，此处也会自动生成，需根据相关管理要求申报年许可排放量限值。

③ 本表应按照《技术规范》推荐方法核算许可排放量并填报。

④ 如排污单位不存在特殊时段管控要求，本表的特殊排放浓度限值和特殊时段许可排放量限值填 "/"。

⑤ 核算主要排放口许可排放量限值时，应根据核算公式按排放口逐个进行核算，然后求和得出；对于排污单位有多条生产线的情况，首先按单条生产线核算许可排放量，加和后即为排污单位许可排放量。

（2）全厂有组织排放总计

填报内容：自动带入前表内容并求和，填报界面见图 6-152。

(3) 全厂有组织排放总计

📖 说明："全厂有组织排放总计"指的是，主要排放口与一般排放口之和数据。

	污染物种类	申请年许可排放量限值（t/a）					申请特殊时段许可排放量限值
		第一年	第二年	第三年	第四年	第五年	
全厂有组织排放总计	颗粒物	1.51	1.51	1.51	/	/	/
	SO2	/	/	/	/	/	/
	NOx	4.466	4.466	4.466	/	/	/
	VOCs	103.32	103.32	103.32	/	/	/

备注信息（说明：若有表格中无法囊括的信息或其他需要备注的信息，可根据实际情况填写在以下文本框中。）

图 6-152　全厂有组织排放总计填报界面

（3）申请年许可排放量限值计算过程

参考《技术规范》许可排放量章节的内容进行计算，此处不再赘述。

（4）申请特殊时段许可排放量限值计算过程

参考《技术规范》许可排放量章节的内容进行计算，此处不再赘述。

6.3.2.8　无组织排放信息填报

填报内容包括行业类别（自动带入）、无组织排放编号、产污环节、污染物种类、主要污染防治措施、国家或地方污染物排放标准、年许可排放量限值、申请特殊时段许可排放量限值、其他信息等。

填报完成界面见图 6-153。无组织排放信息添加填报界面见图 6-154，全厂无组织排放总计填报界面见图 6-155。

当前位置：大气污染物排放信息-无组织排放信息

3、大气污染物无组织排放信息

说明：
(1) 可点击"添加"按钮填写无组织排放信息。
(2) 本表行业类别为贵单位主要行业类别，若贵单位涉及多个行业，请先选择所在行业类别再进行填写。
(3) 若有本表格中无法囊括的信息，可根据实际情况填写在"其他信息"列中。
(4) 浓度限值未显示单位的，默认单位为"mg/Nm³"。

行业	生产设施编号/无组织排放编号	产污环节	污染物种类	主要污染防治措施	国家或地方污染物排放标准		年许可排放量限值 (t/a)					申请特殊时段许可排放量限值	其他信息
					名称	浓度限值	第一年	第二年	第三年	第四年	第五年		
其他产业用纺织制成品制造	MF0005	开松废气	颗粒物	/	大气污染物综合排放标准GB16297-1996	1.0mg/Nm3	/	/	/	/	/	/	
其他产业用纺织制成品制造	MF0006	梳理废气	颗粒物	/	大气污染物综合排放标准GB16297-1996	1.0mg/Nm3	/	/	/	/	/	/	
塑料人造革、合成革制造	厂界		臭气浓度		恶臭污染物排放标准GB 14 554-93	20	/	/	/	/	/	/	
塑料人造革、合成革制造	MF0018	挥发废气	臭气浓度		恶臭污染物排放标准GB 14 554-93	20	/	/	/	/	/	/	

图 6-153　大气污染物无组织排放信息填报完成界面

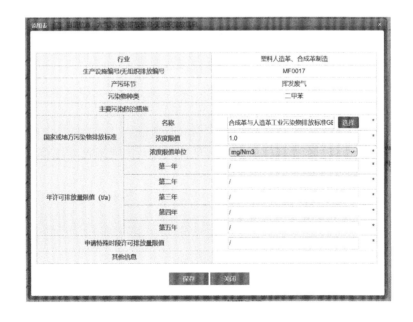

图 6-154　无组织排放信息添加填报界面

图 6-155　全厂无组织排放总计填报界面

6.3.2.9　企业大气排放总许可量填报

（1）填报内容

企业大气排放总许可量填报界面见图 6-156。

图 6-156　企业大气排放总许可量填报界面

（2）注意事项

① 全厂合计值为按照《技术规范》从严取值原则核算出来的最终许可排放量。

② 排污单位应将许可排放量（包括月许可排放量）的详细核算过程作为附件上传，以便后期环境管理执法。

6.3.2.10　水污染物排放口填报

（1）废水直接排放口基本情况表

1）填报内容

排放口编号（自动带入）、排放口名称（自动带入）、排放口地理位置、排放去向（自动带入）、排放规律（自动带入）、间歇式排放时段、受纳自然水体信息、汇入受纳自然水体处地理坐标、其他信息等。具体填报内容见图 6-157 和图 6-158。

当前位置：水污染物排放信息-排放口

注："为必填项，没有相应内容的请填写"无"或"/"。● 表示此条数据填写不完整。

1. 排放口

(1) 废水直接排放口基本情况表

说明

(1) 排放口地理坐标：对于直接排放至地表水体的排放口，指废水排出厂界处经纬度坐标；
纳入管控的车间或车间处理设施排放口，指废水排出车间或车间处理设施边界处经纬度坐标；
可通过点击"选择"按钮在GIS地图中点选后自动生成。
(2) 受纳自然水体名称：指受纳水体的名称如南沙河、太子河、温榆河等。
(3) 受纳自然水体功能目标：指对于直接排放至地表水体的排放口，其所处受纳水体功能类别，如Ⅲ类、Ⅳ类、Ⅴ类等。
(4) 汇入受纳自然水体处地理坐标：对于直接排放至地表水体的排放口，指废水汇入地表水体处经纬度坐标；
可通过点击"选择"按钮在GIS地图中点选后自动生成。
(5) 废水向海洋排放的，应当填写岸边排放或深海排放。深海排放的，还应说明排污口的深度、与岸线直线距离。在"其他信息"列中填写。
(6) 若有本表格中无法囊括的信息，可根据实际情况填写到"其他信息"列中。

排放口编号	排放口名称	排放口地理位置		排水去向	排放规律	间歇式排放时段	受纳自然水体信息		汇入受纳自然水体处地理坐标		其他信息	操作
		经度	纬度				名称	受纳水体功能目标	经度	纬度		
DW002	厂内综合废水处理设施排水–直接排放	117度14分18.78秒	38度59分50.71秒	直接进入江河、湖、库等水环境	间断排放，排放期间流量不稳定且无规律，但不属于冲击型排放	/	xx河	Ⅴ类	117度19分38.03秒	38度59分56.04秒	此排放口为填报举例，为了样表的完整充分性填写，实际填报中企业只能设置一个厂区废水总排放口	编辑

图 6-157　废水直接排放口基本情况填报完成界面

图 6-158　废水直接排放口信息填报界面

2）注意事项

① 受纳水体功能目标应根据各地的水功能区划进行确定。

② 地理位置、地理坐标的选择参考前文提及的方法。

（2）入河排污口信息

根据排污单位的实际情况进行填报，填报界面见图 6-159。

排放口编号	排放口名称	入河排污口			其他信息	操作
		名称	编号	批复文号		
DW002	厂内综合废水处理设施排水--直接排放	xx河	xxxx	xx【2010】xx号	此排污口为填报举例，为了样表的完整充分性填写，实际填报中企业只能设置一个厂区废水总排放口	编辑

（2）入河排污口信息

图 6-159　入河排污口信息填报界面

（3）雨水排放口基本情况表

根据排污单位的实际情况进行填报，填报界面见图 6-160。

（3）雨水排放口基本情况表
说明：畜禽养殖行业排污单位无需填报此信息

排放口编号	排放口名称	排放口地理位置		排水去向	排放规律	间歇式排放时段	受纳自然水体信息		汇入受纳自然水体处地理坐标		其他信息	操作
		经度	纬度				名称	受纳水体功能目标	经度	纬度		添加

图 6-160　雨水排放口基本情况填报界面

（4）废水间接排放口基本情况表

1）填报内容

排放口编号（自动带入）、排放口名称（自动带入）、排放口地理坐标、排放去向（自动带入）、排放规律（自动带入）、间歇排放时段、受纳污水处理厂信息等。其具体填报内容见图 6-161 和图 6-162。

2）注意事项

① 选填"污染物种类"时应选填排入受纳污水处理厂的所有污染因子。

② 选填"国家或地方污染物排放标准浓度限值"时，应填报污水处理厂执行的排放标准中的排放浓度限值。

（5）废水污染物排放执行标准表

1）填报内容

排放口编号（自动带入）、排放口名称（自动带入）、污染物种类（自动带入）、国

(4) 废水间接排放口基本情况表

📖 说明:

(1) 排放口地理坐标:对于排至厂外城镇或工业污水集中处理设施的排放口,指废水排出厂界处经纬度坐标;
   对纳入管控的车间或者生产设施排放口,指废水排出车间或者生产设施边界处经纬度坐标。可通过点击"选择"按钮在GIS地图中点选后自动生成。
(2) 受纳污水处理厂名称:指厂外城镇或工业污水集中处理设施名称,如酒仙桥生活污水处理厂、宏兴化工园区污水处理厂等。
(3) 排水协议规定的浓度限值:指排污单位与受纳污水处理厂等协商的污染物浓度限值要求。属于选填项,没有可以填写/。
(4) 点击受纳污水处理厂名称后的"增加"按钮,可设置污水处理厂排放的污染物种类及其浓度限值。

| 排放口编号 | 排放口名称 | 排放口地理坐标 | | 排放去向 | 排放规律 | 间歇排放时段 | 受纳污水处理厂信息 | | | | 操作 |
		经度	纬度				名称	污染物种类	排水协议规定的浓度限值(mg/L)(如有)	国家或地方污染物排放标准浓度限值	
DW001	厂区综合废水排放口	117度14分18.56秒	38度59分50.35秒	进入城市污水处理厂	间断排放,排放期间流量不稳定且无规律,但不属于冲击型排放	工作时段	xx污水处理厂	悬浮物	/ mg/L	5 mg/L	编辑
								化学需氧量	/ mg/L	30 mg/L	
								五日生化需氧量	/ mg/L	6 mg/L	
								氨氮(NH3-N)	/ mg/L	1.5-3.0 mg/L	
								石油类	/ mg/L	0.5 mg/L	
								pH值	/	6-9	

图 6-161 废水间接排放口基本情况表填报完成界面

图 6-162 废水间接排放口信息填报界面

家或地方污染物排放标准、排水协议规定的浓度限值（如有）、环境影响评价审批意见要求、承诺更加严格排放限值、其他信息等。按照图 6-163 填报，此处仅以污染物"五日生化需氧量"举例填报，其他污染物种类参考此步骤填报，同类污染物可采用复制法填报。废水间接排放标准添加界面见图 6-164，废水直接排放执行标准填报界面见图 6-165。示例为天津市某人造革、合成革排污单位，因此执行天津市地方标准。

(5) 废水污染物排放执行标准表

说明：

(1) 国家或地方污染物排放标准：指对应排放口须执行的国家或地方污染物排放标准的名称及浓度限值。

(2) 排水协议规定的浓度限值：指排污单位与受纳污水处理厂等协商的污染物排放浓度限值要求。属于选填项，没有可以填写/。

(3) 浓度限值未显示单位的，默认单位为"mg/L"。

排放口编号	排放口名称	污染物种类	国家或地方污染物排放标准		排水协议规定的浓度限值（如有）	环境影响评价审批意见要求	承诺更加严格排放限值	其他信息	操作
			名称	浓度限值					
DW001	厂区综合废水排放口	悬浮物	污水综合排放标准DB12/356-2018	400 mg/L	/ mg/L	/ mg/L	/ mg/L		编辑 复制
DW001	厂区综合废水排放口	五日生化需氧量	污水综合排放标准DB12/356-2018	300 mg/L	/ mg/L	/ mg/L	/ mg/L		编辑 复制
DW001	厂区综合废水排放口	pH值	污水综合排放标准DB12/356-2018	6-9	/	/	/		编辑 复制
DW001	厂区综合废水排放口	化学需氧量	污水综合排放标准DB12/356-2018	500 mg/L	/ mg/L	/ mg/L	/ mg/L		编辑 复制
DW001	厂区综合废水排放口	氨氮（NH3-N）	污水综合排放标准DB12/356-2018	45 mg/L	/ mg/L	/ mg/L	/ mg/L		编辑 复制
DW001	厂区综合废水排放口	石油类	污水综合排放标准DB12/356-2018	15 mg/L	/ mg/L	/ mg/L	/ mg/L		编辑 复制
DW002	厂内综合废水处理设施排水-直接排放	五日生化需氧量	污水综合排放标准DB12/356-2018	10 mg/L	/ mg/L	/ mg/L	/ mg/L	此排放口为填报举例，为了样表的完整充分性填写，实际填报中企业只能设置一个厂区废水总排放口	编辑 复制
DW002	厂内综合废水处理设施排水-直接排放	石油类	污水综合排放标准DB12/356-2018	1.0 mg/L	/ mg/L	/ mg/L	/ mg/L	此排放口为填报举例，为了样表的完整充分性填写，实际填报中企业只能设置一个厂区废水总排放口	编辑 复制
DW002	厂内综合废水处理设施排水-直接排放	氨氮（NH3-N）	污水综合排放标准DB12/356-2018	2.0-3.5 mg/L	/ mg/L	/ mg/L	/ mg/L	此排放口为填报举例，为了样表的完整充分性填写，实际填报中企业只能设置一个厂区废水总排放口	编辑 复制

图 6-163　废水污染物排放执行标准填报界面

2）注意事项

① 针对执行标准名称的选择，填报时应先确定有无地方标准，然后再根据行业标准、综合排放标准从严确定。

② 根据选填的执行标准确定"浓度限值"。

③ 若有地方标准，而选填时平台下拉菜单中缺少该标准，应与地方生态环境管理部门联系添加。

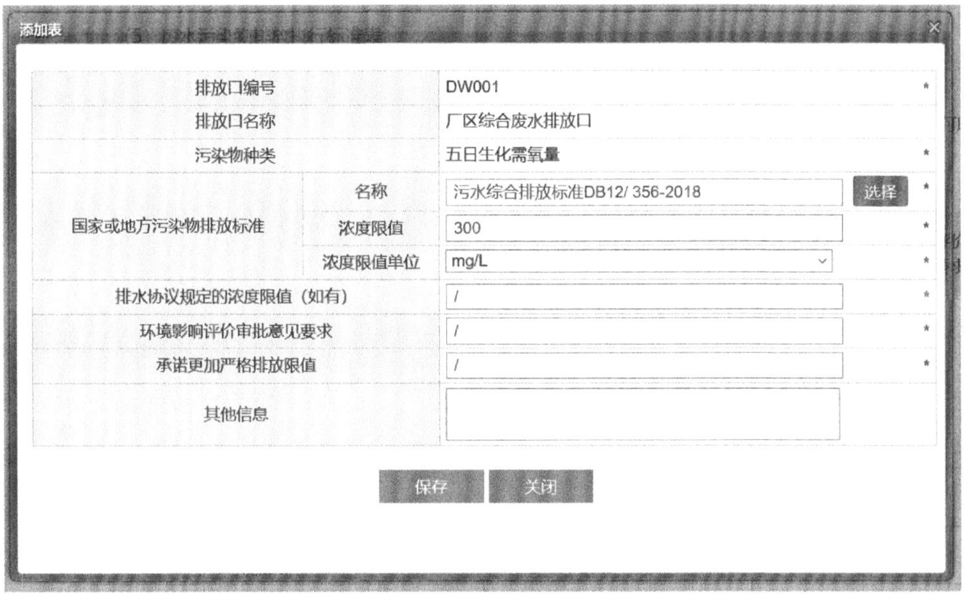

图 6-164　废水间接排放执行排放标准填报界面

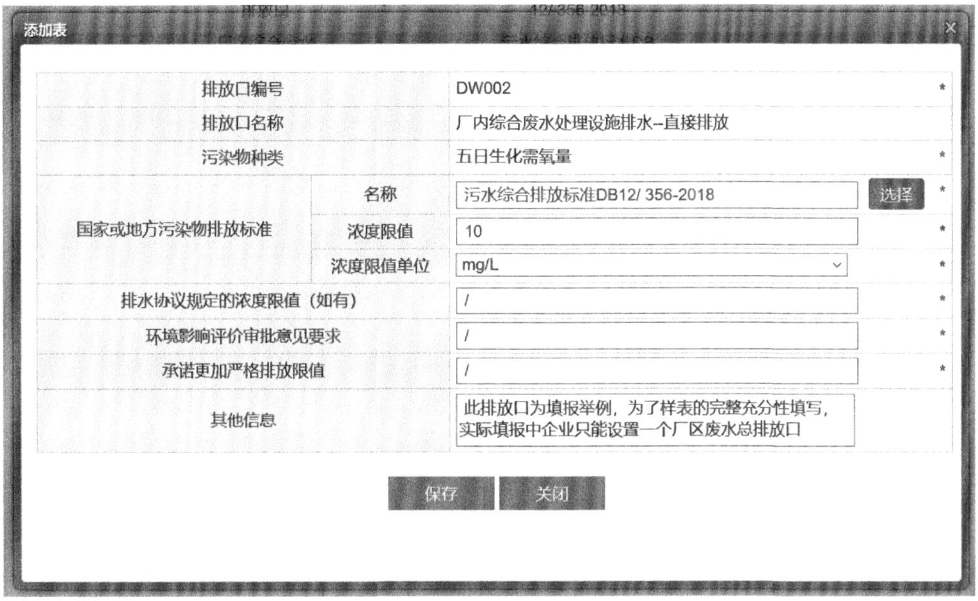

图 6-165　废水直接排放执行标准填报界面

6.3.2.11　水污染物申请排放信息填报

根据《技术规范》，塑料人造革与合成革制造排污单位废水总排放口应申请化学需氧量、氨氮的年许可排放量。对位于国家正式发布文件中规定的总磷、总氮总量控制区内的排污单位还应分别申请总磷、总氮年许可排放量。针对核发部门有总量控制要求的，从其规定（此处不再说明，具体原则可参考废气部分的内容）。

（1）主要排放口、一般排放口

水污染物申请排放信息主要排放口、一般排放口填报界面如图 6-166 和图 6-167 所示。

当前位置：水污染物排放信息-申请排放信息

注："为必填项，没有相应内容的请填写"无"或"/"。 表示此条数据填写不完整。

2、申请排放信息

（1）主要排放口

说明：

（1）排入城镇集中污水处理设施的生活污水无需申请可排放量。

（2）浓度限值未显示单位的，默认单位为"mg/L"。

| 排放口编号 | 排放口名称 | 污染物种类 | 申请排放浓度限值 | 申请年排放量限值 (t/a) | | | | | 申请特殊时段排放量限值 | 操作 |
				第一年	第二年	第三年	第四年	第五年		
DW001	厂区综合废水总排放口	甲苯	0.1mg/L	/	/	/	/	/	/	编辑
DW001	厂区综合废水总排放口	二甲基甲酰胺	2mg/L	/	/	/	/	/		编辑
DW001	厂区综合废水总排放口	总磷（以P计）	1.0mg/L	/	/	/	/	/		编辑
DW001	厂区综合废水总排放口	化学需氧量	80mg/L	3.84	3.84	3.84	/	/		编辑
DW001	厂区综合废水总排放口	悬浮物	40mg/L	/	/	/	/	/		编辑
DW001	厂区综合废水总排放口	色度	50	/	/	/	/	/		编辑
DW001	厂区综合废水总排放口	氨氮（NH3-N）	8mg/L	0.38	0.38	0.38	/	/		编辑
DW001	厂区综合废水总排放口	总氮（以N计）	15mg/L	/	/	/	/	/		编辑
DW001	厂区综合废水总排放口	pH值	6-9	/	/	/	/	/		编辑
DW003	厂区综合废水总排放口-直接排放	色度	50	/	/	/	/	/		编辑
DW003	厂区综合废水总排放口-直接排放	悬浮物	40mg/L	/	/	/	/	/		编辑
DW003	厂区综合废水总排放口-直接排放	二甲基甲酰胺	2mg/L	/	/	/	/	/		编辑
DW003	厂区综合废水总排放口-直接排放	总磷（以P计）	1.0mg/L	/	/	/	/	/		编辑
DW003	厂区综合废水总排放口-直接排放	pH值	6-9	/	/	/	/	/		编辑
DW003	厂区综合废水总排放口-直接排放	甲苯	0.1mg/L	/	/	/	/	/		编辑
DW003	厂区综合废水总排放口-直接排放	化学需氧量	80mg/L	3.84	3.84	3.84	/	/		编辑
DW003	厂区综合废水总排放口-直接排放	总氮（以N计）	15mg/L	/	/	/	/	/		编辑
DW003	厂区综合废水总排放口-直接排放	氨氮（NH3-N）	8mg/L	0.38	0.38	0.38	/	/		编辑
主要排放口合计		CODcr		7.680000	7.680000	7.680000			/	计算 请点击计算按钮，完成加和计算
		氨氮		0.760000	0.760000	0.760000			/	

备注信息（说明：若有表格中无法涵盖的信息或其他需要备注的信息，可根据实际情况填写在以下文本框中。）

图 6-166　水污染物申请排放信息（主要排放口）填报界面

（2）全厂废水排放口总计

全厂废水排放口总计填报界面见图 6-168。

（3）申请年许可排放量限值计算过程

（2）一般排放口

💡 说明：浓度限值未显示单位的，默认单位为"mg/L"。

排放口编号	排放口名称	污染物种类	申请排放浓度限值	申请年排放量限值（t/a）					申请特殊时段排放量限值	操作
				第一年	第二年	第三年	第四年	第五年		
DW002	生活污水排放口	甲苯	/mg/L	/	/	/	/	/	/	编辑
DW002	生活污水排放口	二甲基甲酰胺	/mg/L	/	/	/	/	/	/	编辑
DW002	生活污水排放口	化学需氧量	/mg/L	/	/	/	/	/	/	编辑
DW002	生活污水排放口	总磷（以P计）	/mg/L	/	/	/	/	/	/	编辑
DW002	生活污水排放口	总氮（以N计）	/mg/L	/	/	/	/	/	/	编辑
DW002	生活污水排放口	氨氮（NH3-N）	/mg/L	/	/	/	/	/	/	编辑
DW002	生活污水排放口	色度	/	/	/	/	/	/	/	编辑
DW002	生活污水排放口	pH值	/	/	/	/	/	/	/	编辑
DW002	生活污水排放口	悬浮物	/mg/L	/	/	/	/	/	/	编辑
一般排放口合计		CODcr							/	计算 请点击计算按钮，完成加和计算
		氨氮							/	

备注信息（说明：若有表格中无法囊括的信息或其他需要备注的信息，可根据实际情况填写在以下文本框中。）

图 6-167　水污染物申请排放信息（一般排放口）填报界面

（3）全厂排放口总计

是否需要按月细化：　否　▾　*

请点击计算按钮，完成加和计算　计算　合规检查

全厂排放口总计	污染物种类	申请年排放量限值（t/a）					申请特殊时段排放量限值
		第一年	第二年	第三年	第四年	第五年	
	CODcr	7.680000	7.680000	7.680000	/	/	/
	氨氮	0.760000	0.760000	0.760000	/	/	/

备注信息（说明：若有表格中无法囊括的信息或其他需要备注的信息，可根据实际情况填写在以下文本框中。）

图 6-168　全厂废水排放口总计填报界面

参考《技术规范》许可排放量章节的内容进行计算，此处不再赘述。

（4）申请特殊时段许可排放量限值计算过程

参考《技术规范》许可排放量章节的内容进行计算，此处不再赘述。

6.3.2.12　固体废物管理信息填报

可参见 6.2.2.13 部分相关内容。

6.3.2.13 自行监测要求填报

（1）填报内容

污染源类别（自动带入）、排放口编号（自动带入）、排放口名称（自动带入）、监测内容、污染物名称、监测设施、自动监测信息、手工监测信息等（见图 6-169）。

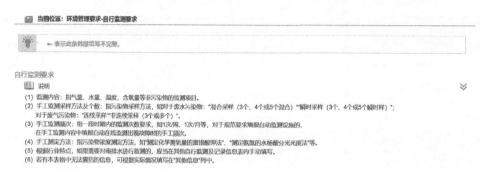

图 6-169 自行监测要求填报界面

本填报界面基本上都是选填项，仅需手工填报自动监测仪器名称、自动监测设施安装位置信息及自动监测设施是否符合安装、运行、维护等管理要求，排污单位根据实际情况选择填报即可。

根据前表自动带入内容，点击"编辑"，弹出图 6-170 自行监测要求填报界面。

此处需要注意的是，监测内容指的并非是监测指标，而是实际测试中的相关参数，包括烟气流速、烟气温度、烟气压力、烟气含湿量、烟气量等。手工监测采样方法及个数填报界面如图 6-171 所示。

图 6-170　自行监测要求填报界面

图 6-171　手工监测采样方法及个数填报界面

　　根据《技术规范》及自行监测技术指南要求，对应选择自动监测或手工监测，同时选择监测频次等相关参数。手工监测频次填报界面见图 6-172。

图 6-172 手工监测频次填报界面

根据污染物种类，选择手工监测测定方法对应标准，填报界面见图 6-173。

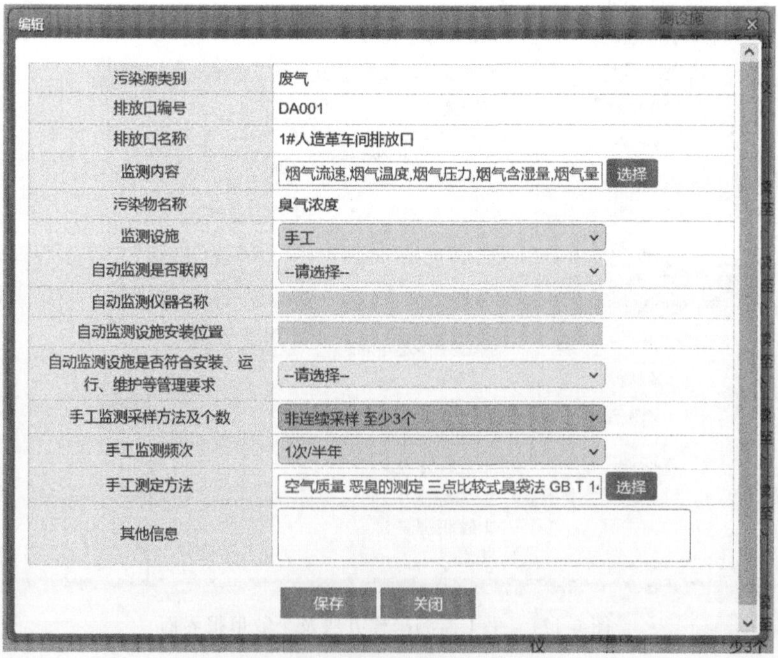

图 6-173 手工监测测定方法填报界面

大气污染自行监测填报完成界面如图 6-174 所示。

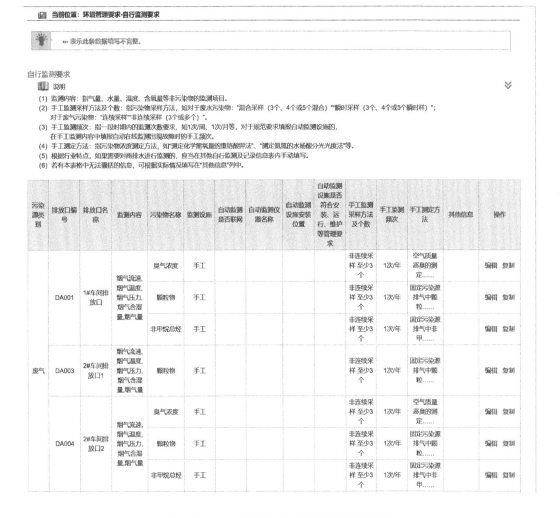

图 6-174　大气污染物自行监测填报完成界面

依次对不同的污染物选择对应的监测方法，手工测定方法填报界面见图 6-175。水污染物手工监测填报完成界面见图 6-176。

水污染物监测同理，对应选择监测内容等参数，填报界面见图 6-177。

（2）注意事项

① 监测内容指为监测污染物浓度而需要监测的各类参数，而非污染物名称。有组织废气排放口的监测内容为"烟气温度、烟气含湿量、烟气压力、烟气流速、烟道截面积、烟气量"。废水的监测内容为"流量"。

② 同一污染物的自行监测信息可以通过复制方法完成填报，监测内容、频次等不一致的应进行逐一填报。

③ 手工监测频次应不低于行业自行监测技术指南要求。

④ 手工监测方法应根据相关监测技术规范、标准要求选填。

编辑	
污染源类别	废气
排放口编号	DA001
排放口名称	1#车间排放口
监测内容	烟气流速,烟气温度,烟气压力,烟气含湿量,烟气量 选择
污染物名称	非甲烷总烃
监测设施	手工
自动监测是否联网	--请选择--
自动监测仪器名称	
自动监测设施安装位置	
自动监测设施是否符合安装、运行、维护等管理要求	--请选择--
手工监测采样方法及个数	非连续采样 至少3个
手工监测频次	1次/年
手工测定方法	固定污染源排气中非甲烷总烃的测定 气相色谱法H 选择
其他信息	

保存　关闭

图 6-175　手工测定方法填报界面

	DW001	厂区综合废水总排放口	流量	pH值	自动	是	xxx型水质自动监测仪	距排水口xx米处	是	混合采样 至少3个混合样	每天不少于4次，间隔不得超过6小时	水质 pH值的测定 ……	自动监测设备出现故障期间开展手……	编辑 复制
				色度	手工					混合采样 至少3个混合样	1次/季	水质 色度的测定 GB……		编辑 复制
				悬浮物	手工					混合采样 至少3个混合样	1次/季	水质 悬浮物的测定 ……		编辑 复制
				化学需氧量	自动	是	xx型水质自动监测仪	距排水口xx米处	是	混合采样 至少3个混合样	每天不少于4次，间隔不得超过6小时	水质 化学需氧量的测……	自动监测设备出现故障期间开展手……	编辑 复制
				总氮（以N计）	手工					混合采样 至少3个混合样	1次/季	水质 总氮的测定 碱……		编辑 复制
				氨氮（NH3-N）	自动	是	xxx型水质自动监测仪	距排水口xx米处	是	混合采样 至少3个混合样	每天不少于4次，间隔不得超过6小时	水质 氨氮的测定 纳……	自动监测设备出现故障期间开展手……	编辑 复制
				总磷（以P计）	手工					混合采样 至少3个混合样	1次/季	水质 总磷的测定 流……		编辑 复制
				甲苯	手工					混合采样 至少3个混合样	1次/季	水质 苯系物的测定 ……		编辑 复制
				二甲基甲酰胺	手工					混合采样 至少3个混合样	1次/季	其他		编辑 复制

图 6-176　水污染物手工监测填报完成界面

图 6-177　水污染物监测参数填报界面

⑤ 针对采用"自动监测"的污染物，还应选填在线监测故障时的手工监测，监测频次为"每天不少于 4 次，间隔不得超过 6h"，并在其他信息中备注"自动监测设施故障期间采用手工监测"。

（3）其他自行监测及记录信息

1）填报内容

污染源类别/监测类别、编号/监测点位、监测内容、污染物名称、监测设施、自动监测相关信息、手工监测相关信息等，填报界面见图 6-178 和图 6-179。

2）注意事项

① 针对塑料制品工业排污单位，应在本表填报废气厂界无组织排放的自行监测内容。

② 无组织排放的监测内容选填"风向、风速、温度、湿度"，而非污染物名称。

③ 针对厂界无组织排放，排污单位应根据生产线配置情况选填污染物名称。

④ 监测频次应满足自行监测技术指南要求。

6.3.2.14　环境管理台账记录要求填报

（1）填报内容

类别、记录内容、记录频次、记录形式、其他信息等。具体内容按照《技术规范》的要求填报（填报界面见图 6-180）。

其他自行监测及记录信息

可点击"添加"按钮填写无组织及其他情况排放监测信息。 添加

污染源类别/监测类别	编号/监测点位	名称	监测内容	污染物名称	监测设施	自动监测是否联网	自动监测仪器名称	自动监测设施安装位置	自动监测设施是否符合安装、运行、维护等管理要求	手工监测采样方法及个数	手工监测频次	手工测试方法	其他信息	操作
废气	厂界		温度、湿度、风速、风向	臭气浓度	手工					非连续采样 至少3个	1次/半年	空气质量 恶臭 的测定		编辑 删除
				甲苯	手工					非连续采样 至少3个	1次/半年	环境空气 苯系物的测…		编辑 删除
				二甲苯	手工					非连续采样 至少3个	1次/半年	环境空气 苯系物的测…		编辑 删除
				挥发性有机物	手工					非连续采样 至少3个	1次/半年	环境空气 挥发性有机…		编辑 删除
				颗粒物	手工					非连续采样 至少3个	1次/半年	环境空气 总悬浮颗粒…		编辑 删除
				苯系物	手工					非连续采样 至少3个	1次/半年	环境空气 苯系物的测…	此条指标为苯	编辑 删除
				二甲基甲酰胺（DMF）	手工					非连续采样 至少3个	1次/半年	其他		编辑 删除

图 6-178　其他自行监测及记录信息填报界面

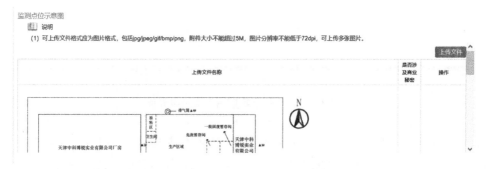

图 6-179　监测点位示意图上传界面

图 6-180　环境管理台账记录要求填报界面

（2）注意事项

① 设施类别一定要按照《技术规范》填报。生产设施应填报基本信息和运行管理信息，污染治理设施信息应填报基本信息、运行管理信息、监测记录信息和其他环境管理信息。

② 因《技术规范》中对各类环保设施的运行台账记录频次要求不同，填报时记录内容和记录频次应一一对应，填报的记录内容和频次不得低于《技术规范》要求。

③ 记录形式应选择"电子台账或纸质台账"，同时备注台账保存期限。

6.3.2.15　补充登记信息填报

参见 6.2.2.16 部分相关内容。

6.3.2.16　地方生态环境主管部门依法增加的内容填报

参见 6.2.2.17 部分相关内容。

6.3.2.17　相关附件填报

参见 6.2.2.18 部分相关内容。

6.3.2.18　提交申请

参见 6.2.2.19 部分相关内容。

第 7 章

行业排污许可证核发要点与典型案例分析

审核的总体要点：排污单位提交的各项申请材料的完整性、规范性，以及生态环境部门补充信息的完整性、规范性。

复审时，除应关注是否按照前版审核意见修改外，还需注意是否出现新问题。

7.1 申报材料的完整性

（1）排污单位应提交的申请材料

① 排污许可证申请表；

② 自行监测方案；

③ 由排污单位法定代表人或者主要负责人签字或者盖章的承诺书；

④ 排污单位有关排污口规范化的情况说明；

⑤ 建设项目环境影响评价文件审批文号，或者按照有关国家规定经地方人民政府依法处理、整顿规范并符合要求的相关证明材料；

⑥ 排污许可证申领信息公开情况说明表（需要注意，仅实施排污许可重点管理的排污单位需要提交）；

⑦《排污许可管理办法（试行）》实施后（2018 年 1 月 10 日及之后）的新建、改建、扩建项目排污单位，存在通过污染物排放等量或者减量替代削减获得重点污染物排放总量控制指标情况的，且出让重点污染物排放总量控制指标的排污单位已经取得排污许可证的，应当提供出让重点污染物排放总量控制指标的排污单位的排污许可证完成变更的相关材料；

⑧ 附图、附件等材料，附图应包括生产工艺流程图和平面布置图，附件至少应包

括原辅材料（包括平台原辅材料信息表必填项所有内容）的检测报告；

⑨ 排污许可证正本（仅办理排污许可证变更或延续的单位需要提交）。

此外，主要生产设施、主要产品产能等登记事项中涉及商业秘密的，排污单位应当进行标注。

（2）明确不予核发排污许可证的情形

对存在下列情形之一的排污单位，负责核发的生态环境部门不予核发排污许可证：

① 位于法律法规规定禁止建设区域内的，如饮用水水源保护区、自然保护区、风景名胜区等；

② 属于国务院经济综合宏观调控部门会同国务院有关部门发布的产业政策目录中明令淘汰或者立即淘汰的落后生产工艺装备、落后产品的；

③ 法律法规规定不予许可的其他情形。

7.2　申请材料的规范性

主要从申请前信息公开、企业守法承诺书、排污许可证申请表、相关附图附件四方面进行审核。

7.2.1　申请前信息公开审核

① 实行重点管理的排污单位在提交排污许可申请材料前，应当将承诺书、基本信息以及拟申请的许可事项向社会公开，实行简化管理的排污单位可不进行申请前信息公开。重点管理的排污单位是指塑料人造革、合成革制造排污单位。

② 信息公开途径应当选择包括全国排污许可证管理信息平台等便于公众知晓的方式，信息公开时间应不少于 5 个工作日。

③ 信息公开内容包括承诺书、基本信息以及拟申请的许可事项，各公开内容的具体含义见《排污许可管理办法（试行）》（环境保护部令　第 48 号）第二章。承诺书样式从全国排污许可证管理信息平台下载最新版本，注意不要使用以往旧的版本。

④ 排污许可证申领信息公开情况说明表应填写完整，包括信息公开的起止时间、信息公开内容和反馈意见处理情况。

⑤ 有法定代表人的排污单位，应由法定代表人签字，且应与排污许可证申请表、承诺书等保持一致。没有法定代表人的排污单位，如个体工商户、私营企业者等，可由主要负责人签字。对于集团公司下属不具备法定代表人资格的独立分公司，也可由主要负责人签字。

⑥ 排污单位应如实填写申请前信息公开期间收到的意见并逐条进行答复。没有收到意见的，填写"无"，不可不填。排污许可证申领信息公开情况说明表出具时间应在信息公开期满之后。

7.2.2　企业守法承诺书审核

① 须按照从平台下载的最新样本填写，不得删减。

② 抬头应为负责受理并核发排污许可证的相应级别生态环境部门。

③ 法定代表人（主要负责人）的签字应与排污许可证申领信息公开情况说明表、排污许可证申请表保持一致。

7.2.3　排污许可证申请表审核

排污许可证申请表主要审核内容：封面，排污单位基本信息，主要产品及产能信息，主要原辅材料及燃料信息，废气、废水等产排污节点、污染物和污染治理设施信息，申请的排放口位置和数量、排放方式、排放去向等信息，排放污染物种类和执行的排放标准信息，按照排放口和生产设施申请的污染物许可排放浓度和排放量信息，申请排放量限值计算过程，自行监测及记录信息，环境管理台账记录信息，以及地方生态环境部门依法增加的内容和改正规定等。

（1）封面

① 单位名称、注册地址需与排污单位营业执照或法人证书的相关信息一致。生产经营场所地址应填写排污单位实际地址。

② 行业类别选择"塑料薄膜制造（国民经济行业代码C2921），塑料板、管、型材制造（国民经济行业代码C2922），塑料丝、绳及编制品制造（国民经济行业代码C2923），泡沫塑料制造（国民经济行业代码C2924），塑料人造革、合成革制造（国民经济行业代码C2925），塑料包装箱及容器制造（国民经济行业代码C2926），日用塑料制品制造（国民经济行业代码C2927），人造草坪制造（国民经济行业代码C2928），塑料零件及其他塑料制品制造（国民经济行业代码C2929）"。涉及多个行业类别的，应填写齐全，例如既有塑料薄膜制造又有废塑料加工再生塑料原料，还有锅炉的，应该填报三个行业类别。

③ 没有组织机构代码的，可不填写。

④ 法定代表人与承诺书和排污许可证申领信息公开情况说明表上的签名应保持一致。

⑤ 提交的纸质材料与全国排污许可证管理信息平台的信息应保持一致，电子版与纸质版申请表的条形码应保持一致。

（2）排污单位基本信息表

① 是否需改正：首次申请排污许可证时，存在未批先建或不具备达标排放能力的或存在其他依规需要改正行为的排污单位，应选择"是"，其他选"否"。

② 排污许可证管理类别选择时应根据排污单位实际生产排污情况，依据现行有效的《固定污染源排污许可分类管理名录》确定。

③ 生产经营场所地址应明确到"省、市、（区）县、镇"，该地址直接决定企业是否属于大气重点控制区、总氮总磷控制区、重金属污染物特别排放限值实施区域。结合

生态环境部相关公告，核实有关控制区的填报是否正确。

④ 行业类别选择"塑料薄膜制造（国民经济行业代码 C2921），塑料板、管、型材制造（国民经济行业代码 C2922），塑料丝、绳及编制品制造（国民经济行业代码 C2923），泡沫塑料制造（国民经济行业代码 C2924），塑料人造革、合成革制造（国民经济行业代码 C2925），塑料包装箱及容器制造（国民经济行业代码 C2926），日用塑料制品制造（国民经济行业代码 C2927），人造草坪制造（国民经济行业代码 C2928），塑料零件及其他塑料制品制造（国民经济行业代码 C2929）"。涉及多个行业类别的，其他行业应在"其他行业类别"填报。

⑤ 分期投运的，投产日期以先期投运时间为准。

⑥ 填写大气重点控制区域的，应结合生态环境部相关公告文件，核实是否执行特别排放限值，目前相关公告文件主要包括《关于执行大气污染物特别排放限值的公告》（环境保护部公告　2013 年第 14 号）、《关于执行大气污染物特别排放限值有关问题的复函》（环办大气函〔2016〕1087 号）、《关于京津冀大气污染传输通道城市执行大气污染物特别排放限值的公告》（环境保护部公告 2018 年第 9 号）。

⑦ 填写总磷、总氮控制区的，应结合《"十三五"生态环境保护规划》（国发〔2016〕65 号）以及生态环境部相关文件中确定的需要对总磷、总氮进行总量控制的区域，核实是否填报正确。目前主要是《"十三五"生态环境保护规划》中规定的总磷、总氮总量控制区。

⑧ 所在地是否属于重金属污染物特别排放限值实施区域应按照特排区域清单确定。

⑨ 应如实填写是否位于工业园区、工业集聚区。

⑩ 核实企业是否如实填写全部项目的环评审批文号或备案编号，包括分期建设项目、改扩建项目等。注意环评文号中的年份是否为 2015 年及之后，如是则在后续确定许可排放限值时需考虑环评文件及批复。对于在法律法规要求建设项目开展环境影响评价（1998 年 11 月 29 日《建设项目环境保护管理条例》国务院令第 253 号）之前已经建成且之后未实施改、扩建的排污单位，可不要求。

⑪ 核实企业是否有地方政府对违规项目的认定或备案文件，相关文件名和文号是否正确。如环评批复或者地方政府对违规项目的认定或备案文件两者全无，应核实排污单位具体情况，填写申请书中"改正规定"。

⑫ 核实企业是否有总量分配计划文件。对于有主要污染物总量控制指标计划的排污单位，需列出相关文件文号（或者其他能够证明排污单位污染物排放总量控制指标的文件和法律文书），并列出上一年主要污染物总量指标，有多个总量文件需要一一填报。

总量控制指标包括地方政府或生态环境主管部门发文确定的排污单位总量控制指标、环境影响评价文件批复中确定的总量控制指标、现有排污许可证中载明的总量控制指标、通过排污权有偿使用和交易确定的总量控制指标等地方政府或生态环境主管部门与排污许可证申领排污单位以一定形式确认的总量控制指标。污染物总量控制要求应具体到污染物种类及其指标，并注意相应单位，同时应与后续许可量计算过程及许可量申请数据进行对比，按技术规范确定许可量。

⑬ 废气、废水污染物控制指标：关于主要污染控制因子，指应控制许可排放量限值的污染物种类。对于受纳环境水体年均值超标且列入 GB 21902 的污染控制因子，根据具有核发权的地方生态环境主管部门的要求，确定是否需要规定许可排放量限值，如需要则此处也需要选择列入。系统默认大气污染控制因子为颗粒物、二氧化硫、氮氧化物和挥发性有机物，不用再做选择。系统默认水污染控制因子为化学需氧量和氨氮，不用再做选择。对于位于总磷或总氮控制区的重点管理排污单位，应选择总磷或总氮作为污染控制因子。

（3）主要产品及产能信息表及主要产品及产能信息补充表

① 生产线类型、主要生产单元、生产工艺及生产设施按《技术规范》填报。其中生产线可以参照《技术规范》中表 1（重点管理）或表 6（简化管理）的第一列填写，排污单位应根据自身情况全面申报。有多个相同或相似生产线的，应分别编号，如人造革制造 1、人造革制造 2 等。多个相同型号的生产设施应分行填报，并分别编号，不应采取备注数量的方式。生产多种产品的同一生产设施只填报一次，在"其他信息"中注明产品情况。

② 生产能力指的是主要产品产能，不包括国家或地方政府予以淘汰或取缔的产能。生产能力计量单位为吨/年，计量单位为（个、件）/年、万平方米/年的可根据实际情况折算为吨/年。

（4）主要原辅材料及燃料信息表

① 原辅料应按《技术规范》填写完整，辅料应包含废气治理及污水处理投加药剂。

② 锅炉及其他燃烧设施用到的燃料信息应如实填报相关各项信息。无相关成分（如有毒有害成分），划"/"。

（5）废气产排污节点、污染物及污染治理设施信息表

① 有组织排放的产排污环节必须填写，并应按《技术规范》填写完整。若《技术规范》中列为无组织排放，但排污单位实际已将无组织排放变成有组织收集并处理的，应按照有组织排放进行填报，相应的无组织排放环节无需再填报，如厂内污水综合处理站恶臭污染物经收集处理后进行有组织排放。

② 污染物种类应按《技术规范》填写准确，不得丢项。尤其注意恶臭特征污染物、GB 31572 中适用的合成树脂类型对应的大气特征污染物指标是否漏项。

③ 核实污染治理设施编号是否规范（应填报地方生态环境主管部门现有编号或排污单位内部编号；若无，则根据 HJ 608 进行编号后填报，应按照顺序进行编码，便于直接反映出排放口个数），污染治理设施与污染物种类是否对应。

④ 核实排放口设置是否符合国家和地方的排放标准、排污口规范化等文件的要求。有组织排放应填报污染治理设施相关信息，包括编号、名称和工艺，并与《技术规范》中的附录 A 表 A.2 进行对比，判断是否为可行技术。对于未采用《技术规范》中推荐的可行技术的，应填写"否"。新建、改建、扩建建设项目排污单位采用环境影响评价审批意见要求的污染治理技术的，应在"污染治理设施其他信息"中注明为"环评审批要求技术"。既未采用可行技术，新改扩建项目也未采用

环评审批要求技术的，应提供相关证明材料（如半年以内的污染物排放监测数据、所采用技术的可行性论证材料；对于国内外首次采用的污染治理技术，还应当提供中试数据等说明材料），证明可达到与污染防治可行技术相当的处理能力。确无污染治理设施的，相关信息划"/"。采用的污染治理设施或措施不能达到许可排放浓度要求的排污单位，应在"其他信息"中备注"待改"，并填写"改正规定"。重点管理排污单位中涉及塑料人造革与合成革制造工艺的废气有组织排放口为主要排放口（其中水性、无溶剂合成革制造工艺废气有组织排放口为一般排放口），涉及喷涂工序且年用溶剂型涂料（含稀释剂）量 10t 及以上的喷涂（含喷涂、流平）废气排放口及烘干废气有组织排放口为主要排放口，其他废气有组织排放口均为一般排放口。简化管理排污单位的废气有组织排放口均为一般排放口。

⑤ 填报无组织排放的，污染治理设施编号、名称、工艺和是否为可行技术均填"/"，在"污染治理设施其他信息"一列填写排污单位采取的无组织污染防治措施。《技术规范》中列为有组织排放，而排污单位仍为无组织排放的，申报时按无组织排放填写，在"其他信息"中注明"待改"，并填写"改正规定"。除在一定期限内将无组织排放改为有组织排放外，涉及补充或变更环评的也应体现在改正规定中。

（6）废水类别、污染物及污染治理设施信息表

① 主要分为生活污水和综合废水（生产污水、生活污水、冷却污水等）两类。无生活污水单独排放情形的不用单独一行填报。

② 核实废水类别及对应污染物种类是否填报完整，是否漏填。尤其注意 GB 31572 中适用的合成树脂类型对应的水特征污染物指标是否漏项。

③ 核实污染治理设施编号是否规范（应填报地方生态环境主管部门现有编号或排污单位内部编号；若无，则根据 HJ 608 进行编号后填报，应按照顺序进行编码，便于直接反映出排放口总数），污染治理设施与污染物种类是否对应。

④ 核实排放口设置是否符合国家和地方的排放标准、排污口规范化等文件的要求。重点管理的塑料人造革与合成革制造排污单位的厂区综合废水处理设施排放口为主要排放口，其他排放口均为一般排放口。简化管理排污单位的废水排放口均为一般排放口。

⑤ 注意合理区分排放去向和排放方式。间接排放时，排放口按排出排污单位厂界的排放口进行填报，而不是下游污水集中处理设施的排放口。如污水排放去向与环评批复不一致，应在"其他信息"中注明，并根据具体情况，填写申请书中"改正规定"，如改为按环评批复执行或者变更环评。

⑥ 应填报污染治理设施相关信息，包括编号、名称和工艺，并与《技术规范》中的附录 A 表 A.4 进行对比，判断是否为可行技术。对于未采用《技术规范》中推荐的可行技术的，应填写"否"。新建、改建、扩建建设项目排污单位采用环境影响评价审批意见要求的污染治理技术的，应在"污染治理设施其他信息"中注明为"环评审批要求技术"。既未采用可行技术，新改扩建项目也未采用环评审批要求技术的，应提供相关证明材料（如半年以内的污染物排放监测数据、所采用技术的可行性论证材料；对于国内外首次采用的污染治理技术，还应当提供中试数据等说明材料），证明可达到与污

染防治可行技术相当的处理能力。确无污染治理设施的，相关信息划"/"。采用的污染治理设施或措施不能达到许可排放浓度要求的排污单位，应在"其他信息"中备注"待改"，并填写"改正规定"。

（7）大气排放口基本情况表

注意排放口编号、名称以及排放污染物信息与废气产排污节点、污染物及污染治理设施信息表保持一致，审核排气筒的高度是否满足相应排放标准要求，如排气筒高度低于相应标准要求、需要改正的应填报"改正规定"。

（8）大气污染物排放执行标准表

① 执行国家污染物排放标准的，标准名称及污染物种类等应符合《技术规范》中表2（重点管理）或表7（简化管理）中标准要求。注意执行排放标准中有排放速率要求的，不要漏填。地方有更严格排放标准的应填报地方标准。

② 若执行的排放标准规定不同时间段执行不同排放控制要求，且其中两个及以上的时间段与排污单位本次持证的有效期有关，填报时排放浓度限值或速率限值应填全，具体情况可以在"其他信息"中说明。

③ 若有环评批复要求和承诺更加严格排放限值的应以数值＋单位的形式填报，不应填报文字。

（9）大气污染物有组织排放表

① 执行 GB 13271 的锅炉废气，执行 GB 21900 的电镀工序废气，涉及合成树脂生产、超细纤维合成革生产、汽车零部件及配件制造、废塑料加工再生塑料原料、塑料制品表面印刷等的工艺废气排放口信息按 HJ 953、HJ 855、HJ 853、HJ 861、HJ 971、HJ 1034、HJ 1066 的要求填写。

② 有组织废气排放口的编号、名称和污染物种类应与废气产排污节点、污染物及污染治理设施信息表、大气污染物排放执行标准表保持一致。主要排放口和一般排放口的区分应与表4中"排放口类型"保持一致。主要排放口和一般排放口的许可排放浓度限值或排放速率应按《技术规范》确定，主要排放口的许可排放量应按《技术规范》规定的核算方法计算。

③ 审查大气污染物排放浓度限值是否准确。a. 对于使用除聚氯乙烯以外的树脂生产塑料制品的排污单位应依据 GB 31572 中的大气污染物排放限值确定许可排放浓度，排污单位属于大气重点控制区的，需执行特别排放限值。地方有更严格排放标准要求的，按照地方排放标准从严确定。b. 塑料制品工业排污单位的生产设施同时生产两种或两种以上类别的产品，可适用不同排放控制要求或不同行业污染物排放标准时（如使用除聚氯乙烯以外的树脂生产塑料制品的废气执行 GB 31572，使用聚氯乙烯树脂生产塑料制品的废气执行 GB 16297），且生产设施产生的废气处理后混合排放的情况下，应执行排放标准中规定的最严格的浓度限值。

④ 应有详细的大气污染物许可排放量限值计算过程的说明，并审查其合理性。a. 重点管理排污单位的主要排放口应申请许可排放量，重点管理排污单位的一般排放口和简化管理排污单位无需申请许可排放量。b. 需申请许可排放量的，应合理确定许可排放量的污染物种类。c. 许可排放量计算过程应符合《技术规范》要求，参数选取

依据充分，取严过程清晰合理。d. 若排放标准规定不同时间段执行不同排放控制要求，且其中两个及以上的时间段与排污单位本次持证的有效期有关，许可排放量限值应分年度计算。

（10）大气污染物无组织排放表

应按《技术规范》要求，填报无组织排放的编号、产污环节和污染物种类、主要污染防治措施、执行排放标准等信息。无组织排放编号指产生无组织排放的生产设施编号，应与主要产品及产能信息补充表和废气产排污节点、污染物及污染治理设施信息表（如填写无组织排放）保持一致。在"其他信息"一列，可填写排放标准浓度限值对应的监测点位，如"厂界"。无组织排放无需申请许可排放量，划"/"。

（11）企业大气排放总许可量

废气总许可量按各主要排放口许可排放量之和填写。核实大气污染物有组织排放表和大气污染物无组织排放表中"全厂合计"是否为主要排放口年许可排放量之和、大气污染物排放总许可量数据是否为取严数据。

（12）废水直接排放口基本情况表

① 审核排放口地理坐标是否填写正确，总排口坐标指废水排出厂界处坐标，车间或生产设施排放口坐标指废水排出车间或车间处理设施边界处坐标。

② 审核受纳水体的名称、水体功能目标填报是否正确。

③ 审核汇入受纳自然水体处地理坐标填写是否正确。

④ 入河排污口信息表：应填写各排放口对应的入河排污口名称、编号以及环评批复文号等相关信息。

⑤ 雨水排放口基本情况表：a. 核查雨水排放口编号是否规范，应填报排污单位内部编号，如无内部编号，则采用"YS+三位流水号数字"（如：YS001）进行编号并填报；b. 审核排放口地理坐标是否填写正确，排放口坐标指雨水排出厂界处坐标；c. 审核受纳水体的名称、水体功能目标填报是否正确；d. 审核汇入受纳自然水体处地理坐标填写是否正确。

（13）废水间接排放口基本情况表

如排污单位污水为间接排放，则填写此表。排放口编号、排放口名称、排放去向、排放规律等信息应与废水类别、污染物及污染治理设施信息表保持一致。

① 审核排放口是否齐全、是否有漏报，是否包含所涉及的车间或生产设施排放口（相关内容在废水类别、污染物及污染治理设施信息表中填报）。

② 审核排放口地理坐标是否填写正确，总排放口坐标指废水排出厂界处坐标，车间或生产设施排放口坐标指废水排出车间或车间处理设施边界处坐标。

③ 审核受纳污水处理厂信息，包括名称、污染物种类和执行排放标准中的浓度限值；污染物种类与废水类别、污染物及污染治理设施信息表中填报的污染物种类是否一致；排放浓度限值填写是否正确，应为污水处理厂废水排放执行的排放标准浓度限值。

（14）废水污染物排放执行标准表

① 执行国家水污染物排放标准的，标准名称及污染物种类等应符合《技术规范》中表3（重点管理）或表8（简化管理）中标准要求。地方有更严格排放标准的，应填报地方标准。

② 若排放标准规定不同时间段执行不同排放控制要求，且其中两个及以上的时间段与排污单位本次持证的有效期有关，填报时排放浓度限值应填全，具体情况可以在"其他信息"中说明。

③ 执行国家水污染物排放标准的排污单位，无论直接排放还是间接排放，都需要根据行业小类类别分别按 GB 21902、GB 31572、GB 8978 中的相关排放控制要求填报污染物排放浓度限值。

④ 雨水排放口的污染物种类填写化学需氧量和悬浮物，但无需填报执行标准名称和浓度限值信息，相应栏填报"/"。地方有更严格控制要求的，按地方要求执行。

（15）废水污染物排放信息表

① 排放口名称、编号和污染物种类应与废水类别、污染物及污染治理设施信息表、废水污染物排放执行标准表保持一致。主要排放口和一般排放口的区分应与废水类别、污染物及污染治理设施信息表中"排放口类型"保持一致。

② 审查水污染物排放浓度限值是否准确。a. 对于使用除聚氯乙烯以外的树脂生产塑料制品的排污单位废水直接或间接排向环境水体的情况，应依据 GB 31572 中的直接排放限值或间接排放限值确定水污染物许可排放浓度。地方有更严格排放标准要求的，按照地方排放标准从严确定。b. 对于塑料人造革与合成革制造的排污单位，属于总氮总磷控制区的，需执行特别排放限值。地方有更严格排放标准要求的，按照地方排放标准从严确定。c. 塑料制品工业排污单位的生产设施同时生产两种或两种以上类别的产品，可适用不同排放控制要求或不同行业污染物排放标准时（如使用除聚氯乙烯以外的树脂生产塑料制品的生产废水执行 GB 31572，使用聚氯乙烯树脂生产塑料制品的生产废水执行 GB 8978），且生产设施产生的废水混合处理排放的情况下，应执行排放标准中规定的最严格的浓度限值。

③ 应有详细的水污染物许可排放量限值计算过程的说明，并审查其合理性。a. 重点管理排污单位的主要排放口应申请许可排放量，重点管理排污单位的一般排放口和简化管理排污单位无需申请许可排放量。b. 需申请许可排放量的，应合理确定许可排放量的污染物种类。化学需氧量和氨氮为必须申请的污染物；位于总氮或总磷控制区的，污染物种类应包括总氮或总磷；根据地方要求，明确受纳水体环境质量年均值超标且列入 GB 21902 的污染物种类是否应许可排放量。c. 许可排放量计算过程应符合《技术规范》要求，参数选取依据充分，取严过程清晰合理。d. 若排放标准规定不同时间段执行不同排放控制要求，且其中两个及以上的时间段与排污单位本次持证的有效期有关，许可排放量限值应分年度计算。

④ 注意，单独排向城镇污水集中处理设施的生活污水排放口不许可排放浓度限值，也不许可排放量限值。

⑤雨水排放口不许可排放浓度限值，也不许可排放量限值。地方有更严格管理要求的，按地方要求执行。

（16）噪声排放信息表

噪声排放信息表可不填写。地方有相关环境管理要求的，按地方要求执行。

（17）固体废物排放信息表

①可填报各类固体废物（生活垃圾除外）的相关信息。固体废物类别分为一般废物和危险废物。固体废物处理方式分为贮存、处置和综合利用、转移等。固体废物产生量与各种固体废物处理量（贮存量、处置量、综合利用量、转移量之和）的差值即为排放量，应填报"0"。综合利用或处置时，在"其他信息"中说明具体综合利用或处置方式。应填写自行处置信息表，如回用于生产或委托有危废处理资质单位焚烧等。

②一般固体废物委托利用、委托处置的，应填写委托单位的名称；危险废物委托处置的，应填写委托单位名称及委托单位的危险废物经营许可证编号。

③审核固体废物种类填报是否完整，固体废物类别填报是否正确。

（18）自行监测及记录信息表

①污染源类别填写废水或废气。

②排放口编号、排放口名称和监测的污染物种类应与大气污染物有组织排放表和大气污染物无组织排放表（废气）、废水污染物排放信息表（废水）保持一致，废气无组织排放的排放口编号填写"厂界"。

③监测内容并非填写污染物项目，废水填写流量；废气有组织排放监测应填写相关烟气参数，包括烟气量、烟气流速、烟气温度、烟气压力、烟气含湿量等，见执行排放标准要求；废气无组织排放监测应填写相关气象因子，包括风向、风速、温度、湿度、稳定度等，见 HJ/T 55 和执行排放标准中的要求。

④废气、废水监测频次不得低于《技术规范》的要求。开展自动监测的，应填报自动监测设备出现故障时的手工监测相关信息，并在"其他信息"中填写"自动监测设备出现故障期间开展手工监测"。手工监测方法应优先选用执行排放标准中规定的方法。

⑤监测质量保证与质量控制要求应符合 HJ 819、HJ/T 373 中相关规定，建立监测质量体系，包括监测机构、人员、仪器设备、监测活动质量控制与质量保证等，以及使用标准物质、空白试验、平行样测定、加标回收率测定等质控方法。委托第三方检（监）测机构开展自行监测的，不用建立监测质量体系，但应对其资质进行确认。

⑥监测数据记录、整理和存档要求应符合《技术规范》和 HJ 819 的相关规定。

（19）环境管理台账信息表

①应按照《技术规范》要求填报环境管理台账记录内容，不得有漏项，如缺少生产设施运行管理信息、无组织废气污染防治措施管理维护信息等。

②检查记录频次是否符合规范要求，与记录内容是否对应。记录形式应按照电子

台账或纸质台账记录，台账记录至少保存 3 年。2021 年 1 月发布的《排污许可管理条例》（国令 第 736 号）加强了对环境管理台账保存期限的要求，其中第二十一条规定环境管理台账记录保存期限不得少于 5 年。

③ 注意区分重点管理排污单位与简化管理排污单位的差异。

（20）地方生态环境主管部门依法增加的内容

该部分可根据地方规定添加相应内容。

（21）改正规定

改正问题、措施和时限要求要明确，并与前面填写的内容保持一致。如现状为无组织排放的改为有组织排放、尚未进行自动监测的改为自动监测、现有污染治理设施不能达标的提升改造为可达标设施等。

未依法取得建设项目环境影响评价文件审批意见、未取得地方人民政府按照国家有关规定依法处理和整顿规范所出具的相关证明材料、采用的污染防治设施或措施不能达到许可排放浓度要求以及存在其他依法依规需要改正行为的，应填写本表，由排污单位提出需要改正的内容及改正时限，地方生态环境主管部门审核并最终决定改正措施及时限，不予发证，并下达限期整改通知书。

7.2.4　相关附图附件审核

（1）附图

① 要求上传排污单位生产工艺流程图、生产厂区总平面布置图［包括雨水和废（污）水管网平面布置图］、监测点位示意图。

② 审查上传的图件是否清晰可见、图例明确，且不存在上下左右颠倒的情况。

③ 应审核生产工艺流程图是否包括主要生产设施（设备）、主要原燃料的流向、主要生产工艺流程和产排污节点等内容。

④ 应审核生产厂区总平面布置图是否包括主体设施、公辅设施、废气处理设施、废（污）水处理设施、危险废物暂存间等环保设施；是否注明废气主要排放口、一般排放口和无组织排放的生产单元；是否注明雨水和污水管网走向、排放口位置及排放去向等。

（2）附件

应提供承诺书、排污许可证申领信息公开情况说明表及其他必要的说明材料，如未采用可行技术但具备达标排放能力的说明材料等；许可排放量计算过程应详细、准确、计算方法及参数选取应符合规范要求；应体现与总量控制要求取严的过程，2015 年 1 月 1 日及之后通过环评批复的还要与批复要求进一步取严。

7.2.5　其他相关环境管理要求审核

对于排污许可证副本，除注意申请表中相应内容外，还应注意按《技术规范》填写执行（守法）报告、信息公开、其他控制及管理要求等。

① 执行报告内容和频次应符合《技术规范》的要求。

② 应按照《企业事业单位环境信息公开办法》《排污许可管理办法（试行）》等管理要求，填报信息公开方式、时间、内容等信息。

③ 生态环境管理部门可将国家和地方对排污单位的废水、废气和固体废物环境管理要求，以及法律法规、技术规范中明确的污染防治措施运行维护管理要求等写入"其他控制及管理要求"中。

第 8 章

持证排污与证后监管

国务院办公厅发布的《控制污染物排放许可制实施方案》以及党的十九届四中全会审议通过的《中共中央关于坚持和完善中国特色社会主义制度 推进国家治理体系和治理能力现代化若干重大问题的决定》都明确了要把排污许可制定位为固定污染源环境管理核心制度，凸显了排污许可制度的重要性。随着排污许可制度的全面实施，是否取得排污许可证、是否按证排污已经成为影响企业社会形象的主要衡量标准之一，企业在排污许可制度中承担主体责任。执法部门以排污许可证中的内容为线索，检查企业是否合规，一旦发现不如实填报、未按证执行等问题，企业法人将承担主要责任。

企业取得排污许可证后，如何做好管理是制度能够顺利执行的重要环节。国务院发布的《国务院关于加强和规范事中事后监管的指导意见》（国发〔2019〕18 号），环境保护部发布的《关于强化建设项目环境影响评价事中事后监管的实施意见》（环环评〔2018〕11 号），生态环境部发布的《环评与排污许可监管行动计划（2021—2023 年）》（环办环评函〔2020〕463 号）、关于印发《关于加强排污许可执法监管的指导意见》的通知（环执法〔2022〕23 号）、关于印发《"十四五"环境影响评价与排污许可工作实施方案》的通知（环环评〔2022〕26 号）等相关文件要求中指出，全面推进排污许可制度改革，加快构建以排污许可制为核心的固定污染源执法监管体系，持续改善生态环境质量。坚持精准治污、科学治污、依法治污，以固定污染源排污许可制为核心，创新执法理念、加大执法力度、优化执法方式、提高执法效能，构建企业持证排污、政府依法监管、社会共同监督的生态环境执法监管新格局，为深入打好污染防治攻坚战提供坚实保障。企业要发挥好各个部门的协作，在共同保障生产、排污过程中，满足环保各项法律法规、执法检查的要求；环保技术人员按证记录环保设施运行管理台账；监测人员按证监测，最终以日常记录下来的内容为基础，按证提交执行报告。生态环境管理部门依据排污单位的台账信息和执行报告进行监管，核查是否合规。

本章分别从排污单位和管理部门两个维度，按照相关规定要求与指示精神，梳理了排污单位持证排污与自证守法要点以及管理部门监管与核查要点，以期为全国塑料制品企业、各级生态环境管理部门及从事环境检测、环境保护咨询服务的机构提供参考。

8.1　企业持证排污与自证守法要点

随着排污许可证申领工作的深入，大部分企业已领取排污许可证，但取得排污许可证只是第一步。企业还需要根据排污许可证副本中的相关证后环境管理要求做好持证排污与自证守法工作，主要包括开展自行监测、做好台账管理、编制执行报告、做好信息公开并及时办理延续。

8.1.1　自行监测

自行监测是指排污单位为掌握本单位的污染物排放状况及其对周边环境质量的影响等情况，按照相关法律法规和技术规范，组织开展的环境监测活动。排污单位可根据自身条件和能力，利用自有人员、场所和设备自行监测，也可委托其他有资质的检（监）测机构代其开展自行监测。

《排污许可证管理办法（试行）》（2019 年修正）第三十四条要求排污单位应当按照排污许可证规定，安装或者使用符合国家有关环境监测、计量认证规定的监测设备，按照规定维护监测设施，开展自行监测，保存原始监测记录。《排污单位自行监测技术指南 总则》提出了建立并实施质量保证与质量控制措施方案，明确了排污单位对提交的监测数据的真实性、完整性负责，排污单位依法依规发布自行监测数据，接受生态环境主管部门的监督。《排污单位自行监测技术指南 橡胶和塑料制品》规定了塑料制品业的监测因子和频次，应按照标准严格执行。

自行监测是一项系统性和技术性很强的工作，需要保障监测方案制定的合规合理性、监测设备的可靠性以及自行监测开展的有效性。为此，本节分别对废气和废水监测的监测点位选择、采样平台与采样孔设置、监测方法、数据记录等进行详尽介绍。

8.1.1.1　基本要求

（1）制定监测方案

排污单位应梳理所有污染源，根据技术规范及其他相关要求，确定主要污染源及主要监测指标，制定监测方案。监测方案内容包括排污单位基本情况、监测点位及示意图、监测指标、执行排放标准及其限值、监测频次、采样和样品保存方法、监测分析方法和仪器、监测质量保证与质量控制、自行监测信息公开等，自行监测方案模板详见书后附录。

（2）监测设备设置与维护

排污单位应按照规定设置满足开展监测所需要的监测设施。废水排放口，废气（采样）监测平台、监测断面和监测孔的设置应符合监测规范要求。监测平台应便于开展监测活动，并能保证监测人员的安全。

（3）开展自行监测

自行监测污染源和污染物应包括排放标准、环境影响评价文件及其审批意见和其他环境管理要求中涉及的各项废气、废水污染源和污染物。排污单位应当开展自行监测的污染源包括有组织废气、无组织废气、生产废水、生活污水、雨水等的全部污染源。排污单位可自行监测或委托其他具备相应资质的监测机构开展监测工作，并安排专人专职对监测数据进行记录、整理、统计和分析。

8.1.1.2　废气监测要求

（1）有组织废气

1）监测点位

各类废气污染源通过烟囱或排气筒等方式排放至外环境的废气，应在烟囱或排气筒上设置废气排放口监测点位。点位设置应满足《固定污染源排气中颗粒物测定和气态污染物采样方法》（GB/T 16157）、《固定污染源烟气（SO_2、NO_x、颗粒物）排放连续监测技术规范》（HJ 75）、《固定污染源烟气（SO_2、NO_x、颗粒物）排放连续监测系统技术要求及检测方法》（HJ 76）、《固定源废气监测技术规范》（HJ/T 397）、《恶臭污染环境监测技术规范》（HJ 905）等技术规范的要求。废气监测平台、监测断面和监测孔的设置应符合《固定污染源烟气（SO_2、NO_x、颗粒物）排放连续监测技术规范》（HJ 75）、《固定源废气监测技术规范》（HJ/T 397）等的要求。

2）自动监测

① 自动监测要求。根据《排污单位自行监测技术指南 橡胶和塑料制品》（HJ 1207）要求，重点管理排污单位的主要排放口应对颗粒物实施自动监测。

② 采样平台与采样孔

a. 采样或监测平台长度应大于等于2m，宽度应大于等于2m或不小于采样枪长度外延1m，周围设置1.2m以上的安全防护栏，且有牢固并符合要求的安全措施，便于日常维护和对比监测。

b. 采样或监测平台应易于人员和监测仪器到达，当采样平台设置在离地面高度大于等于2m位置时，应有通往平台的斜梯，宽度大于等于0.9m；当平台设置离地面高度大于等于20m的位置时，应有通往平台的升降梯。

c. 当烟气在线监测系统（continuous emission monitoring system，CEMS）安装在矩形烟道时，若烟道截面高度大于4m，则不宜在烟道顶层开设参比方法采样孔；若烟道截面宽度大于4m，则应在烟道两侧开设参比方法采样孔，并设置多层采样平台。

d. 企业应在CEMS监测断面下游预留参比方法采样孔。污染源参比方法采样孔内径应大于等于80mm，新建或改建污染源参比方法采样孔内径应大于等于90mm。在互不影响测定前提下，参比方法采样孔应尽可能靠近CEMS监测断面。当烟道为正压烟道或排放有毒气体时，应采用带闸板阀的密封采样孔。

③　监测方法。废气自动监测需要参照《固定污染源烟气（SO_2、NO_x、颗粒物）排放连续监测技术规范》（HJ 75）、《固定污染源烟气（SO_2、NO_x、颗粒物）排放连续监测系统技术要求及检测方法》（HJ 76）执行。

④　数据记录。监测期间手工监测的记录和自动监测运行维护记录按照《排污单位自行监测技术指南　橡胶和塑料制品》（HJ 1207）执行。应同步记录监测期间的生产工况。

⑤　连续监测系统日常运行质量保证要求

a. 定期校准。具有自动校准功能的颗粒物 CEMS、气态污染物 CEMS 和流速 CMS 每 24h 至少自动校准一次仪器零点和量程，同时测定并记录零点漂移和量程漂移。无自动校准功能的颗粒物 CEMS 和直接测量法气态污染物 CEMS 每 15 天、流速 CMS 每 30 天至少校准一次仪器的零点和量程，同时测定并记录零点漂移和量程漂移。抽取式气态污染物 CEMS 每 3 个月至少进行一次全系统的校准，要求零气和标准气体从监测站房发出，经采样探头末端与样品气体通过的路径一致，进行零点和量程漂移、示值误差和系统响应时间的监测等。

b. 定期维护。需要保证污染源停运到开始生产前及时到现场清洁光学镜面，定期清洗和维护隔离烟气与光学探头的玻璃视窗和清吹空气保护装置，检查气态污染物 CEMS 过滤器、采样探头和管路的结灰和冷凝水情况、气体冷却部件等，检查流速探头积灰和腐蚀情况、反吹泵和管路工作状态等。

c. 定期校验。有自动校准功能的测试单元每 6 个月至少做一次校验，没有此功能的至少每 3 个月校验一次，用参比方法和 CEMS 同时段数据进行校验比较。

3）手工监测

①　手工监测要求。对于重点管理排污单位主要排放口的二甲基甲酰胺、苯、甲苯、二甲苯、VOCs、臭气浓度、恶臭特征污染物、二氧化硫、氮氧化物最低监测频次执行 1 次/季度；对于一般排放口，除采用流延膜工艺的非甲烷总烃、颗粒物、氯乙烯、臭气浓度、恶臭特征污染物最低监测频次执行 1 次/季度外，其他排放口及其污染物最低监测频次执行 1 次/半年。

对于简化管理的有组织排放口监测点位，有组织排放的非甲烷总烃最低监测频次执行 1 次/半年，其他指标最低监测频次执行 1 次/年。

②　采样位置。采样位置应避开对测试人员操作有危险的场所，优先选择在垂直管段，避开烟道弯头和断面急剧变化的部位。采样口应设置在距弯头、阀门、变径管下游方向不小于 6 倍直径，和距上述部件上游方向不小于 3 倍直径处，如图 8-1 所示。对矩形烟道，其当量直径 $D=2AB/(A+B)$（A、B 指边长），采样断面的气流速度最好在 5m/s 以上。对于圆形烟道，将烟道分成适当数量的等面积同心环，各监测点选在各环等面积中心线与垂直相交的两条直径线的交点上，其中一条直径线应在预测浓度变化最大的平面内。对于矩形或方形烟道，将烟道断面分成适当数量的等面积小块，各块中心即为监测点。对于恶臭气体，利用真空瓶采集样品时，采样点位应选择在排气压力为正压或常压点位处。

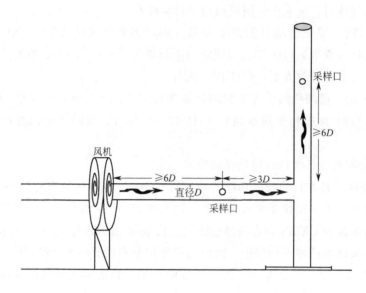

图 8-1　采样口设置示意

测试现场空间位置有限，很难满足上述要求时，可选择比较适宜的管段采样，但采样断面与弯头等的距离至少是烟道直径的 1.5 倍，并应适当增加监测点的数量和采样频次。对于气态污染物，由于混合比较均匀，其采样位置可不受上述规定限制，但应避开涡流区。

采样平台应有足够的工作面积使工作人员安全、方便地操作。平台面积应不小于 1.5m^2，并设有 1.1m 高的护栏和不低于 10cm 的脚部挡板，承重应不小于 200kg/m^2，采样孔距平台面为 1.2~1.3m。

③ 监测方法。参照《固定污染源排气中颗粒物测定与气态污染物采样方法》（GB/T 16157）、《固定源废气监测技术规范》（HJ/T 397）、《恶臭污染环境监测技术规范》（HJ 905）等执行。其中，用于恶臭污染废气监测的，连续有组织排放源按照生产周期确定采样频次，样品采集次数不小于 3 次，取其最大测定值；生产周期在 8h 以内的，采样间隔不小于 2h；生产周期大于 8h 的，采样间隔不小于 4h。间歇有组织排放源应在恶臭污染浓度最高时段采样，样品采集次数不少于 3 次，取其最大测定值。

④ 数据记录。监测期间手工监测记录和自动监测运行维护记录按照《排污单位自行监测技术指南　橡胶和塑料制品》（HJ 1207）执行。应同步记录监测期间的生产工况。

（2）无组织废气

重点管理与简化管理排污单位的无组织废气监测均采用手工监测方法，重点管理排污单位监测频次为 1 次/半年，简化管理为 1 次/年。厂界监测点位设置及控制限值与要求应符合《合成革与人造革工业污染物排放标准》（GB 21902）、《合成树脂工业污染物排放标准》（GB 31572）、《大气污染物综合排放标准》（GB 16297）、《恶臭污染物排放标准》（GB 14554）、《挥发性有机物无组织排放控制标准》（GB 37822）、《大气污染物无组织排放监测技术导则》（HJ/T 55）、《恶臭污染环境监测技术规范》（HJ 905）等相关规定。

　　厂区内挥发性有机物无组织排放监测点位设置及控制限值应符合《挥发性有机物无组织排放控制标准》（GB 37822）的相关规定。地方生态环境主管部门可根据当地环境保护需要，对厂区内挥发性有机物无组织排放状况进行监控，具体实施方式由各地自行确定。

　　① 厂界。根据《大气污染物综合排放标准》（GB 16297）规定，颗粒物监控点设在无组织排放源风向 2～50m 范围内的浓度最高点，相对应的参照点设在排放源上风向 2～50m 范围内；甲苯、二甲苯、非甲烷总烃的监控点设在排污单位周界外 10m 范围内的浓度最高点。按规定监控点最多可设 4 个，参照点只设 1 个。用于恶臭废气监测的，一般设置 3 个点位，根据风向变化情况可适当增加或减少监测点位。连续无组织排放源每 2h 采集一次，共采集 4 次，取其最大测定值；间歇无组织排放源应在恶臭污染浓度最高时段采样，样品采集次数不少于 3 次，取其最大值记录。

　　② 厂内。根据《挥发性有机物无组织排放控制标准》（GB 37822）规定，对厂区内 VOCs 无组织排放进行监控时，在厂房门窗或通风口、其他开口（孔）等排放口外 1m，距离地面 1.5m 以上位置处进行监测。若厂房不完整（如有顶无围墙），则在操作工位下风向 1m，距离地面 1.5m 以上位置处进行监测。

　　厂区内非甲烷总烃（NMHC）任何 1h 平均浓度的监测采用《环境空气　总烃、甲烷和非甲烷总烃的测定　直接进样-气相色谱法》（HJ 604）、《环境空气和废气　总烃、甲烷和非甲烷总烃便携式监测仪技术要求及检测方法》（HJ 1012）规定方法，以连续 1h 采样获取平均值，或在 1h 内以等时间间隔采集 3～4 个样品计算平均值。厂区内 NMHC 任意一次浓度值的监测，按便携式监测仪器相关规定执行。

　　③ 环境空气（敏感点）。若出现企业周边敏感点投诉问题，企业应进行敏感点取样监测，排查导致恶臭投诉的原因。恶臭敏感点的监测采用现场踏勘、调查的方式，确定采样点位。对于水域恶臭监测，若被污染水域靠近岸边，选择该侧岸边为下风向时进行监测，以岸边为周界。关于采样频次，根据现场踏勘、调查确定的时段采样，样品采集次数不少于 3 次，取其最大测定值。

8.1.1.3　废水监测要求

　　（1）监测方法

　　废水自动监测参照《氨氮水质在线自动监测仪技术要求及检测方法》（HJ 101）、《水污染源在线监测系统（COD$_{Cr}$、NH$_3$-N 等）安装技术规范》（HJ 353）、《水污染源在线监测系统（COD$_{Cr}$、NH$_3$-N 等）验收技术规范》（HJ 354）、《水污染源在线监测系统（COD$_{Cr}$、NH$_3$-N 等）运行技术规范》（HJ 355）、《水污染源在线监测系统（COD$_{Cr}$、NH$_3$-N 等）数据有效性判别技术规范》（HJ 356）、《化学需氧量（COD$_{Cr}$）水质在线自动监测仪技术要求及检测方法》（HJ 377）执行。

　　废水手工监测参照《水质采样　样品的保存和管理技术规定》（HJ 493）、《水质 采样方案设计技术规定》（HJ 495）、《污水监测技术规范》（HJ 91.1）等执行。HJ 91.1 规定了监测点位应设置在排污单位的总排放口，且污水混合均匀的位置，还提出了自行监测采样频次的确定方法，即在正常生产条件下的一个生产周期内进行加密监测；周期在 8h 以内的，每小时采 1 次样；周期大于 8h 的，每 2h 采 1 次样，但每个生产周期采样次数不少于 3 次，采样的同时测定流量。根据加密监测结果，绘制废水污染物排放曲线（浓度-时间、流量-时间、总量-时间），并与所掌握资料对照，如基本一致即可据此确定企业自行监测的采样频次。

（2）重点管理排污单位

根据《技术规范》和《排污单位自行监测技术指南 橡胶和塑料制品》（HJ 1207）要求，塑料人造革与合成革制造排污单位废水总排放口的流量、pH 值、化学需氧量、氨氮指标实施自动监测，塑料制品制造排污单位未纳入自动监测指标的直接排放和间接排放的最低监测频次执行 1 次/季度和 1 次/半年。直接排放的生活污水单独排放口最低监测频次执行 1 次/季度，间接排放的生活污水单独排放口不需监测。所有类别的塑料制品制造企业的雨水排放口的化学需氧量、石油类指标最低监测频次执行 1 次/月或 1 次/季度。其中，雨水排放口有流动水排放时按月监测，若监测一年没有异常情况的，可放宽到每季度开展一次监测，具体情况按照地方管理部门要求执行。

（3）简化管理排污单位

根据《排污单位自行监测技术指南 橡胶和塑料制品》（HJ 1207）要求，直接排放的废水总排放口和生活污水排放口最低监测频次执行 1 次/半年；间接排放的废水总排放口最低监测频次执行 1 次/年，间接排放的生活污水单独排放口和雨水排放口不需监测。

8.1.2 台账管理

8.1.2.1 档案分类

台账管理可以分为静态管理档案和动态管理档案。

（1）静态管理档案

一般包括企业营业执照复印件，法人机构代码证，法人代表、环保负责人、污染防治设施运营主管等的身份证及工作证复印件（附上联系电话），环保审批文件，排污许可证，污染防治设施设计及验收文件，环保验收监测报告，在线监测（监控）设备验收意见，工业固体废物及危险废物收运合同，危险废物转移审批表，清洁生产审核报告及专家评估验收意见，排污口规范化登记表，生产废水、生活污水、回用水、清净下水管道和生产废水、生活污水、清净下水排放口平面图，环境污染事故应急处理预案以及生态环境部门的其他相关批复文件等。

（2）动态管理档案

一般包括污染防治设施运行台账，原辅材料管理台账，在线监测（监控）系统运行台账，环境监测报告、排污许可证管理制度要求建立的排污单位基本信息记录、生产设施运行管理信息记录、监测信息记录等各种台账记录及执行报告，危险废物管理台账及转移联单，环境执法现场检查记录、检查笔录及调查询问笔录，行政命令、行政处罚、限期整改等相关文书及相关整改凭证等。

8.1.2.2　管理目录清单

（1）项目环评报批及验收资料

① 营业执照；

② 环境影响评价报告书/报告表全本；

③ 环境影响评价报告书/报告表批复文件；

④ 登记表网上备案文件；

⑤ 环境保护设施验收批复、自主验收文件、验收监测（调查）报告。

（2）排污许可证（正、副本）

（3）污染治理设施（包括在线监测设备）运行台账

① 生产废水、废气等污染治理设施设计方案及工艺流程图；

② 污染治理设施运行台账及维护记录（包括运行维护记录、药剂添加记录、活性炭更换记录等台账）；

③ 在线监测设备的安装、验收、使用及定期校验资料。

（4）排污口分布及污染物监测台账

① 排污口规范化设置情况表、排污口标志分布图、排污口标志照片；

② 企业自行监测方案、自行监测报告、重点企业自行监测公开情况。

（5）固体废物产生及处置台账

① 固体废物申报登记表及转移管理联单（通过省固体废物信息管理平台开展固体废物申报登记，严格执行危险废物转移计划报批和转移联单制度）；

② 与有资质单位签订的危险废物处置合同；

③ 危险废物管理台账（包括危险废物产生环节记录表、贮存环节记录表、内部自行利用/处置情况记录表、月度危险废物台账报表等）；

④ 按照标准规范建设的危险废物贮存场所及设置相应警示标志和标签的照片；

⑤ 危险废物应急预案、内部管理制度（危险废物管理组织架构、管理制度、公开制度、培训制度、档案管理制度）。

（6）环境应急管理台账

① 环境应急预案、环境风险评估报告、环境应急资源调查报告以及专家评审意见、生态环境部门备案意见；

② 环境应急培训和应急演练方案、照片、总结；

③ 环境安全隐患排查治理档案、环境污染强制责任保险资料。

（7）其他环保管理台账

① 重点企业清洁生产审核报告及验收文件；

② 企业环保管理责任架构图及其他环保管理制度；

③ 生态环境部门下达的行政处罚、限期改正通知及整改台账。

8.1.2.3 常见问题举例

① 排污单位未如实记录环境管理台账。排污单位未记录污染治理设施运行状态，或存在记录不全的问题；记录自动监测设施校验时间与实际操作时间不符，存在未如实记录设施运行、校验情况等问题。

② 排污单位在计算排污量时采用的计算方法有误、数据来源不清、数据失真，致使无法准确核算实际排污量，难以判定是否符合许可排放量要求。

案例：某塑料制品企业未按照《技术规范》要求核算锅炉实际排放量；某人造革制品企业执行报告中核算废水污染物实际排放量时使用废水在线监测年浓度平均值与年流量的乘积，与《技术规范》要求的日平均浓度与日流量的累积值不符。

8.1.3 执行报告

排污许可执行报告是排污单位对自行监测、污染物排放及落实各项环境管理要求等行为的定期报告。执行报告包括年度执行报告、季度执行报告。企业根据《排污单位环境管理台账及排污许可证执行报告技术规范总则（试行）》（HJ 944）、《技术规范》要求以及地方管理部门要求，提交相应的执行报告。

8.1.3.1 编制流程

编制流程包括资料收集与分析、编制、质量控制、提交四个阶段，如图 8-2 所示。

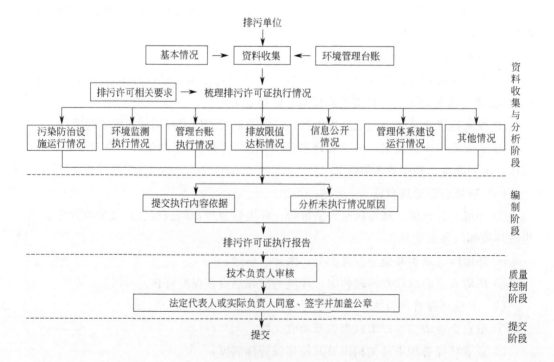

图 8-2 排污许可证执行报告编制流程

① 资料收集与分析阶段：收集排污许可证及申请材料、历史排污许可证执行报告、环境管理台账等相关资料，全面梳理排污单位在报告周期内的执行情况。

② 编制阶段：针对排污许可证执行情况，汇总梳理依证排污的依据，分析违证排污的情形及原因，提出整改计划，在全国排污许可证管理信息平台填报相关内容。

③ 质量控制阶段：开展报告质量审核，确保执行报告内容真实、有效，并经排污单位技术负责人签字确认。

④ 提交阶段：排污单位在全国排污许可证管理信息平台提交电子版执行报告，同时向有排污许可证核发权的生态环境主管部门提交通过平台印制的经排污单位法定代表人或实际负责人签字并加盖公章的书面执行报告。电子版执行报告与书面执行报告应保持一致。

8.1.3.2 编制内容

排污单位应对提交的排污许可证执行报告中各项内容和数据的真实性、有效性负责，并自愿承担相应法律责任；应自觉接受生态环境主管部门监管和社会公众监督，如提交的内容和数据与实际情况不符，应积极配合调查，并依法接受处罚。排污单位应对上述要求做出承诺，并将承诺书纳入执行报告中。

（1）年度执行报告

年度执行报告主要内容包括排污单位基本情况、污染防治设施运行情况、自行监测执行情况、环境管理台账执行情况、实际排放情况及合规判定分析、信息公开情况、排污单位内部环境管理体系建设与运行情况、其他排污许可证规定的内容执行情况、其他需要说明的问题、结论、附图附件等。对于排污单位信息有变化和违证排污等情形，应分析与排污许可证内容的差异，并说明原因。

1）排污单位基本情况

① 说明排污许可证执行情况，包括排污单位基本信息、产排污节点、污染物及污染防治设施、环境管理要求等。

② 按照生产单元或主要工艺，分析排污单位的生产状况，说明平均生产负荷、原辅料及燃料使用等情况；说明取水及排水情况；对于报告期内有污染防治投资的，还应说明防治设施建成运行时间、计划总投资、报告周期内累计完成投资等。

③ 说明排放口规范性整改情况（如有）。

④ 说明新（改、扩）建项目环境影响评价及其批复、竣工环境保护验收等情况。

⑤ 其他需要说明的情况，包括排污许可证变更情况，以及执行过程中遇到的困难、问题等。

2）污染防治设施运行情况

① 正常情况说明。分别说明有组织废气、无组织废气、废水等污染防治设施的处理效率、药剂添加、催化剂更换、固体废物产生、副产物产生、运行费用等情况，以及污染防治设施运行维护情况。

② 异常情况说明。排污单位拆除、停运污染防治设施，应说明实施拆除、停运的原因及起止日期等情况，并提供生态环境主管部门同意文件；因故障等紧急情况停运污

染防治设施，或污染防治设施运行异常的，排污单位应说明故障原因、故障期间废水废气等污染物排放情况、报告提交情况及采取的应急措施。

③ 如发生污染事故，排污单位应说明发生事故次数、事故等级、事故发生时采取的措施、污染物排放、处理情况等信息。

3）自行监测执行情况

① 说明自行监测要求执行情况，并附监测布点图。

② 对于自动监测，说明是否满足 HJ 75、HJ 76、HJ 353、HJ 354、HJ 355、HJ 356、HJ/T 373 等相关规范要求。说明自动监测系统发生故障时，向生态环境主管部门提交补充监测数据和事故分析报告的情况。

③ 对于手工监测，说明是否满足 GB/T 16157、HJ/T 55、HJ 91.1、HJ/T 373、HJ/T 397 等相关标准与规范要求。

④ 对于非正常工况，说明废气有效监测数据数量、监测结果等。

⑤ 对于特殊时段，说明废气有效监测数据数量、监测结果等。

⑥ 对于有周边环境质量监测要求的，说明监测点位、监测指标、监测时间、监测频次、有效监测数据数量、监测结果等内容，并附监测布点图。

⑦ 对于未开展自行监测、自行监测方案与排污许可证要求不符、监测数据无效等情形，说明原因及采取措施。

4）环境管理台账执行情况

说明是否按排污许可证要求记录环境管理台账的情况。

5）实际排放情况及合规判定分析

① 以自行监测数据为基础，说明各排放口的实际排放浓度范围、有效数据数量等内容。

② 按照《排污许可证申请与核发技术规范 橡胶和塑料制品工业》，核算排污单位实际排放量，给出计算方法、所用的参数依据来源和计算过程，并与许可排放量进行对比分析。

③ 对于非正常工况，说明发生的原因、次数、起止时间、防治措施等。

④ 对于特殊时段，说明各污染物的排放浓度及达标情况等。

⑤ 对于大气污染物超标排放，应逐时说明；对于废水污染物超标排放，应逐日说明。说明内容包括排放口、污染物、超标时段、实际排放浓度、超标原因等，以及向生态环境主管部门报告及接受处罚的情况。

⑥ 说明实际排放量与生产负荷之间的关系。

6）排污单位内部环境管理体系建设与运行情况

① 说明环境管理机构及人员设置情况、环境管理制度建立情况、排污单位环境保护规划、环保措施整改计划等。

② 说明环境管理体系的实施、相关责任的落实情况。

7）其他排污许可证规定的内容执行情况

说明排污许可证中规定的其他内容执行情况。

8）其他需要说明的问题

对于违证排污的情况，提出相应整改计划。

9）结论

总结排污单位在报告周期内排污许可证执行情况，说明执行过程中存在的问题，以及下一步需进行整改的内容。

（2）季度执行报告

季度执行报告主要包括污染物实际排放浓度和排放量、合规判定分析、超标排放或污染防治设施非正常情况说明等内容，以及各月度生产小时数、主要产品及其产量、主要原辅料及燃料消耗量、新水用量及废水排放量等信息。

8.1.3.3 报告周期

排污单位按照排污许可证规定的时间提交执行报告，应每年提交一次排污许可证年度执行报告；同时，还应依据法律法规、标准等文件的要求，提交季度执行报告。

① 年度执行报告：对于持证时间超过三个月的年度，报告周期为当年全年（自然年）；对于持证时间不足三个月的年度，当年可不提交年度执行报告，排污许可证执行情况纳入下一年度执行报告。

② 季度执行报告：对于持证时间超过一个月的季度，报告周期为当季全季（自然季度）；对于持证时间不足一个月的季度，该报告周期内可不提交季度执行报告，排污许可证执行情况纳入下一季度执行报告。

8.1.4 信息公开

《企业环境信息依法披露管理办法》（生态环境部令 第 24 号）指出，企业是环境信息依法披露的责任主体。企业应当建立健全环境信息依法披露管理制度，规范工作规程，明确工作职责，建立准确的环境信息管理台账，妥善保存相关原始记录，科学统计归集相关环境信息。

企业需要在全国排污许可证管理信息平台公开端或其他便于公众知晓的媒介按照《企业事业单位信息公开办法》等规定进行信息公开；按规定在全国排污许可证管理信息平台上记载自行监测、执行报告，并在全国排污许可证管理信息平台上公开；企业需要在生产经营场所方便公众监督的位置悬挂排污许可证正本，并及时公开有关排污信息，主要包括污染物排放浓度，废水排放去向，自行监测结果等，自觉接受公众监督。

8.1.5 延续与变更

《排污许可管理条例》规定，排污许可证有效期为 5 年。排污许可证有效期届满，排污单位需要继续排放污染物的，应当于排污许可证有效期届满 60 日前向审批部门提出延续申请。到期未办理延续的排污许可证视为无效，排污单位继续排污的视为无证排污。

排污单位变更名称、场所、法定代表人或者主要负责人的，应当自变更之日起 30

日内向审批部门申请办理排污许可证变更手续。

8.2　环境管理部门监管与核查要点

为推进全面实施排污许可制，建立健全以排污许可制为核心的固定污染源环境监管制度体系，生态环境部要求做好"证后"监管，并纳入长效机制，部委要求各地方环境管理部门下企业进行帮扶检查与专业技术指导，帮助企业从源头控制到过程控制再到末端治理全方位发现问题并解决问题，指导企业做好自行监测、建立有效台账记录与执行报告。

2021 年 4 月，生态环境部在《关于加强生态环境监督执法正面清单管理推动差异化执法监管的指导意见》中提出明确要求，环境监管部门要"突出精准治污、科学治污、依法治污，将实施正面清单制度作为支持服务做好'六稳'工作、落实'六保'任务的重要举措，不断深化'放管服'改革，加强事中事后监管，持续优化法制环境。坚持引导企业自觉守法与加强监管执法并重原则，坚持严格规范执法与精准帮扶相结合原则，坚持统一监管标准与差异化监管措施相结合原则。"

2022 年 3 月，生态环境部在关于印发《关于加强排污许可执法监管的指导意见》（环执法〔2022〕23 号）的通知中，从总体要求、全面落实责任、严格执法监管、优化执法方式、强化支撑保障等五方面提出了 22 项具体要求，推动形成企业持证排污、政府依法监管、社会共同监督的生态环境执法监管新格局。

2022 年 4 月，生态环境部在《关于印发〈"十四五"环境影响评价与排污许可工作实施方案〉的通知》中明确要求加强排污许可执法监管，构建以排污许可制为核心的固定污染源执法监管体系，强化排污许可证后监管。组织开展排污许可证后管理专项检查，加强对排放污染物种类、许可排放浓度、主要污染物年许可排放量、自行监测、执行报告和台账记录等方面的监督管理，督促排污单位依证履行主体责任。制修订排污许可证质量、台账记录、执行报告监管等技术性文件，印发实施排污许可提质增效行动计划，组织开展排污许可证质量核查，加强执行报告和台账记录检查。落实生态环境损害赔偿制度，对违反排污许可管理要求造成生态环境损害的依法索赔。

本节从环境管理部门角度提出企业核查关键要点，以期为管理部门提供技术支持。具体的，企业核查可以分为"许可证申领"情况检查与"按证排污"情况检查。其中，"许可证申领"是指检查排污单位排污许可证申领情况，"按证排污"是指检查排污许可证规定的许可事项实施情况。排污许可证后监管主要检查内容见图 8-3，具体要点如下所述。

8.2.1　排污许可证申领

排污许可制是生态环境主管部门根据排污单位的申请和承诺，通过发放排污许可证法律文书的形式，依法依规规范和限制排污单位排污行为并明确环境管理要求，依据排污许可证对排污单位实施监管执法的环境管理制度。因此，企业必须按照法律法规要求获得排污资格，持证排污。

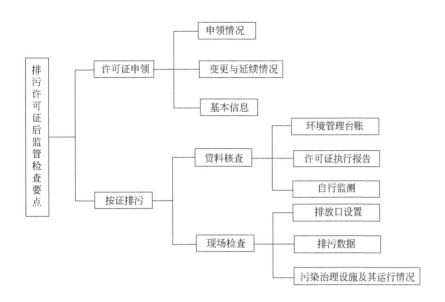

图 8-3　排污许可证后监管主要检查内容

8.2.1.1　排污许可申领情况

检查排污单位是否已申领排污许可证，并且在生产经营场所内方便监督的位置悬挂排污许可证正本；如未申领，根据《固定污染源排污许可分类管理名录》进一步核实该排污单位是否属于无证排污。

8.2.1.2　变更与延续情况

对于排污单位有关事项发生变化的，检查是否在规定时间内向审批部门提出变更排污许可证的申请。查看排污许可证是否在有效期内，是否按规定延续排污许可证。

8.2.1.3　基本信息

检查排污单位的名称、注册地址、法定代表人或者主要负责人、技术负责人、生产经营场所地址、行业类别、统一社会信用代码等排污单位基本信息是否与排污许可证中载明的基本信息相符。根据企业性质，检查环评报告、污染物总量分配指标文件等是否齐全。

8.2.1.4　常见问题举例

（1）以欺骗手段取得排污许可证

问题：故意隐瞒生产工艺中使用的重金属、有毒有害化学物质，以欺骗手段取得排污许可证。

（2）未按照规定开展排污登记

问题：排污单位未按《固定污染源排污许可分类管理名录（2022 年版）》规定的登记管理要求，在全国排污许可证管理信息平台进行排污登记。

（3）对排污许可制度实施重视不够

问题：部分持证企业对排污许可管理制度思想认识不到位，重视程度不高，缺乏相关专业环保人员和技术支撑，重申领轻落实，依证排污和落实许可证管理规定有欠缺，过期不换证，未在生产经营场所内方便公众监督的位置悬挂排污许可证正本。

（4）排污许可申报不规范

问题：部分企业在主要生产设施、污染防治设施、排放口等申报中与现场实际不符，存在漏报、误报情形。

案例：某合成革企业在许可证申领时填报废气排放口 10 个，现场核查 11 个；某塑料薄膜制造企业建有烘干机 5 台，与排污许可证申报 2 台不一致；某企业有 3 台生活用锅炉未纳入排污许可证管理。

（5）排污许可证未及时变更

问题：部分企业未及时增加或调整国家污染物排放控制标准以及未及时更新地方标准等，导致排污许可证变更不及时。

案例：某塑料企业未变更锅炉标准，未在标准中增加《挥发性有机物无组织排放控制标准》（GB 37822—2019）。

（6）排污许可证未及时办理延续

问题：排污单位未按照规定，在排污许可证有效期届满 60 日前向审批部门提出延续申请。

（7）整改措施未按要求落实

问题：部分被要求改正和限期整改的持证企业未按期完成整改。

案例：某塑料包装箱制品企业污水处理厂未完成恶臭气体达标排放的整改要求；某塑料板生产企业未按规定落实废气排放口自动在线监测设施安装。

（8）环评和环保"三同时"制度执行不到位

问题：个别企业仍然存在未批先建、未同步建设污染治理设施、未验先投等环境违法行为。

案例：某塑料制品公司新增 5 台烘干机项目，未验先投；某塑料制品公司烘干工艺未安装废气收集和处理设施。

8.2.2 按证排污

8.2.2.1 资料核查

（1）环境管理台账

1）检查内容

检查排污单位是否按照排污许可证中关于环境管理台账记录的要求开展台账记录工作，是否有环境管理台账，环境管理台账是否符合相关规范要求。

主要检查生产设施的基本信息、污染防治设施的基本信息、监测记录信息、运行管理信息和其他环境管理信息等的记录内容、记录频次和记录形式。台账存储形式为电子化或纸质，保存时间不得少于 3 年；记录内容包括企业营业执照复印件，法人机构代码证，法人代表、环保负责人、污染防治设施运营主管等的身份证及工作证复印件，环保审批文件等静态档案，以及原辅材料使用情况、产品产量、危险废物处理情况、与污染物排放相关的主要生产设施运行情况、污染防治设施运行情况及管理信息等动态档案，具体内容详见 8.1.2 部分相关内容。

2）检查方法

现场查阅环境管理台账，对比排污许可证要求，核查台账记录的及时性、完整性、真实性。

3）常见问题举例

问题：部分企业无环境管理台账，环境管理台账中生产设施、污染防治设施运行记录不完整。

案例：某塑料公司缺少固体废物处理环境管理台账；某塑料板制造企业环境管理台账记录不规范，数据完全一致，存在造假嫌疑。

（2）许可证执行报告

1）检查内容

检查排污单位是否按照排污许可证中关于执行报告的要求开展执行报告编制工作，是否在全国排污许可证管理信息平台提交电子版执行报告，是否向当地生态环境主管部门提交书面执行报告。对于重点管理排污单位，应提交年度执行报告和季度执行报告；对于简化管理排污单位，应提交年度执行报告。

年度执行报告包括排污单位基本情况、污染防治设施运行情况、自行监测执行情况、环境管理台账执行情况、实际排放情况及合规判定分析、信息公开情况、排污单位内部环境管理体系建设与运行情况、其他排污许可证规定的内容执行情况、其他需要说明的问题、结论、附图附件等。季度执行报告应包括污染物实际排放浓度和排放量、合规判定分析、超标排放或污染防治设施非正常情况说明等内容，以及各月度生产小时数、主要产品及其产量、主要原辅料及燃料消耗量、新水用量及废水排放量等信息。具体内容详见 8.1.3 部分相关内容。

2）检查方法

在线或现场查阅排污单位执行报告文件及上报记录，核实执行报告中污染物排放浓度、排放量是否真实，是否上传污染物排放量计算过程。

3）常见问题举例

问题：个别企业没有编制提交排污许可证执行报告，或执行报告频次不够、内容不完整、提交不及时、信息未公开。

案例：某塑料制造重点企业未填报、未公开 2020 年年度执行报告；某合成革制品企业未提交 2020 年第三季度、2021 年第二季度执行报告。

（3）自行监测

1）检查内容

检查排污单位是否制定自行监测方案并开展自行监测，以及自行监测的点位、因子、频次是否符合排污许可证要求。具体检查：排污许可证中载明的自行监测方案与相关自行监测技术指南的一致性；排污单位自行监测开展情况与自行监测方案的一致性；

自行监测行为与相关监测技术规范要求的符合性，包括自行开展手工监测的规范性、委托监测的合规性和自动监测系统安装和维护的规范性，以及自行监测结果信息公开的及时性和规范性。

根据《关于印发〈2020 年排污单位自行监测帮扶指导方案〉的通知》（环办监测函〔2020〕388 号）相关要求，排污单位自行监测现场评估部分内容如表 8-1 所列。

表 8-1 排污单位自行监测现场评估部分内容

序号	分项内容		单项内容
1	监测方案制定情况		(1)监测方案的内容是否完整；包括单位基本情况、监测点位及示意图、监测指标、执行标准及其限值、监测频次、采样和样品保存方法、监测分析方法和仪器、质量保证与质量控制
			(2)监测点位及示意图是否完整
			(3)监测点位数量是否满足自行监测要求
			(4)监测指标是否满足自行监测的要求
			(5)监测频次是否满足自行监测的要求
			(6)执行的排放标准是否正确
			(7)采样和样品保存方法选择是否合理
			(8)监测分析方法选择是否合理
			(9)监测仪器设备(含辅助设备)选择是否合理
			(10)是否有相应的质控措施(包括空白样、平行样、加标回收或质控样、仪器校准等)
2	自行监测开展情况	基础考核	(1)排污口是否进行规范化整治，是否设置规范化标识，监测断面及点位设置是否符合相应监测规范要求
			(2)是否对所有监测点位开展监测
			(3)是否对所有监测指标开展监测
			(4)监测频次是否满足要求
		委托手工监测	(1)检测机构的能力项能否满足自行监测指标的要求
			(2)排污单位是否能提供具有 CMA 资质印章的监测报告
			(3)报告质量是否符合要求
			(4)采用的监测分析方法是否符合要求
		排污单位手工自测	(1)采用的监测分析方法是否符合要求
			(2)监测人员是否具有相应能力(如技术培训考核等自认定支撑材料)，是否具备开展自行监测所需的采样、分析及质控人员
			(3)实验室设施是否能满足分析基本要求，实验室环境是否满足方法标准要求；是否存在测试区域监测项目相互干扰的情况
			(4)仪器设备档案是否齐全，记录内容是否准确、完整；是否张贴唯一性编号和明确的状态标识；是否存在使用检定期已过期设备的情况
			(5)是否能提供仪器校验/校准记录；校验/校准是否规范，记录内容是否准确、完整
			(6)是否能提供原始采样记录；采样记录内容是否准确、完整，是否至少 2 人共同采样和签字；采样时间和频次是否符合规范要求
			(7)是否能提供样品分析原始记录；对原始记录的规范性、完整性、逻辑性进行审核
			(8)是否能提供质控措施记录；记录是否齐全，记录内容是否准确、完整

续表

序号	分项内容	单项内容	
2	自行监测开展情况	废水自动监测	(1)自动监测设备的安装是否规范;是否符合《水污染源在线监测系统(COD$_{Cr}$、NH$_3$-N等)安装技术规范》(HJ 353—2019)等的规定,采样管线长度应不超过50m,流量计是否校准
			(2)水质自动采样单元是否符合《水污染源在线监测系统(COD$_{Cr}$、NH$_3$-N等)安装技术规范》(HJ 353—2019)等规范要求,应具有采集瞬时水样和混合水样、混匀及暂存水样、自动润洗、排空混匀桶及留样等功能
			(3)监测站房应不小于15m^2,应做到专室专用,房内应有合格的给、排水设施,应有空调和冬季采暖设备、温湿度计、灭火设备等
			(4)设备使用和维护保养记录是否齐全,记录内容是否完整
			(5)是否定期进行巡检并做好相关记录,记录内容是否完整
			(6)是否定期进行校准、校验并做好相关记录,记录内容是否完整;核对校验记录结果和现场端数据库中记录是否一致
			(7)标准物质和易耗品是否满足日常运维要求,是否定期更换,是否在有效期内,并做好相关记录,记录内容是否清晰、完整
			(8)设备故障状况及处理是否做好相关记录,记录内容是否清晰、完整
			(9)对缺失、异常数据是否及时记录,记录内容是否完整
			(10)核对标准曲线系数、消解温度和时间等仪器设置参数是否与验收调试报告一致
		废气自动监测	(1)自动监测设备的安装是否规范;是否符合《固定污染源烟气(SO$_2$、NO$_x$、颗粒物)排放连续监测技术规范》(HJ 75—2017)的规定,采样管线长度原则上不超过70m,不得有"U"形管路存在
			(2)自动监测点位设置是否符合《固定污染源烟气(SO$_2$、NO$_x$、颗粒物)排放连续监测技术规范》(HJ 75—2017)等规范要求,手工监测采样点是否与自动监测设备采样探头的安装位置吻合
			(3)监测站房是否满足要求,是否有空调、温湿度计、灭火设备、稳压电源、UPS电源等;监测站房应配备不同浓度的有证标准气体,且在有效期内,标准气体一般包含零气和自动监测设备测量的各种气体(SO$_2$、NO$_x$、O$_2$)的量程标气
			(4)设备使用和维护保养记录是否齐全,记录内容是否完整
			(5)是否定期进行巡检并做好相关记录,记录内容是否完整
			(6)是否定期进行校准、校验并做好相关记录,记录内容是否完整;核对校验记录结果和现场端数据库中记录是否一致
			(7)标准物质和易耗品是否满足日常运维要求,是否定期更换,是否在有效期内,并做好相关记录,记录内容是否清晰、完整
			(8)设备故障状况及处理是否做好相关记录,记录内容是否清晰、完整
			(9)对缺失、异常数据是否及时记录,记录内容是否完整
			(10)自动监测设备伴热管线设置温度、冷凝器设置温度、皮托管系数、速度场系数、颗粒物回归方程等仪器设置参数是否与验收调试报告一致,量程设置是否合理
3	信息公开情况	(1)自行监测信息是否按要求公开(自行监测方案、自行监测结果等)	
		(2)公开的排污单位基本信息是否与实际情况一致	
		(3)公开的监测结果是否与监测报告(原始记录)一致	
		(4)监测结果公开是否及时	
		(5)监测结果公开是否完整(包括全部监测点位、监测时间、污染物种类及浓度、标准限值、达标情况、超标倍数,污染物排放方式及排放去向、未开展自行监测的原因、污染源监测年度报告等)	

2）检查方法

主要包括监测情况与监测方案的一致性、监测频次是否满足许可证要求、监测结果是否达标等。

现场检查主要为资料检查，包括自动监测、手工监测记录，环境管理台账，自动监测设施的比对、验收等文件。对于自动监测设施，可现场查看运行情况、标准气体有效期限等。

3）常见问题举例

① 未按排污许可证规定制定自行监测方案并开展自行监测及信息公开。污许可证副本明确要求排污单位定期对废气、废水开展自行监测，但排污单位未按照排污许可证的规定制定自行监测方案并开展自行监测，也未按照排污许可证规定公开污染物排放信息。

② 自行监测方案质控措施不规范、监测方案内容不完整（如缺少监测点位示意图）、监测指标不满足自行监测指南要求（如缺少雨水和废气监测指标等）、监测分析方法选择不合理（如未采用国家或行业标准分析方法）。

③ 自行监测结果公开不完整（如缺少污染物排放方式和排放去向、未开展自行监测的原因、未公开污染源监测年度报告等）、公开的监测结果和监测报告不一致。

④ 手工监测的采样、交接、分析记录等不规范、不完整，质控措施记录内容不准确、不完整，仪器设备档案不齐全，未张贴唯一性编号和明确的状态标识，使用鉴定期已过期设备，自动监测的异常数据未及时记录、记录内容不完整，缺乏设备故障状况及处理相关记录。

案例：某人造革合成公司废气在线监测设备晚间数据异常，存在不采样监测问题；某塑料制品企业未按要求监测厂界臭气浓度指标。

8.2.2.2　现场检查

现场检查环节主要包括排放口设置检查、排污数据核实、污染治理及治理设施运行情况调查，详见表 8-2。

表 8-2　塑料制品企业排污许可证废气现场执法检查要点清单

检查环节		检查要点
排放口设置检查	排放口合规性	废气、废水的主要排放口、一般排放口基本情况，包括排放口地理坐标、数量、内径、高度与排放污染物种类等与许可要求的一致性，排放口设置的规范性等
排污数据核实	排放浓度与许可浓度一致性检查	采用的废气治理设施与排污许可登记事项的一致性；各主要排放口和一般排放口颗粒物、非甲烷总烃、甲苯、二甲苯、臭气浓度、恶臭特征污染物、二氧化硫、氮氧化物、化学需氧量、氨氮等污染物排放浓度是否低于许可排放限值
	实际排放量与许可排放量一致性检查	颗粒物、挥发性有机物、化学需氧量、氨氮的实际排放量是否符合年许可排放量的要求
	自行监测情况检查	废气和废水自行监测的执行情况，以及废气自行监测点位、因子、频次是否符合排污许可证要求

续表

检查环节	检查要点	
污染治理及治理设施运行情况调查	治理设施运行及维护情况检查	是否存在违规搭建旁路导致直排情况,治理设施是否正常运行,故障、检修等非正常情况对应台账是否记录翔实等

（1）排放口设置

现场核实废气排放口（主要排放口和一般排放口）地理位置、数量、内径、高度与排放污染物种类等与许可要求的一致性。根据《排污口规范化整治技术要求（试行）》（环监〔1996〕470 号）等国家和地方相关文件要求，检查废气排放口、采样口、环境保护图形标志牌、排污口标志登记证是否符合规范要求。如排气筒应设置便于采样、监测的采样口，采样口的设置应符合相关监测技术规范的要求；排污单位应按照《环境保护图形标志—排放口（源）》（GB 15562.1—1995）的规定，设置与之相适应的环境保护图形标志牌等，废气、废水监测标志牌如图 8-4 所示。

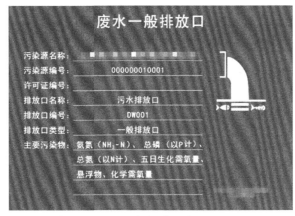

(a) 废水监测标志牌

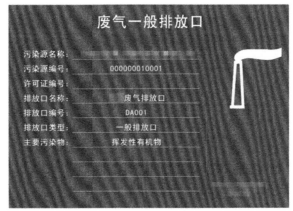

(b) 废气监测标志牌

图 8-4　废气、废水监测标志牌

对于塑料企业废水排放口，监管部门需要就设置位置、测流段规范性设置等方面进行检查，具体要求如下：排放口一般设在厂内或厂围墙（界）外不超过 10m 处，环境保护图形标志应设置在排放口旁醒目处。设置规范的便于测流量、流速的测流段。一般要求排污口设置成矩形、圆管形或梯形，水深不小于 0.1m，流速不小于 0.05m/s。测流段直线长度应是其水面宽度的 6 倍以上，最小 1.5 倍以上，并安装计量装置。

对于塑料企业废气有组织排放口，监管部门需要就排气筒设置等方面进行检查，具体要求如下：排气筒高度应符合国家和地方大气污染物排放标准的有关规定，部分排放标准要求排气筒应高出周围 200m 半径范围内的最高建筑 3m 以上或 5m 以上，部分排放标准要求排气筒高度应不低于 15m。排气筒应设置便于采样、监测的采样口和采样监测平台。采集颗粒物、非甲烷总烃的位置应设在管道气流平稳段，并优先考虑垂直管道。采样口位置原则上设在距弯头、阀门和其他变径管道下游方向大于 6 倍直径处，上游方向大于 3 倍直径处，最低不小于 1.5 倍直径处，采样口径一般不小于 75mm。

（2）排污数据

通过执法监测、核查台账记录和自动监测数据以及其他监控手段，核实排污数据和执行报告的真实性；根据现场记录数据判定许可排放浓度和许可排放量的符合情况，核实各主要排放口和一般排放口颗粒物、非甲烷总烃、甲苯、二甲苯、臭气浓度、恶臭特征污染物、二氧化硫、氮氧化物、化学需氧量、氨氮等污染物浓度是否低于许可限值要求。排放浓度以资料核查为主，通过登录在线检测系统查看废气排放口自动检测数据，结合执法监测数据、自行监测数据进一步判断排放口的达标情况。

实际排放量为正常和非正常排放量之和。根据检查获取的废气排放口有效自动监测数据，计算重点排污单位主要废气和废水排放口的颗粒物、挥发性有机物、化学需氧量、氨氮实际排放量，进一步判断是否满足年许可排放量要求。在检查过程中，对于应采用自动监测的排放口或污染物而未采用的企业，采用物料衡算法或产排污系数法核算污染物的实际排放量，且均按直接排放进行核算。塑料制品行业排污单位如含有适用其他行业排污许可技术规范的生产设施，大气污染物的实际排放量为涉及各行业生产设施实际排放量之和。

（3）污染治理设施及其运行情况

1）污染治理设施

以核发的排污许可证为基础，现场核实废气和废水治理设施是否与登记事项一致，名称、工艺、设施参数等必须符合排污许可证的登记内容。对治理设施是否属于污染防治可行技术进行检查，利用可行技术判断企业是否具备符合规定的污染防治设施或污染物处理能力。在检查过程中发现废气治理设施不属于可行技术的，需在后续的执法中关注排污情况，重点对达标情况进行检查。

2）污染治理设施运行情况

查看排气筒的烟气温度判断旁路是否完全关闭；查阅等离子管、活性炭、催化剂等的使用台账，核实使用量、更换频次是否合理，更换后的等离子管、活性炭、催化剂等是否处理妥当并进行相关记录；查阅中控系统或台账等工作记录，检查静电除尘电流、电压是否正常，以及布袋除尘器压差等数据是否有异常波动及其原因，判断设施是否正常运行；检查无组织管控措施是否符合规定，各工艺集气罩废气收集是否正常运行、设置是否合理；检查车间内能见度和异味污染情况等；检查有无废水偷排问题，废水处理设施有无正常开启，是否设置雨水排放口等；检查废水监测记录，确定监测频次和监测指标是否符合标准要求。

（4）常见问题举例

1）排污口设置不规范

问题：部分企业排污口设置不满足《排污口规范化整治技术要求（试行）》或排污单位执行的排放标准中有关排放口设置的规定。

案例：某塑料企业活性炭吸收排气筒高度不足 15m；某合成革企业烘干工艺集气罩与操作机相距 1.3m，基本属于无效收集，且废气收集管道与集气罩断开。

2）采样监测口设置不规范

问题：部分企业采样口设置不规范，采样平台过窄，超过 2m 的采样平台仅设置垂直爬梯。

案例：某塑料企业采样口位置设置在弯道处，采样平台宽度不足 50cm；某塑料企业采样平台距地面高度超过 2m，爬梯宽度设置窄且为直梯。

3）存在超标超总量排污现象

问题：个别企业提标改造滞后、治污设施不完善、生产管控措施不到位而导致超标排放现象发生。

案例：某合成革制品企业提标改造进展缓慢，废水超标现象比较严重。

4）污染治理设施不正常运行或通过逃避监管方式排放污染物

问题：个别企业通过不正常运行污染防治设施、渗坑、暗管等方式直接排放污染物。

案例：某合成革企业开模机附近无集气设施，废气治理管路存在旁路，存在直接排放问题；某塑料制品企业车间废水通过内设沟渠排放至生活污水下水道。

附录

　　　　　　　　　年自行监测方案

单位名称：
编制时间：

一、排污单位概况

（一）排污单位基本情况介绍

介绍排污单位的地理位置、占地面积、职工总数、行业类别、污染类别、主要产品名称、生产规模、设计生产能力、实际生产能力等，介绍投入生产时间、各条生产线的环评审批及竣工验收情况以及其他环保手续的履行情况。

（二）生产工艺简述

简要介绍实际各生产线产品及工艺流程，并附工艺流程图。

（三）污染物产生、治理和排放情况

按照废气、废水、噪声、固体废物、危险废物、重金属污染物等类别分别介绍排污单位实际污染物产生、治理及排放状况，内容包括：a. 排污单位各类污染物产生的污染源名称/方式；b. 排污单位各类污染物处理处置措施及设施建设情况，包括处理工艺、处理能力及设施数量等；c. 排污单位各类污染物的排放方式、排放口数量、排放口编号、排气筒高度等；d. 说明实际建设与环评相比规模、生产及环保设施等有变更的情况，并说明变更原因。

二、排污单位自行监测开展情况简介

（一）编制依据

① 依据《××市××年重点排污单位名录》，说明本单位属重点或非重点排污单位；依据《固定污染源排许可分类管理名录（2019年版）》，说明本单位为重点管理或简化管理单位。

② 说明编制自行监测方案依据的排污单位自行监测技术指南或排污许可证申请与核发技术规范。

（二）监测手段和开展方式

为履行排污单位自行监测的职责拟采取的污染物（废气、废水、噪声、固体废弃物）自行监测手段及开展方式：自行监测手段为手工监测、自动监测或手工监测和自动监测相结合三种，应说明哪些项目是自动监测，哪些项目是手工监测，其中针对某一种污染物，只能采用手工监测或自动监测中的一种手段；开展方式为自承担监测、委托监测或自承担和委托监测相结合，应说明哪些项目是自承担监测，哪些项目是委托监测。如更改监测手段或开展方式，需重新编制自行监测方案。

（三）在线自动监测情况

已安装自动在线监测设备并采用该数据作为自行监测数据的排污单位，应说明监测设备名称、型号、数量，以及监测项目、与生态环境主管部门联网和验收情况、运维情况等。自动在线监测设备汇总见表1。

表 1　自动在线监测设备汇总

序号	监测点位	监测项目	监测设备名称、型号	设备厂家	是否联网	是否验收	运营商

（四）实验室建设情况

自承担监测的排污单位应介绍实验室设施条件、仪器设备、自行监测机构通过检验检测机构资质认定情况或对监测业务能力自行认定情况、为监测技术人员自行发证及人员持证上岗情况、能够开展的监测项目、质量管理情况等。

三、手工监测内容

根据排污单位污染类型制定相应污染物的监测方案，以下是各类污染物监测方案范本，各排污单位根据自身开展情况选择参考。

（一）废气监测

1. 废气监测内容

介绍废气主要排放源、废气排放口数量。监测点位、监测项目及监测频次等，详见表2。

表2 废气污染源监测内容一览表

序号	污染源类型	污染源名称	监测点位	监测项目	监测频次	样品个数	测试要求	排放方式和排放去向
1	固定源废气	1#炼胶	排气筒上	颗粒物、非甲烷总烃……	按自行监测技术指南或排污许可证申请与核发技术规范要求填写，如每年一次、每天一次	每次非连续采样至少3个 ……	同步记录工况、生产负荷、烟气参数等	集中排放，环境空气
2								
…								
	无组织废气		厂界外下风向4个监控点	非甲烷总烃……			同步记录风速、风向、气温、气压等	无组织排放，环境空气

2. 废气监测点位示意图

固定源废气监测点位示意图应画出污染源、处理设施、监测点位置、管道尺寸及监测点至上下游距离，监测点位用◎表示。无组织废气监测点位示意图应在厂区平面布置图上标注清楚，点位必须标识清楚，监测点位用○表示。需附图。

3. 废气监测方法及使用仪器

大气污染物监测方法及使用仪器情况见表3。

表3 大气污染物监测方法及使用仪器一览表

序号	监测项目	采样方法及依据	样品保存方法	分析方法及依据	检出限	仪器设备名称和型号	备注
1	非甲烷总烃			《固定污染源废气总烃、甲烷和非甲烷总烃的测定 气相色谱法》(HJ 38—2017)			
	……						
	无组织颗粒物	《大气污染物无组织排放监测技术导则》(HJ/T 55—2000)					

（二）废水监测

1. 废水监测内容

介绍主要废水污染源、废水排污口数量。监测点位、监测项目及监测频次见表 4。

表 4　废水污染源监测内容一览表

序号	监测点位	监测项目	监测频次	样品个数	排放方式和排放去向
1		化学需氧量	按自行监测技术指南或排污许可证申请与核发技术规范要求填写,如每年一次	每次非连续采样至少 3 个	
2		氨氮			
……		……			

2. 废水监测点位示意图

在厂区平面布置图上标注清楚废水监测点位。点位必须标识清楚,监测点位用★表示。需附图。

3. 废水监测方法及使用仪器

废水污染物监测方法及使用仪器情况见表 5。

表 5　废水污染物监测方法及使用仪器一览表

序号	分析项目	采样方法及依据	样品保存方法	分析方法及依据	检出限	仪器设备名称和型号	备注
1	化学需氧量						
2	氨氮						
3	……						

（三）排污单位周边环境质量监测

1. 监测内容

对于排污单位周边环境质量监测,环境影响评价报告书（表）及其批复和其他环境管理有要求的,排污单位应根据要求监测周边的环境空气、地表水、地下水、土壤;环境影响评价报告书（表）及其批复和其他环境管理没有要求的,排污单位应根据实际情况开展环境空气、地表水、地下水、土壤监测。监测点位、监测项目、监测频次见表 6。

表 6　排污单位周边环境质量监测内容一览表

监测类别	监测点位	监测项目	监测频次
环境空气	1#	臭气浓度、非甲烷总烃……	
	2#		
	3#		
	……		
地表水	1#	pH 值、化学需氧量、生化需氧量、悬浮物、氨氮、流量……	
	2#		
	……		
	2#		
	……		

2. 监测点位示意图

在平面布置图上标注清楚监测点位。点位必须标识清楚，环境空气监测点位用●表示，地表水、地下水用☆表示，敏感点噪声用△表示，土壤用□表示。需附图。

3. 监测方法及使用仪器

排污单位周边环境质量监测的监测方法及使用仪器情况见表7。

表 7 排污单位周边环境质量监测的监测方法及使用仪器一览表

序号	监测类别	监测项目	采样方法及依据	样品保存方法	分析方法及依据	监测仪器名称和型号	备注
1	环境空气	臭气浓度			《空气质量 恶臭的测定 三点比较式臭袋法》(GB/T 14675—1993)		
		……					
2	地表水	pH 值			《水质 pH 值的测定 玻璃电极法》(GB 6920—86)		
		……					

（四）手工监测质量保证

1. 机构和人员要求

排污单位对自行监测机构监测业务能力自认定情况，排污单位对自行监测机构人员上岗考核情况及人员持证上岗情况；接受委托的监测机构通过省检验检测机构资质认定并在有效期内。

2. 监测分析方法要求

采用国家标准方法、行业标准方法或生态环境部推荐方法。

3. 仪器要求

所有监测仪器、量具均经过质检部门检定合格并在有效期内使用，按规范定期校准。

4. 环境空气、废气监测要求

按照《环境空气质量手工监测技术规范》(HJ 194—2017)、《固定源废气监测技术规范》(HJ/T 397—2007)、《固定污染源监测质量保证与质量控制技术规范（试行）》(HJ/T 373—2007) 和《大气污染物无组织排放监测技术导则》(HJ/T 55—2000) 等相关标准及规范的要求进行，按规范要求每次监测增加空白样、平行样、加标回收或质控样等质控措施。

5. 水质监测分析要求

水样的采集、运输、保存、实验室分析和数据处理按照《地表水和污水监测技术规范》(HJ/T 91—2002)、《地下水环境监测技术规范》(HJ/T 164—2020) 和《固定污染源监测质量保证与质量控制技术规范（试行）》(HJ/T 373—2007) 等相关标准及规范的要求进行，按规范要求每次监测增加空白样、平行样、加标回收或质控样等质控措施。

6. 记录报告要求

现场监测和实验室分析原始记录应详细、准确，不得随意涂改。监测数据和报告经"三校""三审"。

四、自动监测方案

(一)自动监测内容

自动监测内容见表 8。

表 8 自动监测内容一览表

序号	自动监测类别	监测项目	安装位置	监测频次	联网情况	是否验收
1	废气	颗粒物				
		非甲烷总烃		全天连续监测		
		……				
		……				
2	废水	化学需氧量				
		氨氮				
		流量				
		……				

(二)自动监测质量保证

1. 运维要求

如委托运维，应说明由哪家运维商负责运行和维护。

2. 大气污染物自动监测要求

按照《固定污染源烟气（SO_2、NO_x、颗粒物）排放连续监测技术规范》（HJ 75—2017)和《固定污染源烟气（SO_2、NO_x、颗粒物）排放连续监测系统技术要求及检测方法》(HJ 76—2017) 对自动监测设备进行校准与维护。

3. 废水污染物自动监测要求

按照《水污染源在线监测系统（COD_{Cr}、NH_3-N 等）运行与考核技术规范（试行)》(HJ 355—2019) 和《水污染源在线监测系统（COD_{Cr}、NH_3-N 等）数据有效性判别技术规范》(HJ 356—2019) 对自动监测设备进行各类比对、校验和维护。

4. 记录要求

自动监测设备运维记录、各类原始记录内容应完整并有相关人员签字，至少保存三年。

五、执行标准

各类污染物排放执行标准见表 9。

表 9 污染物排放执行标准

污染源类型	序号	污染源名称	标准名称	监测项目	标准限值	确定依据
固定源废气	1			二氧化硫		
	2			氮氧化物		填写环评中要求的执行
	3			颗粒物		标准、竣工验收执行标准或
	……			……		现行标准
无组织废气	1			颗粒物		
	2			……		

续表

污染源类型	序号	污染源名称	标准名称	监测项目	标准限值	确定依据
废水	1	生产废水		化学需氧量		填写环评中要求的执行标准、竣工验收执行标准或现行标准
	2	生活污水		……		
		……				
环境空气						

六、委托监测

排污单位如果不具备手工监测项目的自行监测能力，可委托通过省检验检测资质认定的社会检（监）测机构代为开展监测。

委托监测协议应与自行监测方案一同报生态环境部门备案。委托监测协议后应附检验检测机构资质认定证书及附表等证明材料。

七、信息记录和报告

（一）信息记录

1. 手工监测的记录

① 采样记录：采样日期、采样时间、采样点位、混合取样的样品数量、采样器名称、采样人姓名等。

② 样品保存和交接：样品保存方式、样品传输交接记录。

③ 样品分析记录：分析日期、样品处理方式、分析方法、质控措施、分析结果、分析人姓名等。

④ 质控记录：质控结果报告单。

2. 自动监测运维记录

包括自动监测系统运行状况、系统辅助设备运行状况、系统校准和校验工作等；仪器说明书及相关标准规范中规定的其他检查项目；校准、维护保养、维修记录等。

3. 生产设施和污染治理设施运行状况

记录监测期间排污单位各主要生产设施运行状况（包括停机、启动情况）、产品产量、主要原辅料使用量、取水量、主要燃料消耗量、燃料主要成分、污染治理设施主要运行状态参数、污染治理主要药剂消耗情况等。日常生产中上述信息也需整理成台账保存备查。

4. 固体废物（危险废物）产生与处理状况

记录监测期间各类固体废物和危险废物的产生量、综合利用量、处置量、贮存量、倾倒丢弃量，危险废物还应详细记录其具体去向。

（二）信息报告

排污单位应编写自行监测年度报告，年度报告至少应包含以下内容：

① 监测方案的调整变化情况及变更原因；

② 排污单位各主要生产设施全年运行天数，各监测点、各监测指标全年监测次数、超标情况、浓度分布情况；

③ 按要求开展的周边环境质量影响状况监测结果；

④ 自行监测开展的其他情况说明；

⑤ 排污单位实现达标排放所采取的主要措施。

八、自行监测信息公布

(一) 公布方式

① 排污单位应按要求及时向生态环境主管部门报送自行监测信息，并在生态环境主管部门网站向社会公布自行监测信息。

② 排污单位通过本单位对外网站或报纸、广播、电视、厂区外的电子屏幕等便于公众知晓的方式公开自行监测信息（必须确定其中一种方式）。

(二) 公布内容

① 基础信息：排污单位名称、法定代表人、所属行业类别、地理位置、生产周期、联系方式、委托监测机构名称等；

② 自行监测方案（排污单位基础信息、自行监测内容如有变更，应重新编制自行监测方案，报生态环境主管部门备案并重新公布）；

③ 自行监测结果：全部监测点位、监测时间、污染物种类及浓度、标准限值、达标情况、超标倍数、污染物排放方式及排放去向；

④ 未开展自行监测的原因；

⑤ 自行监测年度报告；

⑥ 其他需要公布的内容。

(三) 公布时限

① 手工监测数据应于每次监测完成后的次日公布，公布日期不得跨越监测周期；

② 自动监测数据应实时公布，其中，废水自动监测设备产生的数据为每 2 小时均值，废气自动监测设备产生的数据为每小时均值。

参考文献

[1] 国务院办公厅．关于印发控制污染物排放许可制实施方案的通知:国办发〔2016〕81 号[A].2016-11-21.

[2] 环境保护部办公厅．关于做好环境影响评价制度与排污许可制衔接相关工作通知:环办环评〔2017〕84 号[A/OL].2017-11-15. http://www. mee. gov. cn/gkml/hbb/bgt/201711/t20171122_426716.htm.

[3] 生态环境部．固定污染源排污许可分类管理名录(2019 年版):生态环境部令〔2019〕第 11 号[A/OL].2019-12-20. http://www. mee. gov. cn/xxgk2018/xxgk/xxgk02/202001/t20200103_757178. html.

[4] 生态环境部办公厅．关于印发《固定污染源排污登记工作指南(试行)》的通知:环办环评函〔2020〕9 号[A/OL].2020-01-06. http://www. mee. gov. cn/xxgk2018/xxgk/xxgk06/202001/t20200107_757946. html.

[5] 生态环境部办公厅．《关于加强排污许可执法监管的指导意见》的通知:环执法〔2022〕23 号[A/OL]. https://www. mee. gov. cn/xxgk2018/xxgk/xxgk03/202204/t20220401_973304. html.

[6] 生态环境部办公厅．关于印发"十四五"环境影响评价与排污许可工作实施方案》的通知:环环评〔2022〕26 号[A/OL].2022-04-02. https://www. mee. gov. cn/xxgk2018/xxgk/xxgk03/202204/t20220418_974927. html.

[7] 生态环境部．2018—2020 年全国恶臭/异味污染投诉情况分析:大气函〔2021〕17 号[A/OL].2021-07-26. https://www. mee. gov. cn/xxgk2018/xxgk/sthjbsh/202108/t20210802_853623. html.

[8] 王海燕,吴江丽,钱小平,等．欧盟综合污染预防与控制(IPPC)指令简介及对我国水污染物排放标准体系建设的启示[C]// 环境安全与生态学基准/标准国际研讨会、中国环境科学学会环境标准与基准专业委员会 2013 年学术研讨会、中国毒理学会环境与生态毒理学专业委员会第三届学术研讨会．

[9] 徐伟敏．《加拿大环境保护法》(1999)介评-兼论我国环境基本法的完善[C].2001 年环境资源法学国际研讨会,2001.

[10] 孙田田．我国环境影响评价制度与排污许可制度衔接研究[D]. 武汉:武汉大学,2020.

[11] 郑翔如．我国排污许可管理制度法律问题研究[D]. 南宁:广西大学,2020.

[12] 陈果．我国排污许可管理制度立法研究[D]. 长沙:湖南师范大学,2020.

[13] 林业星,沙克昌,王静,黄磊．国外排污许可制度实践经验与启示[J]. 环境影响评价,2020,42(01):14-18.

[14] 张建宇．美国排污许可制度管理经验:以水污染控制许可证为例[J]. 环境影响评价,2016(38):23-26.

[15] 宋国君,沈玉欢．美国水污染物排放许可体系研究[J]. 环境与可持续发展,2006(04):20-23.

[16] 王亚琼,王颖,张怡悦,赵杰,韩梅．美德排污许可证合规管理经验启示[J]. 环境影响评价,2020,42(02):35-39.

[17] 郭瑶帅．瑞典环境法法典化对我国的启示[J]. 环境与发展,2020,32(2):3.

[18] 王志芳,曲云欢．中瑞排污许可证制度比较研究[J]. 环境污染与防治,2013,35(5):4.

[19] 纪志博,王文杰,刘孝富,田石强,许超,刘柏音,陈运帷,邱文婷,罗镭．排污许可证发展趋势及我国排污许可设计思路[J]. 环境工程技术学报,2016,6(4):8.

[20] 薛志钢,郝吉明,陈复,柴发合．国外大气污染控制经验[J]. 重庆环境科学,2003,25(11):4.

[21] 王淑梅,荣丽丽,于杨．国外排污许可证管理的经验与启示[J]. 油气田环境保护,2017,27(2):5.

[22] 贺蓉,徐祥民,王彬,王卓玥,张昱恒,崔金星．我国排污许可制度立法的三十年历程——兼谈《排污许可管理条例》的目标任务[J]. 环境与可持续发展,2020,45(01):90-94.

[23]　陈吉宁. 坚持问题导向推进环保领域改革[J]. 紫光阁，2017 (5)：55-56.

[24]　邹世英，秦虎，张建宇. 以《清洁空气法》为例简析美国环境管理体系[J]. 环境科学研究，2005，18(4)：9.

[25]　柴西龙，邹世英，李元实，杜蕴慧. 环境影响评价与排污许可制度衔接研究[J]. 环境影响评价，2016，38(06)：25-27.

[26]　梁忠，汪劲. 我国排污许可制度的产生、发展与形成——对制定排污许可管理条例的法律思考[J]. 环境影响评价，2018，40(1)：4.

[27]　王斌，汤昌挺. 合成革企业环境监管对策的研究[J]. 广州化工，2020，48(11)：132-134.

[28]　郑祥远，周碧冰. 二级 AO 工艺处理 PU 合成革高有机氮废水[J]. 中国给水排水，2016，32(18)：73-76.

[29]　柳静献，毛宁，孙熙，等. 我国袋式除尘技术历史、现状与发展趋势综述[J]，中国环保产业，2022（1）：47-58.

[30]　翟美丹，米俊锋，马文鑫，等. 静电除尘技术及其影响因素的发展现状[J]，应用化工，2021，50（9）：2572-2577.

[31]　吕竹明，蒋彬，孙慧，等. 人造革合成革行业废气污染分析及防治对策[J]，中国皮革，2022，51（2）：111-115.

[32]　杜蕴慧，柴西龙，吴鹏，关睿. 排污许可制度改革进展及展望[J]. 环境影响评价，2020，42(02)：1-5.

[33]　刘志全. 完善排污许可制度体系，全面服务生态环境质量改善[J]. 环境与可持续发展，2021，46(01)：11-14.

[34]　刘磊，韩力强，李继文，王占朝. “十四五”环境影响评价与排污许可改革形势分析和展望[J]. 环境影响评价，2021，43(01)：1-6.

[35]　曲迪，杨轶博，郑美佳，高崇人，杨扬. 排污许可制度与环境影响评价等制度的有效衔接[J]. 当代化工研究，2020(21)：97-98.

[36]　张君臣. 环境影响评价排污许可、环保验收三项环保制度比较分析[J]. 世界环境，2020(06)：60-62.

[37]　徐亚男. 排污许可证制度在总量控制工作中的思考[J]. 环境与可持续发展，2010，35(04)：46-47.

[38]　王新娟，肖洋，王国锋，等. 排污许可制下污染物总量控制及实际案例分析[J]. 环境保护科学，2020(5)：30-34.

[39]　王亚男. 建立“环评—许可—执法”一体化生态环境管理体系：重点、难点与体系设计[J]. 环境与可持续发展，2021，46(01)：15-19.

[40]　王之晖，宋乾武，冯昊，秦琦，姜萍，王艳捷. 欧盟最佳可行技术(BAT)实施经验及其启示[J]. 环境工程技术学报，2013，3(03)：266-271.

[41]　Gaba J M. Generally Illegal：NPDES General Permits under the Clean Water Act[J]. Harvard Environmental Law Review，2007，31：413.

[42]　Bachmann T M，Kamp J. Environmental Cost-Benefit Analysis and the EU Industrial Emissions Directive：comparing air emission abatement costs and environmental benefits to avoid social inefficiencies[J]. Energy，2014，68：125-139.

[43]　Karavanas A，Chaloulakou A，Spyrellis N. Evaluation of the implementation of best available techniques in IPPC context：an environmental performance indicators approach[J]. Journal of Cleaner Production，2009，17(4)：480-486.

[44]　Flynn P. Council Directive of 7 June 1990 on the freedom of access to information on the environment[J]. Journal of Environmental Law，1990，2：291-293.

[45]　Ancev T，Betz R，Contreras Z. The New South Wales load based licensing scheme for NO_x：Lessons learnt after a decade of operation[J]. Ecological Economics，2012，80：70-78.

[46]　Curtis A，Bowe S J，Coomber K，Graham K，Chikritzhs T，Kypri K，Miller P G. Risk-based licensing of alcohol venues and emergency department injury presentations in two Australian states[J]. International Journal of Drug Policy，2019，70：99-106.

[47]　卢瑛莹，冯晓飞，陈佳. 排污许可制度实践与改革探索[M]. 北京：中国环境出版社，2016.

［48］ 范浩军，陈意，颜俊，等．人造革/合成革材料及工艺学［M］. 北京：中国轻工业出版社，2017.

［49］ 李守信，苏建华，马德刚，等．挥发性有机物污染控制工程［M］. 北京：化学工业出版社，2017.

［50］ 王志良，夏明芳，李建军，等．精细化工行业废气污染物控制技术及示范［M］. 北京：中国环境出版社，2014.

［51］ 邹克华，张涛，刘咏，等．恶臭防治技术与实践［M］. 北京：化学工业出版社，2018.

［52］ 生态环境部规划财务司．中国排污许可制度改革：历史、现实和未来［N］. 中国环境监察，2018(09)：63-67.

［53］ 梁忠．加快制度整合衔接，推进排污许可制改革［N］. 中国环境报，2019-11-08(003).